北大社·"十四五"普通高等教育本科规划教材
高等院校电子信息类专业"互联网+"创新规划教材

数字电子技术

主　编　张　梅　王仲根　李　昕
副主编　辛元芳　孙　霞
　　　　郎佳红　张晓明
主　审　李良光

内 容 简 介

本书全面、系统地介绍了数字电子技术的基础知识,包括数字逻辑概论、逻辑代数基础、逻辑门电路、组合逻辑电路、触发器、时序逻辑电路、脉冲信号的产生与变换电路、半导体存储器、数模转换器与模数转换器。本书在介绍理论知识的同时,穿插了大量的实践应用案例,使学生能够在理解理论的基础上,迅速掌握实际操作技能。

本书编写简明扼要,内容深入浅出,注重实际能力的培养,可作为高等学校电子、电气、计算机及信息类本科专业的教材,也可作为其他各相关专业的学生和从事数字电子技术工作的工程技术人员的参考书。

图书在版编目(CIP)数据

数字电子技术/张梅,王仲根,李昕主编. -- 北京:北京大学出版社,2025.7. -- (高等院校电子信息类专业"互联网+"创新规划教材). -- ISBN 978-7-301-36518-2

Ⅰ. TN79

中国国家版本馆 CIP 数据核字第 20257Z6R34 号

书　　　名	数字电子技术 SHUZI DIANZI JISHU
著作责任者	张　梅　王仲根　李　昕　主编
策 划 编 辑	童君鑫
责 任 编 辑	关　英
数 字 编 辑	蒙俞材
标 准 书 号	ISBN 978-7-301-36518-2
出 版 发 行	北京大学出版社
地　　　址	北京市海淀区成府路 205 号　100871
网　　　址	http://www.pup.cn　新浪微博:@北京大学出版社
电 子 邮 箱	编辑部 pup6@pup.cn　总编室 zpup@pup.cn
电　　　话	邮购部 010-62752015　发行部 010-62750672　编辑部 010-62750667
印 刷 者	三河市北燕印装有限公司
经 销 者	新华书店
	787 毫米×1092 毫米　16 开本　17 印张　414 千字 2025 年 7 月第 1 版　2025 年 7 月第 1 次印刷
定　　　价	59.00 元

未经许可,不得以任何方式复制或抄袭本书之部分或全部内容。
版权所有,侵权必究
举报电话: 010-62752024　电子邮箱: fd@pup.cn
图书如有印装质量问题,请与出版部联系,电话: 010-62756370

前　言

随着科技的不断进步，中国在国际舞台的地位日益提升，科技创新成为推动国家发展的重要引擎。党的二十大报告指出，坚持创新在我国现代化建设全局中的核心地位。2023年9月，习近平总书记首次提出"新质生产力"的概念，强调发展新质生产力是推动高质量发展的内在要求和重要着力点。要把高质量发展的要求贯穿新型工业化全过程，要把创新、协调、绿色、开放、共享这五个方面的理念都贯穿到新型工业化全过程，而推进新型工业化是实现中国式现代化的一个关键任务。

数字电子技术作为现代信息社会的核心技术之一，其重要性不言而喻。在"中国式现代化"这一使命任务下，数字电子技术不仅是推动智能设备的核心逻辑，还成为连接物理世界与数字世界的桥梁。从智能手机的便携操作到工业机器人的精准作业，从智能家居的温馨体验到卫星导航的精确指引，数字系统正以其卓越的速度影响人类社会的方方面面。

本书作为电气类专业学生的必修教材，在"中国式现代化"和"新质生产力"的背景下，坚持以习近平新时代中国特色社会主义思想为指引，融入中国技术案例和课程思政元素，旨在提高学生的家国情怀、责任担当、工匠精神和民族自豪感，培养新时代"四有"青年。

本书立足于新工科教育理念，既保留了传统数字电子技术的核心理论，又融入了工程实践与前沿技术。本书具有以下特点。

（1）新工科理念引领，构建"基础—实践—工程"一体化知识体系。本书以新工科教育理念为核心，由资深高校教师团队联合打造，紧密结合电气类专业学生需求，形成"夯实基础—强化实践—对接工程"的递进式教学框架。从布尔代数、逻辑门电路等基础理论出发，逐步过渡到时序逻辑电路、半导体存储器等复杂系统设计，最终覆盖数模转换器与模数转换器等工程应用场景，实现知识进阶与能力提升的深度融合。

（2）系统性与实践性并重，强化知识链条的连贯性。每章内容环环相扣，逻辑严密。本书第1章和第2章聚焦数字逻辑概论与逻辑代数基础，通过数制转换、公式推导与化简方法，为学生建立严谨的数学工具和逻辑思维框架；第3章至第7章深入剖析CMOS门电路与TTL门电路、组合逻辑电路、触发器、时序逻辑电路及脉冲信号的产生与变换电路，从器件特性到电路设计层层递进；第8章和第9章揭示半导体存储器物理机制及数模转换技术，通过数模转换器与模数转换器原理与实例，完成从理论到工程应用的闭环训练。

（3）内容设计突出工程导向，融入产业级案例。例如，第4章以编码器、译码器等典型组合逻辑集成电路为切入点，结合电路构成与特性分析，培养学生解决实际问题的能力；第7章引入555定时器的多场景应用；第8章解析ROM/RAM的物理实现机制，贴合现代电子系统的核心需求。

全书共9章，由安徽理工大学张梅、王仲根、李昕担任主编，安徽理工大学辛元芳、孙霞、张晓明及安徽工业大学郎佳红担任副主编。具体编写分工如下：孙霞编写第1章（数字逻辑概论），张梅编写第2章（逻辑代数基础）和第3章（逻辑门电路），李昕编写第4章（组合逻辑电路），郎佳红编写第5章（触发器），张梅、王仲根编写第6章（时序逻辑电路），辛元芳编写第 7 章（脉冲信号的产生与变换电路）和第 8 章（半导体存储器），张晓明编写第 9 章（数模转换器与模数转换器）。同组人员共同完成书稿的通读、整理和定稿工作。全书由安徽理工大学李良光担任主审。

在数字电路的世界里，每一个逻辑门都是构建复杂系统的基础单元，每一次状态转换都蕴含着深刻的逻辑之美。本书通过丰富的实例和直观的图形展示，帮助读者在布尔代数的符号推演中感受数学的简洁之美，在门电路的电流跃动中体会物理的实现之道，在时序逻辑的状态迁移中领悟系统的控制之妙。通过本书的学习，读者不仅能够构建扎实的数字电子技术知识体系，而且能够培养用逻辑思维解决复杂工程问题的核心素养，为后续学习"嵌入式系统""数字信号处理"等专业课程奠定坚实的基础。

作为一本立足工程实践的新型教材，编者在编写过程中始终秉持严谨求实的态度，但仍存在疏漏之处，殷切期望广大读者给予批评和指正。编者团队将持续收集使用反馈，在后续版本中不断完善知识体系。

编　者

2025 年 2 月

【资源索引】

目 录

第1章 数字逻辑概论 ················ 1
  1.1 数字电路与数字信号 ············ 3
    1.1.1 数字电路的分类及其特点 ········ 3
    1.1.2 模拟信号和数字信号 ·········· 5
    1.1.3 二值逻辑 ················ 6
    1.1.4 数字信号的描述方法 ·········· 6
  1.2 数制及其直接转换 ·············· 8
    1.2.1 十进制转换为二的幂次制 ······ 8
    1.2.2 二的幂次制转换为十进制 ······ 9
    1.2.3 二的幂次制之间的转换 ········ 9
    1.2.4 简便算法 ················ 10
    1.2.5 二进制数的算术运算 ·········· 10
    1.2.6 原码、反码和补码 ············ 12
  1.3 二进制代码 ···················· 12
    1.3.1 BCD 码与余 3 码 ············ 12
    1.3.2 格雷码 ··················· 13
  1.4 基本逻辑运算 ·················· 14
    1.4.1 与运算、或运算和非运算 ······ 14
    1.4.2 异或运算和同或运算 ·········· 17
    1.4.3 复合运算 ················ 18
  1.5 逻辑函数及其表达式 ············ 18
  本章小结 ··························· 20
  习题 ······························· 21

第2章 逻辑代数基础 ················ 22
  2.1 逻辑代数的基本公式与规则 ······ 23
    2.1.1 逻辑代数的基本公式 ·········· 23
    2.1.2 逻辑代数的基本规则 ·········· 25
  2.2 逻辑函数的化简 ················ 26
    2.2.1 逻辑函数表达式的形式 ········ 26
    2.2.2 逻辑函数的代数化简法 ········ 28
    2.2.3 逻辑函数的卡诺图化简法 ······ 29
  本章小结 ··························· 33
  习题 ······························· 34

第3章 逻辑门电路 ···················· 36
  3.1 逻辑门电路简介 ················ 38
    3.1.1 门电路的分类与发展 ·········· 38
    3.1.2 高电平、低电平与正逻辑、负逻辑 ···················· 39
    3.1.3 开关电路 ················ 40
  3.2 半导体二极管门电路 ············ 40
    3.2.1 半导体二极管的特性 ·········· 40
    3.2.2 二极管与门电路 ············ 41
    3.2.3 二极管或门电路 ············ 42
  3.3 CMOS 门电路 ·················· 43
    3.3.1 MOS 管及其开关特性 ········ 44
    3.3.2 CMOS 反相器 ·············· 47
    3.3.3 CMOS 与非门电路 ·········· 49
    3.3.4 CMOS 或非门电路 ·········· 50
    3.3.5 CMOS 传输门电路 ·········· 50
    3.3.6 CMOS 门电路的不同输出结构 ··· 52
    3.3.7 CMOS 门电路的主要技术参数 ··· 55
    3.3.8 使用 CMOS 门电路的注意事项 ···················· 59
    3.3.9 CMOS 门电路系列 ·········· 60
  3.4 类 NMOS 门电路和 BiCMOS 门电路 ······························ 61
    3.4.1 类 NMOS 门电路 ············ 61
    3.4.2 BiCMOS 门电路 ············ 63
  3.5 TTL 门电路 ···················· 63
    3.5.1 BJT 的开关特性 ············ 63
    3.5.2 TTL 反相器 ················ 65
    3.5.3 TTL 与非门电路 ············ 66
    3.5.4 集电极开路门电路(OC 门电路) ···················· 67
    3.5.5 使用 TTL 门电路的注意事项 ······ 68
  3.6 不同类型数字电路间的接口 ······ 69
    3.6.1 接口实现原则 ·············· 69
    3.6.2 实际使用中的注意事项 ········ 70
    3.6.3 实际应用举例 ·············· 70
  本章小结 ··························· 71
  习题 ······························· 71

第4章 组合逻辑电路 ················ 75
  4.1 组合逻辑电路的分析 ············ 77

4.1.1 组合逻辑电路的概念 …………… 77
4.1.2 组合逻辑电路的分析 …………… 77
4.2 组合逻辑电路的设计 …………………… 80
4.2.1 组合逻辑电路的设计步骤 ……… 80
4.2.2 组合逻辑电路的设计实例 ……… 81
4.3 组合逻辑电路的竞争-冒险现象 ………… 83
4.3.1 产生竞争-冒险现象的原因 …… 84
4.3.2 竞争-冒险现象的判断与消除 … 85
4.4 常用的组合逻辑电路 …………………… 86
4.4.1 编码器 …………………………… 86
4.4.2 译码器 …………………………… 94
4.4.3 数据选择器 ……………………… 104
4.4.4 加法器 …………………………… 108
4.4.5 数值比较器 ……………………… 111
本章小结 ……………………………………… 113
习题 …………………………………………… 114

第5章 触发器 …………………………… 116

5.1 锁存器 …………………………………… 118
5.1.1 SR 锁存器 ……………………… 118
5.1.2 D 锁存器 ………………………… 122
5.2 触发器的电路结构和工作原理 ………… 124
5.2.1 利用 CMOS 传输门构成的边沿触发器 …………………… 125
5.2.2 维持阻塞 SR 触发器 …………… 127
5.2.3 利用传输延迟的边沿触发器 …… 129
5.3 触发器的动态特性 ……………………… 130
5.3.1 SR 锁存器的动态特性 ………… 130
5.3.2 维持阻塞 SR 触发器的动态特性 …………………………… 131
5.4 触发器的逻辑功能 ……………………… 132
5.4.1 SR 触发器 ……………………… 132
5.4.2 JK 触发器 ……………………… 133
5.4.3 T 触发器 ………………………… 134
5.4.4 D 触发器 ………………………… 135
5.4.5 T′触发器 ………………………… 136
本章小结 ……………………………………… 136
习题 …………………………………………… 137

第6章 时序逻辑电路 …………………… 142

6.1 时序逻辑电路的基本概念 ……………… 144
6.1.1 时序逻辑电路的基本结构 ……… 144
6.1.2 时序逻辑电路的分类 …………… 145
6.1.3 时序逻辑电路功能的表达方法 ………………………………… 146

6.2 同步时序逻辑电路的分析 ……………… 149
6.2.1 同步时序逻辑电路的分析步骤 ………………………………… 149
6.2.2 同步时序逻辑电路的分析实例 ………………………………… 150
6.3 同步时序逻辑电路的设计 ……………… 154
6.3.1 同步时序逻辑电路的设计步骤 ………………………………… 154
6.3.2 同步时序逻辑电路的设计实例 ………………………………… 155
6.4 异步时序逻辑电路的分析 ……………… 159
6.4.1 异步时序逻辑电路的分析步骤 ………………………………… 159
6.4.2 异步时序逻辑电路的分析实例 ………………………………… 159
6.5 常用的时序逻辑电路 …………………… 160
6.5.1 计数器 …………………………… 160
6.5.2 寄存器 …………………………… 171
本章小结 ……………………………………… 173
习题 …………………………………………… 173

第7章 脉冲信号的产生与变换电路 …… 177

7.1 单稳态触发器 …………………………… 180
7.1.1 由 CMOS 门电路构成的单稳态触发器 …………………… 180
7.1.2 集成单稳态触发器 ……………… 183
7.1.3 单稳态触发器的应用 …………… 186
7.2 施密特触发器 …………………………… 187
7.2.1 由 CMOS 门电路构成的施密特触发器 …………………… 188
7.2.2 集成施密特触发器 ……………… 189
7.2.3 施密特触发器的应用 …………… 191
7.3 多谐振荡器 ……………………………… 192
7.3.1 由 CMOS 门电路构成的多谐振荡器 …………………… 192
7.3.2 单门晶体振荡器 ………………… 194
7.3.3 石英晶体振荡器 ………………… 195
7.4 555 定时器 ……………………………… 196
7.4.1 555 定时器的电路结构与功能 ………………………………… 196
7.4.2 555 定时器的典型应用 ………… 198
7.4.3 555 定时器的其他应用 ………… 203
本章小结 ……………………………………… 204
习题 …………………………………………… 205

第8章 半导体存储器 ………………… 209

8.1 只读存储器 …………………………… 211
8.1.1 只读存储器的基本结构 ………… 211
8.1.2 可编程只读存储器 ……………… 214
8.1.3 典型的可擦可编程只读存储器 …………………………… 215

8.2 随机存储器 …………………………… 217
8.2.1 静态随机存储器 ………………… 217
8.2.2 动态随机存储器 ………………… 221
8.2.3 同步动态随机存储器的发展 …… 224

8.3 存储器的扩展与应用 ………………… 226
8.3.1 存储器的扩展 …………………… 226
8.3.2 存储器的应用 …………………… 227

本章小结 …………………………………… 230
习题 ………………………………………… 231

第9章 数模转换器与模数转换器 …… 233

9.1 D/A 转换器 ………………………… 235
9.1.1 计算机控制系统的结构框图 …… 235
9.1.2 D/A 转换器的工作原理 ………… 235
9.1.3 权电阻网络 D/A 转换器 ………… 236
9.1.4 倒 T 形电阻网络 D/A 转换器 … 237
9.1.5 集成 D/A 转换器 ………………… 239
9.1.6 D/A 转换器的输出极性 ………… 240
9.1.7 D/A 转换器的主要技术指标 …… 241
9.1.8 D/A 转换器的应用实例 ………… 243

9.2 A/D 转换器 ………………………… 245
9.2.1 A/D 转换器的工作原理 ………… 246
9.2.2 并行比较型 A/D 转换器 ………… 248
9.2.3 逐次逼近型 A/D 转换器 ………… 250
9.2.4 双积分型 A/D 转换器 …………… 252
9.2.5 A/D 转换器的主要技术指标 …… 253
9.2.6 A/D 转换器的应用实例 ………… 254

本章小结 …………………………………… 256
习题 ………………………………………… 256

参考文献 ………………………………… 258

附录 AI伴学内容及提示词 …………… 259

第 1 章
数字逻辑概论

本章知识框架

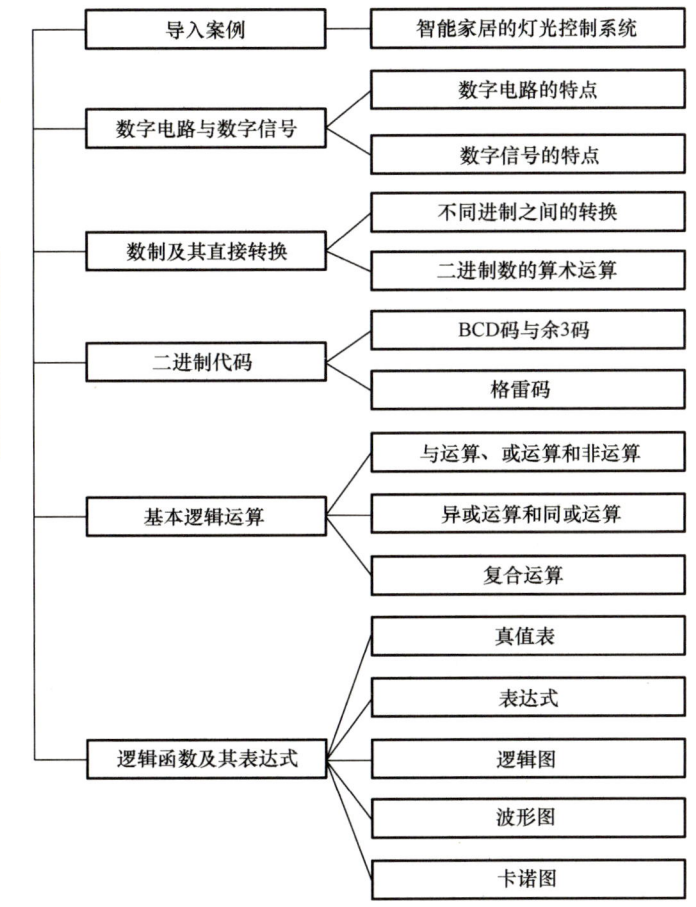

学习目标

知识目标	1. 了解数字电路的基本概念，熟悉二进制代码及其运算
	2. 掌握数字信号与数字电路的基本概念
	3. 熟悉数字电路输入信号与输出逻辑函数表达式
能力和素质目标	1. 建立对数字电子技术的系统性认知，理解其在现代科技中的基础性作用
	2. 培养严谨的科学态度，注重逻辑表达的规范性与准确性

智能家居的灯光控制系统

在现代社会，智能家居正逐渐走进千家万户，为人们的生活带来前所未有的便捷与舒适。其中，灯光控制系统作为智能家居的重要组成部分，数字电子技术的巧妙应用实现了对家中灯光的智能化控制（图1.0）。想象一下，当你结束一天繁忙的工作，踏入家门的那一刻，客厅的灯光自动亮起，柔和的光线瞬间驱散了一天的疲惫；当你深夜起床，脚下的夜灯为你悄然开启，你无须摸黑寻找开关。这一切，都离不开数字电子技术的支撑。

图1.0　智能家居的灯光控制系统

在智能家居的灯光控制系统中，数字电路扮演着核心角色。通过逻辑门电路的组合与时序逻辑电路的设计，系统能够实时感知环境光线、人体移动等信号，并据此作出智能决策，控制灯光的开关、亮度调节等。例如，当系统检测到室内光线不足且有人进入房间时，逻辑门电路会触发灯光开启的指令；而当人离开房间或光线足够时，系统会自动关闭灯光，以节约能源。党的二十大报告指出，我们要实施全面节约战略，推进各类资源节约集约利用。

此外，智能家居的灯光控制系统常集成数模转换（D/A）与模数转换（A/D）技术，用于处理模拟信号与数字信号之间的转换。比如，通过模数转换器，系统可以精确采集环境光线的强度，将其转化为数字信号进行处理；而通过数模转换器，系统能根据处理结果精确控制灯光的亮度，为用户提供最舒适的照明体验。

对数字信号进行算术运算和逻辑运算的电路称为数字电路。数字电路具有逻辑运算和逻辑处理功能，也称数字逻辑电路。现代数字电路由半导体工艺制成的若干数字集成器件组成。逻辑门是数字电路的基本单元。存储器是存储二值数据的数字电路。从整体上看，数字电路可以分为组合逻辑电路和时序逻辑电路两大类。组合逻辑电路的特点是输出只取决于当前输入，一旦当前输入撤销，输出就随之消失。时序逻辑电路的特点是输出不仅取决于当前输入，还与原来的输出有关。随着计算机技术的发展，还可以采用硬件描述语言，借助计算机来分析、仿真与设计数字电路。

本章将主要介绍数字电路与数字信号的特点、不同数制及其转换、基本的逻辑运算、逻辑函数及其表达式。

1.1　数字电路与数字信号

数字电子技术主要研究逻辑门电路、组合逻辑电路、时序逻辑电路、触发器、脉冲信号的产生与变换电路、半导体存储器、数模转换器与模数转换器等。随着计算机科学与技术的迅猛发展，用数字电路处理信号的优势更加突出。为了充分发挥和利用数字电路在信号处理上的强大功能，我们首先将模拟信号按比例转换成数字信号，然后传送到数字电路处理，最后根据需要将处理结果转换为相应的模拟信号并输出。自 20 世纪 70 年代开始，这种用数字电路处理模拟信号的"数字化"浪潮就席卷了数字电子技术的几乎所有应用领域。

1.1.1　数字电路的分类及其特点

按照不同的分类方法，数字电路可分成不同的电路。

（1）按电路结构分。

根据电路结构不同，数字电路可分为分立元件电路和集成电路两大类。分立元件电路是由二极管、三极管、电阻、电容等元件组成的电路；集成电路是将上述元件通过半导体制造工艺制在一块芯片上而组成一个不可分割的整体电路。

（2）按所用器件制作工艺分。

根据所用器件制作工艺不同，数字电路可分为双极型晶体管电路（TTL 电路）和单极型晶体管电路（MOS 电路）两类。TTL 电路以双极型晶体管为开关元件，而 MOS 电路以绝缘栅场效应管为开关元件。

（3）按集成度分。

根据集成度不同，数字电路可分为小规模集成电路、中规模集成电路、大规模集成电路、超大规模集成电路、巨大规模集成电路，见表 1.1

表 1.1　数字电路按集成度不同分类

集成电路	集成电路规模	应用范围
小规模集成电路	1～10 门/片或 10～100 个元件/片	逻辑单元电路，包括逻辑门电路、集成触发器等

续表

集成电路	集成电路规模	应用范围
中规模集成电路	10～100门/片或 100～1000个元件/片	逻辑部件，包括计数器、译码器、编码器、数据选择器、加法器、比较器等
大规模集成电路	100～1000门/片或 100～100000个元件/片	数字逻辑系统，包括中央控制器、存储器、接口电路等
超大规模集成电路	大于1000门/片或 大于10万个元件/片	高集成度的数字逻辑系统，包括不同型号的单片机等
巨大规模集成电路	大于100万门/片或 大于1亿个元件/片	高性能的数字逻辑系统，包括微处理器、现场可编程门阵列、人工智能加速芯片等

（4）按电路的结构和工作原理分。

根据电路的结构和工作原理不同，数字电路可分为组合逻辑电路和时序逻辑电路两类。组合逻辑电路不具有记忆功能，其输出信号只与当时的输入信号有关，而与电路以前的状态无关。时序逻辑电路具有记忆功能，其输出信号不仅与当时的输入信号有关，而且与电路以前的状态有关。

数字电路是由许多逻辑门组成的复杂电路。与模拟电路相比，它主要处理数字信号（信号以0与1两个状态表示），抗干扰能力较强。数字电路的基本单元是门电路和触发器；由这些基本单元可以构成组合逻辑电路和时序逻辑电路。一个数字系统一般由控制部件和运算部件组成，在时钟脉冲信号的驱动下，控制部件控制运算部件完成所要执行的动作。当前，数字电路向大规模、低功耗、高速度、可编程、可测试的方向发展。

数字电路的特点主要体现在以下方面。

（1）同时具有算术运算和逻辑运算功能。

数字电路以二进制逻辑代数为数学基础，使用二进制数字信号，既能进行算术运算又能方便地进行逻辑运算（与、或、非、判断、比较、处理等），因此适用于进行运算、比较、存储、传输、控制、决策等。

（2）实现简单、系统可靠。

以二进制作为基础的数字电路的可靠性较强。电源电压的小波动对其没有影响，温度和工艺偏差对其工作可靠性的影响比模拟电路小得多。

（3）集成度高、功能实现容易。

集成度高、体积小、功耗低是数字电路的突出优点。数字电路的维修、维护方便。随着集成电路技术的高速发展，数字电路的集成度越来越高，在一块半导体硅片上能够集成数百万个数字逻辑门，集成电路块的功能随着小规模集成电路、中规模集成电路、大规模集成电路、超大规模集成电路、巨大规模集成电路的发展，从元件级、器件级、部件级、板卡级上升到系统级。数字电路的设计组成只需采用一些标准的集成电路块单元连接。对于非标准的特殊电路，还可以使用可编程序逻辑阵列电路，通过编程的方法实现任意逻辑功能。蓬勃兴起的纳米技术进一步扩大了集成电路的规模。集成电路规模的提高不仅减小了系统的体积、降低了系统的功耗与成本，而且大大地提高了数字系统的可靠性。

(4) 低功耗、高速度。

功耗是制约许多电子设备研制、生产、推广、使用的一个重要因素，而系统功耗在很大程度上取决于使用的芯片或模块。功耗的降低扩展了数字电路的应用领域。信息社会是知识大爆炸的时代，人们对信息处理速度的要求越来越高。以计算机为例，计算机的运行速度越来越高。虽然计算机的这种高速度在很大程度上依赖并行处理技术，但集成电路芯片本身的运行速度也在不断提高。

(5) 可编程、可测试。

传统的标准中规模集成电路、大规模集成电路是一种通用性集成电路。使用这种集成电路设计复杂数字系统时，逻辑模块的数量和种类往往比较多，不仅增加了系统的体积和功耗，降低了系统的可靠性，而且给器件的保存、电路和设备的调试、知识产权的保护带来了困难。可编程的数字电路可以很好地解决上述问题。为了便于数字系统的使用和维护，要求所使用的逻辑电路具有可测试性，即可方便地对其进行功能测试和故障诊断。

1.1.2 模拟信号和数字信号

生活中存在很多的量值和信号，模拟量广泛分布于自然界的各个角落，如车辆行驶位移的变化、每天温度的变化、热电偶在工作时输出的电压信号、水井的水位和出口流量等。表示模拟量的电信号称为模拟信号。模拟信号是指信息参数在给定范围内表现为连续的信号，或在一段连续的时间间隔内代表信息的特征量可以在任意瞬间呈现为任意数值的信号。其信号的振幅、频率或相位随时间连续变化。常见的模拟信号有正弦波信号、调幅波信号、阻尼振荡波信号、指数衰减波信号等。从图 1.1 中可以看出，模拟信号在时间和数值上都是连续的。

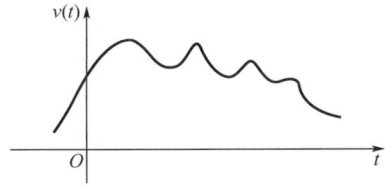

图 1.1 模拟信号

数字信号是对模拟信号进行采样、保持、量化、编码后得到的信号。数字信号的振幅是离散的，被限制在有限个数值之内。二进制码就是一种数字信号。因为二进制码受噪声的影响小，易对数字电路进行处理，所以得到广泛应用。常见的数字信号有矩形波信号、梯形波信号、锯齿波信号等。从图 1.2 中可以看出，数字信号在时间和数值上都是离散的。

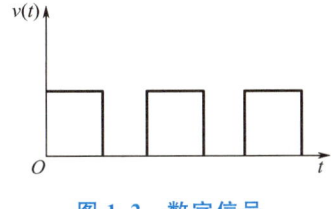

图 1.2 数字信号

与模拟信号相比,数字信号的优点主要体现在以下方面。

(1) 抗干扰能力强、无噪声积累。

在模拟通信中,为了提高信噪比,需要在信号传输过程中及时对衰减的传输信号进行放大,信号在传输过程中不可避免地叠加上的噪声也被同时放大。随着传输距离的增大,噪声累积越来越多,以致传输质量严重恶化。

对于数字通信,由于数字信号的幅值为有限个离散值(通常取两个),虽然在传输过程中会受到噪声的干扰,但当信噪比恶化到一定程度时,应在适当的距离采用判决再生的方法除去噪声,再生成没有噪声干扰的和原发送端相同的数字信号,因此数字信号可实现长距离、高质量的传输。

(2) 便于加密处理。

信息传输的安全性和保密性越来越重要,数字通信的加密处理比模拟通信容易得多。以语音信号为例,可用简单的数字逻辑运算对数字变换后的信号进行加密、解密处理。

(3) 便于存储、处理和交换。

数字通信的信号形式和计算机所用信号一致,都是二进制代码,不仅便于与计算机联网,也便于用计算机对数字信号进行存储、处理和交换,可使通信网的管理、维护实现自动化和智能化。

(4) 设备便于集成化、微型化。

数字通信采用时分多路复用,不需要体积较大的滤波器。设备中的大部分电路都是数字电路,可用大规模集成电路和超大规模集成电路实现,因此设备体积小、功耗低。

1.1.3 二值逻辑

生活中常存在一组彼此相关又相互对立的状态,比如高和低、多和少、有和无等。通常用"0"和"1"表示这些彼此相关又相互对立的状态,并且"0"和"1"可以使用电路方便地表示,二值逻辑示意图如图 1.3 所示,开关的打开等价于"0",开关的闭合等价于"1";灯泡灭等价于"0",灯泡亮等价于"1"。

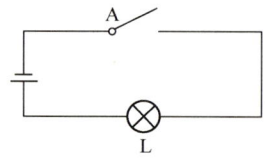

图 1.3 二值逻辑示意图

1.1.4 数字信号的描述方法

数字信号有非归零型信号和归零型信号两种。区别在于,非归零型信号在一个时间周期内不归零,而归零型信号在一个时间周期内归零。只有作为时序控制信号使用的时钟脉冲信号是归零型信号,除此之外的大多数数字信号基本是非归零型信号。从图 1.4 中可以明显看出归零型信号和非归零型信号的特点。

无论是非归零型信号还是归零型信号,它们都是理想的脉冲信号,具有陡峭的上升沿和下降沿。而实际脉冲信号波形和理想脉冲信号波形不同,它们由低电平状态、上升沿、

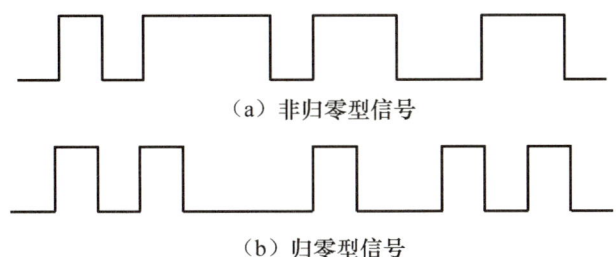

图 1.4 非归零型信号和归零型信号

高电平状态、下降沿四部分组成。理想脉冲信号波形和实际脉冲信号波形如图 1.5 所示。

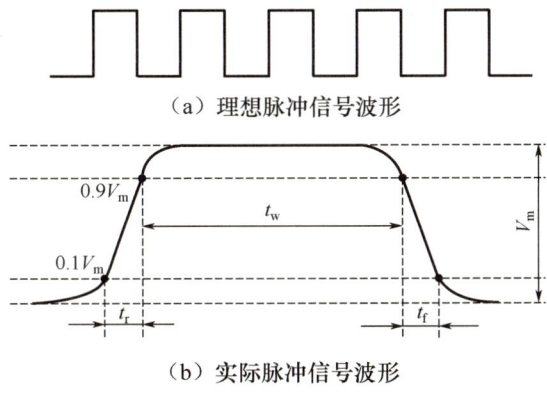

图 1.5 理想脉冲信号波形和实际脉冲信号波形

在实际的数字系统中,脉冲信号波形的升降都要经历一段时间,即脉冲信号波形存在上升时间 t_r 和下降时间 t_f。上升时间 t_r 是脉冲幅值从 10% 到 90% 经历的时间;下降时间 t_f 是脉冲幅值从 90% 到 10% 经历的时间。t_r 和 t_f 的典型值都约为几纳秒(ns),因不同类型的器件和电路而异。脉冲信号宽度 t_w 是脉冲幅值为 50% 时前后两个时间点跨越的时间。

例 1.1 试绘制脉冲信号波形,脉冲信号宽度 $t_w=200\text{ns}$,上升时间 $t_r=20\text{ns}$,下降时间 $t_f=30\text{ns}$。

解: 根据题意绘制脉冲信号波形,如图 1.6 所示。

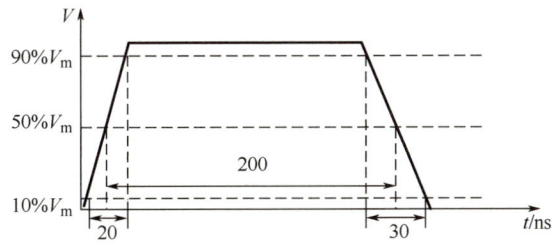

图 1.6 例 1.1 的脉冲信号波形图

一般情况下脉冲信号波形的上升时间或下降时间均比高电平或低电平的持续时间小很多,画脉冲信号波形的目的主要是了解高电平、低电平经历的时间。因此,在理想脉冲信号波形中只有高电平、低电平,而忽略了上升时间和下降时间。本书采用的脉冲信号波形为理想脉冲信号波形。

1.2 数制及其直接转换

生活中经常使用十进制,比如 7942 称为七千九百四十二。为什么这么称呼这个十进制数?因为 7 在千位上,9 在百位上,4 在十位上,2 在个位上,每位都有对应的权值。除了常用的十进制,数字系统中常用的还有二的幂次制,比如二进制、八进制和十六进制。下面讲解数制之间的转换。

1.2.1 十进制转换为二的幂次制

将十进制转换为二的幂次制的原则如下:竖式除法,从下向上取。也就是说,十进制若转换为二进制则除以二取余,转换成八进制则除以八取余,转换成十六进制则除以十六取余,然后将余数按照从竖式的最下方向最上方取的原则排列。

1. 十进制转换为二进制

按照转换原则,把十进制数 50 转换为对应的二进制数,如式(1-1)所示。

【拓展视频】

$$
\begin{array}{r|ll}
2 & 50 & 0 \uparrow \cdots\cdots d_0 \\
2 & 25 & 1 \cdots\cdots d_1 \\
2 & 12 & 0 \cdots\cdots d_2 \\
2 & 6 & 0 \cdots\cdots d_3 \\
2 & 3 & 1 \cdots\cdots d_4 \\
& 1 & \cdots\cdots d_5
\end{array}
\tag{1-1}
$$

50 是被除数,2 是除数,$d_0 \sim d_i (i=0,1,2,3,4,5)$ 是余数,结果是从竖式的最下方向最上方取。此时,$d_5 d_4 d_3 d_2 d_1 d_0 = 110010$,可以得到 $(50)_{10} = (110010)_2$。

2. 十进制转换为八进制

按照转换原则,把十进制数 50 转换为对应的八进制数,如式(1-2)所示。

$$
\begin{array}{r|ll}
8 & 50 & 2 \uparrow \cdots\cdots d_0 \\
& 6 & \cdots\cdots d_1
\end{array}
\tag{1-2}
$$

50 是被除数,8 是除数,$d_0 \sim d_i (i=0,1)$ 是余数。结果是从竖式的最下方向最上方取。此时,$d_1 d_0 = 62$,可以得到 $(50)_{10} = (62)_8$。

3. 十进制转换为十六进制

按照转换原则,把十进制数 50 转换为对应的十六进制数,如式(1-3)所示。

$$
\begin{array}{r|ll}
16 & 50 & 2 \uparrow \cdots\cdots d_0 \\
& 3 & \cdots\cdots d_1
\end{array}
\tag{1-3}
$$

50 是被除数,16 是除数,$d_0 \sim d_i (i=0,1)$ 是余数。结果是从竖式的最下方向最上方取。此时，$d_1d_0=32$，可以得到 $(50)_{10}=(32)_{16}$。

1.2.2 二的幂次制转换为十进制

把二的幂次制（二进制、八进制、十六进制）转换为十进制，转换原则是先按幂展开再求和。比如二进制数 110010.01，小数点前最低一位对应的幂次是 2^0，次低位对应的幂次是 2^1，依次类推；小数点后最高一位对应的幂次是 2^{-1}，次高位对应的幂次是 2^{-2}，依次类推。

1. 二进制转换为十进制

二进制数 110010.01 对应的幂次如图 1.7 所示，转换展开时，先把幂次及其对应的系数相乘再求和。

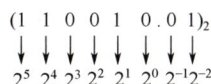

图 1.7　二进制数 110010.01 对应的幂次

按照转换原则，把二进制数 110010.01 转换成对应的十进制数，如式（1-4）所示。

$$(110010.01)_2 = 1\times2^5+1\times2^4+0\times2^3+0\times2^2+1\times2^1+0\times2^0+0\times2^{-1}+1\times2^{-2}$$
$$=(50.25)_{10} \tag{1-4}$$

2. 八进制转换为十进制

按照转换原则，把八进制数 62.2 转换成对应的十进制数，如式（1-5）所示。

$$(62.2)_8 = 6\times8^1+2\times8^0+2\times8^{-1}=(50.25)_{10} \tag{1-5}$$

3. 十六进制转换为十进制

按照转换原则，把十六进制数 32.4 转换成对应的十进制数，如式（1-6）所示。

$$(32.4)_{16}=3\times16^1+2\times16^0+4\times16^{-1}=(50.25)_{10} \tag{1-6}$$

1.2.3 二的幂次制之间的转换

二的幂次制之间的转换原则是 n 位为 1 位法。若将二进制转换为八进制，则采用 3 位为 1 位法；若将二进制转换为十六进制，则采用 4 位为 1 位法。

1. 二进制转换为八进制

按照转换原则（3 位为 1 位法），把二进制数 110010.01 转换为八进制数，如式（1-7）所示。小数点前从最低位向最高位取，不足 3 位的在前面补零；小数点后从最高位向最低位取，不足 3 位的在后面补零。

$$(\underline{110}\,\underline{010}.\,\underline{010})_2=(62.2)_8 \tag{1-7}$$

2. 二进制转换为十六进制

按照转换原则（4 位为 1 位法），把二进制数 110010.01 转换为十六进制数，如式（1-8）所示。小数点前从最低位向最高位取，不足 4 位的在前面补零；小数点后从最高位向最低位取，不足 4 位的在后面补零。

$$(0011\,0010.\,0100)_2 = (32.4)_{16} \quad (1-8)$$

1.2.4 简便算法

根据进制的转换关系，将十进制转换成二进制时，由于十进制数值较大，使用竖式除法需要计算较长的时间，因此使用简便算法，即从十进制数值里面向外选出 2 的幂次，比如十进制数值 100 可以写成 $64+32+4$，其中 64 是 2^6，32 是 2^5，4 是 2^2。那么，可以把 2 的幂次有值的位置补 1，没有值的位置补 0。十进制数值 100 可以写成二进制数 1100100。

1.2.5 二进制数的算术运算

二进制数的算术运算包括加法运算、减法运算、乘法运算和除法运算。其中，基本运算是加法运算和减法运算。

1. 二进制数的加法运算

加法运算按下列三条法则进行。

(1) $0+0=0$。

【拓展视频】

(2) $0+1=1+0=1$。

(3) $1+1=10$（逢二进一，向高位进位）。

例 1.2 计算 $(110)_2 + (101)_2 + (1)_2$。

解：算式如下。

```
加数      110
加数      101
加数        1
————————————
和数     1100
```

故 $(110)_2 + (101)_2 + (1)_2 = 1100$。

由上述加法运算过程可知，两个二进制数相加时，每一位最多有三个数相加，即本位加数、加数和从低位来的进位（进位可能是 0 或 1）。按加法运算法则可得到本位加法的和及向高位的进位。

2. 二进制数的减法运算

减法运算按下列三条法则进行。

(1) $0-0=1-1=0$。

(2) $1-0=1$。

(3) $0-1=1$（向高位借位，借 1 当 2）。

例 1.3 计算 $(1100)_2 - (1001)_2$。

解：算式如下。

```
被减数     1100
减数       1001
————————————
差数       0011
```

故 $(1100)_2 - (1001)_2 = 0011$。

由上述减法运算过程可知,两个二进制数相减时,每位最多有三个数:本位被减数、减数和向高位的借位,借 1 当 2。做减法运算时,除每位相减外,还要考虑借位情况。

3. 二进制数的乘法运算

二进制数的乘法运算按下列三条法则进行。

(1) $0 \times 0 = 0$。

(2) $0 \times 1 = 1 \times 0 = 0$。

(3) $1 \times 1 = 1$。

例 1.4 计算 $(101)_2 \times (10)_2$。

解:算式如下。

```
乘数1      101
乘数2       10
部分积     000
+         101
乘积      1010
```

故 $(101)_2 \times (10)_2 = 1010$。

由上述乘法运算过程可知,每个部分积都取决于乘数 2 的相应位是 0 还是 1。若乘数 2 的相应位为 0,则此次部分积为 0;若乘数 2 的相应位为 1,则此次部分积就是乘数 1。部分积的数量与乘数 2 的位数相同,每次的部分积都依次左移一位。将各部分积累加,得到最终的乘积。

在计算机中实现二进制数的乘法运算通常采用移位相加法。

4. 二进制数的除法运算

二进制数的除法运算按下列三条法则进行。

(1) $0 \div 0 = 0$。

(2) $0 \div 1 = 0$($1 \div 0$ 是无意义的)。

(3) $1 \div 1 = 1$。

例 1.5 计算 $(1101)_2 \div (11)_2$。

解:算式如下。

```
        100 商
    ┌──────
 11 │ 1101
    - 11
    ──────
      001 余数
```

故 $(1101)_2 \div (11)_2 = 100 \cdots\cdots 001$。

由上述除法运算过程可知,除法运算首先从被除数最高有效位开始,取出与除数相同位数的片段进行比较。如大于除数,商记为 1,执行二进制减法;如小于除数,商记为 0,移至下一位,继续比较,直至商为 1。接着将减法结果作为中间余数,并将被除数的下一位下移至中间余数,得到新的中间余数,继续与除数比较,重复以上步骤,直至被除数的位都下移完。最后将商和余数在结果中分别列出。

在计算机中实现二进制数的除法运算通常采用移位相减法。

1.2.6 原码、反码和补码

1. 原码表示法

原码表示法是机器数的一种简单表示法。其符号位用 0 表示正号，用 1 表示负号，数值一般用二进制形式表示。若有一个数为 X，则原码表示可记作 $[X]_原$。

例如，$X_1 = +1010110$，$X_2 = -1001010$，其原码为

$$[X_1]_原 = [+1010110]_原 = 01010110$$
$$[X_2]_原 = [-1001010]_原 = 11001010$$

2. 反码表示法

机器数的反码可由原码得到。若机器数是正数，则该机器数的反码与原码一样；若机器数是负数，则该机器数的反码是对它的原码各位（符号位除外）取反得到。若有一个数 X，则 X 的反码表示记作 $[X]_反$。

例如，$X_1 = +1010110$，$X_2 = -1001010$，其反码为

$$[X_1]_反 = [X_1]_原 = 01010110$$
$$[X_2]_原 = 11001010$$
$$[X_2]_反 = 10110101$$

反码通常作为求补过程的中间形式，即在一个负数的反码的末位加 1，就得到了该负数的补码。

3. 补码表示法

机器数的补码可由原码得到。若机器数是正数，则该机器数的补码与原码一样；若机器数是负数，则该机器数的补码是对它的原码各位（除符号位外）取反，并在末位加 1 得到。若有一个数 X，则 X 的补码表示记作 $[X]_补$。

例如，$X_1 = +1010110$，$X_2 = -1001010$

$$[X_1]_原 = 01010110，[X_1]_补 = 01010110，即[X_1]_补 = [X_1]_原$$
$$[X_2]_原 = 11001010，[X_2]_补 = 10110101 + 1 = 10110110，即[X_2]_补 = [X_2]_反 + 1$$

1.3 二进制代码

常用的二进制代码有 BCD（binary-coded decimal）码、余 3 码和格雷码。

1.3.1 BCD 码与余 3 码

BCD 码又称二进码十进数或二-十进制代码，是一种二进制的数字编码形式，用 4 位二进制数表示 1 位十进制数中的 0～9 十个数码。BCD 码利用四个位元储存一个十进制数码，使二进制与十进制的转换快捷。

BCD 码有 8421 BCD 码、5421 BCD 码、2421 BCD 码。8421 BCD 码是最基本和最常用的 BCD 码，它与四位自然二进制码相似，各位的权值为 8、4、2、1，故称有权 BCD

码。与四位自然二进制码不同的是，它只选用四位二进制码中前10组代码，即用0000～1001分别代表其对应的十进制数，余下的六组代码不用。5421 BCD 码和 2421 BCD 码也是有权 BCD 码，它们从高位到低位的权值分别为5、4、2、1和2、4、2、1。在这两种有权 BCD 码中，有的十进制数码存在两种加权方法。例如，5421 BCD 码中的数码 5 既可以用 1000 表示，又可以用 0101 表示；2421 BCD 码中的数码 6 既可以用 1100 表示，又可以用 0110 表示。说明 5421 BCD 码和 2421 BCD 码的编码方案都不是唯一的。

余 3 码是 8421 BCD 码的每个码组加 3（0011）形成的，常用于 BCD 码的运算电路中。

BCD 码、余 3 码和十进制数对照表见表 1.2。

表 1.2　BCD 码、余 3 码和十进制数对照表

十进制	8421 BCD 码	5421 BCD 码	2421 BCD 码	余 3 码
0	0000	0000	0000	0011
1	0001	0001	0001	0100
2	0010	0010	0010	0101
3	0011	0011	0011	0110
4	0100	0100	0100	0111
5	0101	1000	1011	1000
6	0110	1001	1100	1001
7	0111	1010	1101	1010
8	1000	1011	1110	1011
9	1001	1100	1111	1100

1.3.2　格雷码

在数字电子技术中，格雷码的应用十分广泛。因为格雷码具有一个显著的优点：当相邻的两个格雷码跳变时，只有 1 位发生改变，可以有效避免瞬间模糊状态。比如用二进制数表示 7 和 8 时是 0111 和 1000，从 7 跳变成 8 时，4 位同时改变；用格雷码表示 7 和 8 时是 0100 和 1100，从 7 跳变成 8 时，只有 1 位发生改变。十进制数和格雷码对照表见表 1.3。

表 1.3　十进制数和格雷码对照表

十进制	$G_3 G_2 G_1 G_0$
0	0000
1	0001
2	0011
3	0010

续表

十进制	$G_3 G_2 G_1 G_0$
4	0110
5	0111
6	0101
7	0100
8	1100
9	1101
10	1111
11	1110
12	1010
13	1011
14	1001
15	1000

格雷码是一种具有反射构造特性的循环编码方式。表1.3中4位格雷码的构建过程体现了独特的反射规律。从基础的1位格雷码（0和1）出发，通过在特定位置进行镜像反射并补位来扩展位数。具体来说，在构建2位格雷码时，以十进制数1和2之间为对称轴，将1位格雷码反射，并在原码前补0、反射码前补1；同理，3位格雷码以3和4之间为对称轴，对2位格雷码进行反射。这种递归式的反射构造保证了格雷码的两个关键特性：一个是相邻数值的编码仅有一位不同（如0000与0001、0011与0010），另一个是编码序列具有首尾循环性（0000与1000仅差1位）。通过这种系统性的反射构建，可以生成任意位数的格雷码，并能始终保持其单位距离和循环特性。

格雷码的循环性是指对于格雷码来讲，不仅0和1相邻、1和2相邻，而且格雷码的首尾相邻。比如，对于2位格雷码，格雷码的0和3相邻；对于3位格雷码，格雷码的0和7相邻；对于4位格雷码，格雷码的0和15相邻。如果了解格雷码的特性，就可以很快写出多位格雷码，在后续内容中格雷码将作为卡诺图的编码方式，在化简中起到重要作用。

1.4 基本逻辑运算

常用的逻辑运算有与运算、或运算、非运算、异或运算、同或运算和复合运算。

1.4.1 与运算、或运算和非运算

1. 与运算

与运算是指当一个事情的多个条件同时满足时，此事发生。与运算电路如图1.8所示，当开关A和B同时闭合（当一个事情的多个条件同时满足）时，小灯泡L亮（此事发生）。

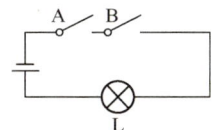

图 1.8 与运算电路

在通常情况下,开关闭合用二值变量的"1"描述,开关打开用"0"描述;小灯泡亮用"1"描述,小灯泡灭用"0"描述。根据图 1.8 可以得到与运算真值表,见表 1.4。

表 1.4 与运算真值表

A	B	L
0	0	0
0	1	0
1	0	0
1	1	1

表 1.4 是输入逻辑变量和输出逻辑变量排列而成的真值表,它的输入部分有 $N=2^n$ 项组合,n 是输入变量数。两个开关有 2^2 项组合,三个开关有 2^3 项组合。

表 1.4 对应的表达式是以 A 和 B 为输入、L 为输出的方程。观察表 1.4,L 有唯一的 1 输出,输出对应的输入取值是 $A=1$,$B=1$。在写表达式时,变量取值是 1 时,对应原变量;变量取值是 0 时,对应反变量。比如,如果 L 取值是 1,则写表达式时写成 L;如果 L 取值是 0,则写表达式时写成 $\overline{L}$。因此,表 1.4 中输出 L 为 1 的情况只有一种。与运算对应的表达式,如式(1-9)所示。

$$L=AB \tag{1-9}$$

与运算也称逻辑乘,其运算规律为:输入有 0 得 0,全 1 得 1。

与门符号如图 1.9 所示。

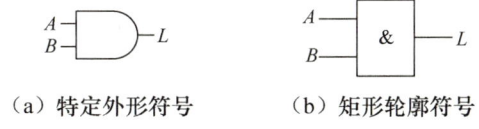

(a) 特定外形符号　　　(b) 矩形轮廓符号

图 1.9 与门符号

图 1.9 给出了被 IEEE(电气电子工程师学会)和 IEC(国际电工学会)认定的两套图形符号:其中一套是在国外教材和 EDA 软件中普遍使用的特定外形符号;另一套是矩形轮廓符号。本书采用特定外形符号。

2. 或运算

或运算是指当一个事情的多个条件中有一个或多个满足时,此事发生。或运算电路如图 1.10 所示,当开关 A 和 B 中有一个或同时闭合(当一个事情的多个条件中有一个或多个满足)时,小灯泡 L 亮(此事发生)。

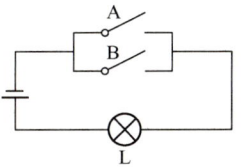

图 1.10 或运算电路

根据图 1.10 可以得到或运算真值表，见表 1-5。

表 1.5　或运算真值表

A	B	L
0	0	0
0	1	1
1	0	1
1	1	1

或运算的特点是输入 A 和 B 有 4 种取值，输出 L 为 0 的情况只有一种。或运算对应的表达式如式（1.10）所示。

$$L = A + B \tag{1-10}$$

或运算也称逻辑加，其运算规律为：输入有 1 得 1，全 0 得 0。

或门符号如图 1.11 所示。

（a）特定外形符号　　（b）矩形轮廓符号

图 1.11　或门符号

3. 非运算

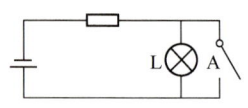

图 1.12　非运算电路

非运算是指结果和条件互为反关系。非运算电路如图 1.12 所示，当开关 A 闭合时，小灯泡 L 灭；当开关 A 打开时，小灯泡 L 亮。

根据图 1.12 可以得到非运算真值表，见表 1-6。

表 1.6　非运算真值表

A	L
0	1
1	0

非运算的特点是只有一个输入和一个输出，对应的表达式如式（1-11）所示。

$$L = \overline{A} \tag{1-11}$$

非运算也称逻辑反，其逻辑运算的规律为：0 变 1，1 变 0，即始终相反。

非门符号如图 1.13 所示。

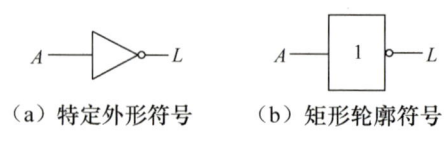

（a）特定外形符号　　（b）矩形轮廓符号

图 1.13　非门符号

1.4.2 异或运算和同或运算

1. 异或运算

异或运算是指当且仅当两个输入值不同时，输出为真。

异或运算真值表见表 1.7。

表 1.7 异或运算真值表

A	B	L
0	0	0
0	1	1
1	0	1
1	1	0

由表 1.7 可写出异或运算的表达式，如式（1-12）所示。

$$L = A \oplus B = \overline{A}B + A\overline{B} \qquad (1-12)$$

异或门符号如图 1.14 所示。

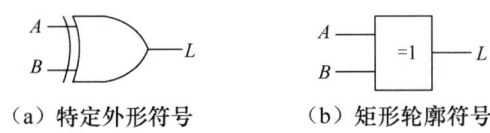

（a）特定外形符号　　（b）矩形轮廓符号

图 1.14 异或门符号

2. 同或运算

同或运算和异或运算互为反关系，当输入变量 A 和 B 都是 0 或者都是 1 时，输出 L 为 1；当输入变量 A 和 B 不同时，输出 L 为 0。

同或运算真值表见表 1.8。

表 1.8 同或运算真值表

A	B	L
0	0	1
0	1	0
1	0	0
1	1	1

同或运算对应的表达式如式（1-13）所示。

$$L = A \odot B = AB + \overline{A}\,\overline{B} \qquad (1-13)$$

同或门符号如图 1.15 所示。

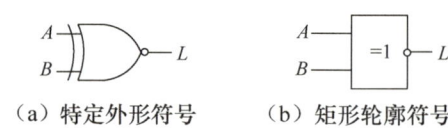

(a) 特定外形符号　　(b) 矩形轮廓符号

图 1.15　同或门符号

1.4.3　复合运算

基本运算的与运算、或运算和非运算有时组合在一起使用，构成复合运算。常用的复合运算有与非运算、或非运算、与或非运算。复合运算符号如图 1.16 所示。

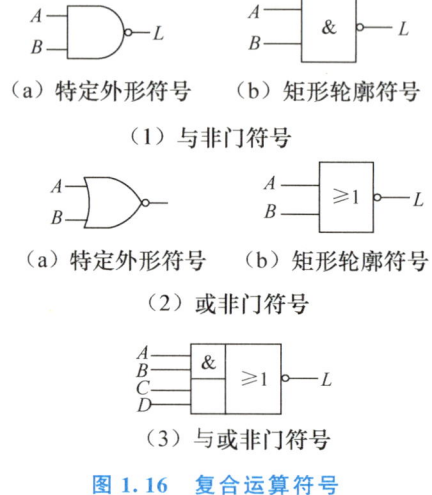

(a) 特定外形符号　　(b) 矩形轮廓符号

（1）与非门符号

(a) 特定外形符号　　(b) 矩形轮廓符号

（2）或非门符号

（3）与或非门符号

图 1.16　复合运算符号

1.5　逻辑函数及其表达式

逻辑函数的表示方法有很多种，如真值表、表达式、逻辑图、波形图、卡诺图等。比如，表示 1 位数值 A 和 B 的比较可以描述如下：有两个输入 A 和 B，对应三个输出 $F_{A>B}$、$F_{A<B}$ 和 $F_{A=B}$。当 $A>B$ 时，$F_{A>B}$ 为 1；当 $A<B$ 时，$F_{A<B}$ 为 1；当 $A=B$ 时，$F_{A=B}$ 为 1。下面将分别用多种方法描述这个逻辑问题。

【拓展视频】

1. 真值表

根据逻辑问题的描述，可以确定输入 A、B 和输出 $F_{A>B}$、$F_{A<B}$、$F_{A=B}$ 的对应关系，见表 1.9。

表 1.9　数值比较真值表

A	B	$F_{A>B}$	$F_{A<B}$	$F_{A=B}$
0	0	0	0	1
0	1	0	1	0

续表

A	B	$F_{A>B}$	$F_{A<B}$	$F_{A=B}$
1	0	1	0	0
1	1	0	0	1

表1.9中的 A、B 表示数值，当 $A=B$ 时，输出 $F_{A=B}$ 为 1；当 $A>B$ 时，输出 $F_{A>B}$ 为 1；当 $A<B$ 时，输出 $F_{A<B}$ 为 1。

2. 表达式

通常将描述逻辑问题的逻辑函数称为表达式。表示 1 位数值 A 和 B 的比较可以写成以下三个表达式，每个输出都是原变量的表示形式：$F_{A>B}$、$F_{A<B}$、$F_{A=B}$，称为取"1"法；也可以写成反变量表示形式：$\overline{F_{A<B}}$、$\overline{F_{A>B}}$、$\overline{F_{A=B}}$，称为取"0"法。

取"1"法得到的表达式如式（1-14）～式（1-16）所示。

$$F_{A>B}=A\overline{B} \tag{1-14}$$

$$F_{A<B}=\overline{A}B \tag{1-15}$$

$$F_{A=B}=AB+\overline{A}\,\overline{B}=\overline{F_{A>B}+F_{A<B}} \tag{1-16}$$

取"0"法得到的表达式如式（1-17）～式（1-19）所示。

$$\overline{F_{A>B}}=\overline{A}\,\overline{B}+\overline{A}B+AB \tag{1-17}$$

$$\overline{F_{A<B}}=\overline{A}\,\overline{B}+A\overline{B}+AB \tag{1-18}$$

$$\overline{F_{A=B}}=\overline{A}B+A\overline{B} \tag{1-19}$$

【拓展视频】

3. 逻辑图

把基本逻辑符号按照一定的逻辑关系顺序连接的图形称为逻辑图。逻辑图对应逻辑函数，对于同一个设计，该设计对应的逻辑函数不是唯一的。比如式（1-14）～式（1-16）还有一组等价形式，如式（1-20）～式（1-22）所示。

$$F_{A>B}=A\overline{B}=\overline{\overline{A}+B} \tag{1-20}$$

$$F_{A<B}=\overline{A}B=\overline{A+\overline{B}} \tag{1-21}$$

$$F_{A=B}=AB+\overline{A}\,\overline{B}=\overline{F_{A>B}+F_{A<B}} \tag{1-22}$$

由于逻辑函数不唯一，因此相应的逻辑图也不唯一。图 1.17 给出了式（1-14）～式（1-16）对应的逻辑图 A，图 1.18 给出了式（1-20）～式（1-22）对应的逻辑图 B。

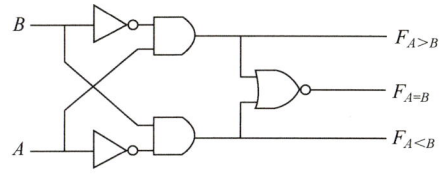

图 1.17 数值比较器逻辑图 A

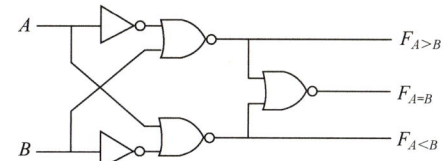

图 1.18 数值比较器逻辑图 B

4. 波形图

可以从波形图直观看出输入与输出的对应关系。上述数值比较器的波形图如图 1.19 所示。

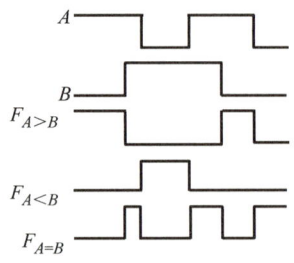

图 1.19　波形图

当 A 和 B 同时是 0 或 1 时，输出 $F_{A=B}$ 为高电平状态；当 A 取 1、B 取 0 时，A 大于 B，$F_{A>B}$ 为高电平状态；当 A 取 0、B 取 1 时，A 小于 B，$F_{A<B}$ 为高电平状态。

5. 卡诺图

逻辑函数还有一种表示方法，就是包含最小项的卡诺图，如图 1.20 所示。

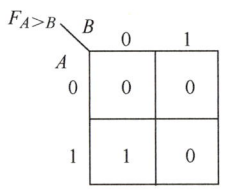 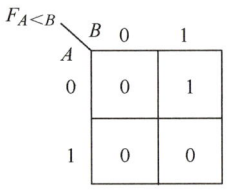 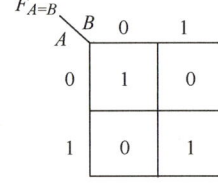

图 1.20　卡诺图

卡诺图是一种化简工具，可以用来简化逻辑表达式。

本 章 小 结

数字电子技术基础包括组合逻辑电路、时序逻辑电路、存储器、脉冲信号的产生与变换电路、数模转换器与模数转换器等内容。

1. 二值逻辑中的"0"和"1"表示的是两种状态，而不是数值。

2. 模拟信号具有时间和数值上的连续性。模拟信号经过采样、保持、量化、编码，转换成的数字信号具有时间和数值上的离散性。

3. 二进制、八进制、十进制、十六进制、8421 BCD 码、5421 BCD 码、2421 BCD 码、格雷码之间可以相互转换，以实现不同场合下数值（码制）的表达形式。

4. 数字信号可以借助计算机实现复杂的数值存储与计算，二进制数可以使用原码、反码和补码表示。

5. 逻辑函数有多种表示方法，常用的有真值表、表达式、逻辑图、波形图、卡诺图等。

习 题

1.1 将下列二进制数转换为十进制数。
(1) 110101.001 (2) 100.111 (3) 101010.01 (4) 111000.101

1.2 将下列二进制数转换为八进制数。
(1) 10110101.101 (2) 1.11001 (3) 11000011.0111 (4) 111000.00100

1.3 将下列二进制数转换为十六进制数。
(1) 00110101.0010 (2) 1010110.0111 (3) 10.01 (4) 10011010.0011

1.4 将下列十进制数转换为8421BCD码。
(1) 121.8 (2) 1.87 (3) 18.54 (4) 116.7

1.5 写出下列二进制数的原码、反码和补码。
(1) +110 (2) +10110 (3) −110 (4) −10110

1.6 写出下列二进制数的反码和补码。
(1) +10010 (2) +1101 (3) −10010 (4) −1101

1.7 已知 A、B 波形图如图 1.21 所示,并且 $X=AB$、$Y=A+B$、$Z=A\odot B$。请画出 X、Y、Z 的波形图。

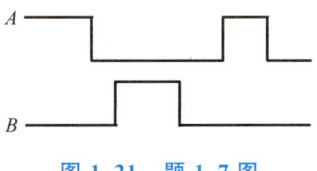

图 1.21 题 1.7 图

1.8 已知 $X=AB$、$Y=A+B$、$Z=A\odot B$、$L=X+Y+Z$,请画出输入 A、B 和输出 L 对应的逻辑图。

1.9 请画出下列二进制数的波形图,其中高电平"1"为5V,低电平"0"为0V。
(1) 0101001 (2) 00111 (3) 01001 (4) 111010101

1.10 请画出图 1.22 卡诺图对应的逻辑图。

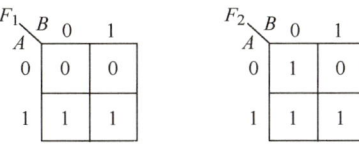

图 1.22 题 1.10 图

1.11 证明:$\overline{A\oplus B}=A\odot B$。

1.12 使用格雷码的反射构造特性分别写出 3 位格雷码 $G_2G_1G_0$ 和 4 位格雷码 $G_3G_2G_1G_0$。

第2章 逻辑代数基础

本章知识框架

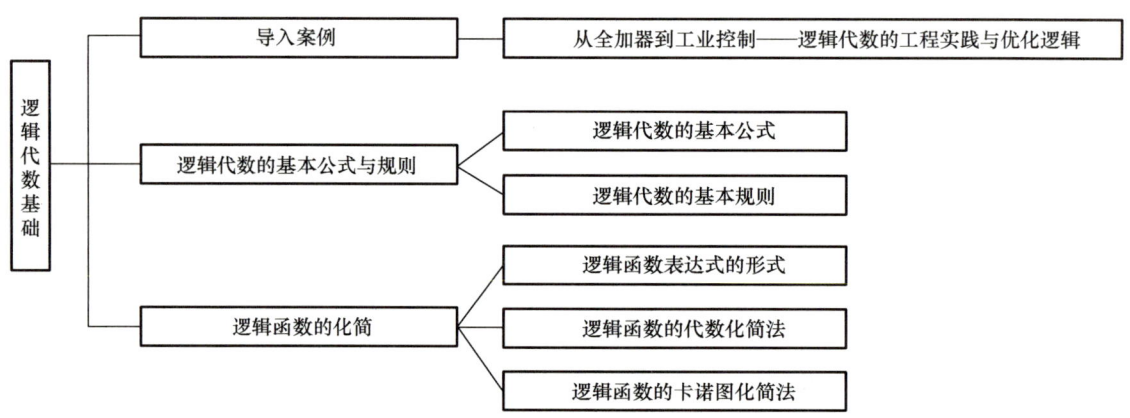

学习目标

知识目标	1. 熟悉逻辑代数的基本公式与规则，掌握逻辑函数的最小项表达式和最简表达式的特点
	2. 了解逻辑函数化简的必要性
	3. 掌握逻辑函数的代数化简法和卡诺图化简法
能力和素质目标	1. 掌握代数化简法与卡诺图化简法的适用场景，能针对具体问题选择最优化简法
	2. 培养逻辑推理能力与数学建模思维，强化问题分解与综合能力

导入案例

从全加器到工业控制——逻辑代数的工程实践与优化逻辑

逻辑代数是数字系统的数学基石,其核心在于通过逻辑运算(与运算、或运算、非运算)和化简构建高效可靠的逻辑电路。以全加器设计为例,作为逻辑代数的经典应用,其通过三个输入(加数位 A、加数位 B 及进位输入 C_{in})实现二进制加法,并输出和位 S 与进位 C_{out}。

通过逻辑门电路实现时,传统方案需 14 个二极管(如与门电路和或门电路组合),而现代设计通过逻辑函数表达式优化可减少至 8 个二极管,显著降低了功耗与成本。

工业控制中的逻辑优化进一步体现了逻辑代数的工程价值。例如,某自动化生产线需设计安全联锁系统,要求满足以下条件。

(1) 紧急停止触发($E=1$)时,所有设备断电(输出 $F=0$)。

(2) 正常运行时($E=0$),若传感器 A(检测物料)和传感器 B(检测温度)同时有效($A=1$ 且 $B=1$),则设备启动($F=1$)。

根据需求可建立逻辑函数表达式,直接对应与门电路和非门电路组合。但实际测试发现,传感器信号存在抖动,会导致误触发。通过引入冗余逻辑(如添加 SR 锁存器消除抖动)和卡诺图优化(合并相邻最小项),最终将逻辑函数表达式简化,在保证安全性的同时降低逻辑门电路的复杂度。

通过以上案例,可以看出逻辑代数在简化电路结构、提升系统性能及降低开发成本中的核心作用,这为后续章节(如组合逻辑电路、时序逻辑电路)奠定了坚实基础。

在本书中,逻辑是指事物间的因果关系。逻辑代数又称布尔代数,是分析和设计现代数字逻辑电路不可缺少的数学工具。逻辑代数有一系列的定律、定理和规则,用于处理逻辑函数表达式,以完成对逻辑电路的化简、变换、分析和设计。

当两个二进制数码表示不同的逻辑状态时,它们可以按照指定的某种因果关系进行推理运算,这种运算称为逻辑运算。在逻辑代数中用字母表示变量,这种变量称为逻辑变量。逻辑运算表示的是逻辑变量及常量之间逻辑状态的推理运算,而不是数量之间的运算。

本章将主要介绍逻辑代数的基本公式及逻辑函数的化简。

2.1 逻辑代数的基本公式与规则

2.1.1 逻辑代数的基本公式

进行逻辑运算时,需要应用逻辑代数的基本公式。

(1) 常量反运算规则。

① $\overline{0}=1$ ② $\overline{1}=0$

(2) 同一变量之间的运算规则。

① $A \cdot A = A$ ② $A \cdot \bar{A} = 0$ ③ $A + A = A$ ④ $A + \bar{A} = 1$ ⑤ $\bar{\bar{A}} = A$

(3) 0-1 定律。

① $0 \cdot A = 0$ ② $1 \cdot A = A$ ③ $0 + A = A$ ④ $1 + A = 1$

(4) 交换律。

① $A \cdot B = B \cdot A$ ② $A + B = B + A$

(5) 结合律。

① $A \cdot (B \cdot C) = (A \cdot B) \cdot C$ ② $A + (B + C) = (A + B) + C$

(6) 分配律。

① $A \cdot (B + C) = A \cdot B + A \cdot C$ ② $A + (B \cdot C) = (A + B) \cdot (A + C)$

(7) 反演律。

① $\overline{A \cdot B} = \bar{A} + \bar{B}$ ② $\overline{A + B} = \bar{A} \cdot \bar{B}$

(8) 吸收律。

① $A + A \cdot B = A$

② $A \cdot (A + B) = A$

③ $A + \bar{A} \cdot B = A + B$

【拓展视频】

在以上基本公式中,数学家摩根提出的反演律具有特殊的重要意义。反演律又称德·摩根定律,常用于求一个原函数的非函数或者对逻辑函数进行变换。

用完全归纳法可以证明上述等式的正确性,具体方法如下:分别列出等式左边表达式与右边表达式的真值表,若等式两边的真值表相同,则等式成立。

例 2.1 用完全归纳法证明吸收律 $A + (\bar{A} \cdot B) = A + B$。

证明: 列出等式左右两边函数值的真值表,见表 2.1。

表 2.1 吸收律的证明

A	B	$\bar{A}$	$\bar{A} \cdot B$	$A + \bar{A} \cdot B$	$A + B$
0	0	1	0	0+0=0	0
0	1	1	1	0+1=1	1
1	0	0	0	1+0=1	1
1	1	0	0	1+0=1	1

表 2.1 中的常用恒等式可以用其他基本公式证明,下面举例说明。

例 2.2 试证明 $A + (\bar{A} \cdot B) = A + B$ 成立。

证: $A + (\bar{A} \cdot B) = (A + \bar{A}) \cdot (A + B)$
$= 1 \cdot (A + B) = A + B$

上述基本公式对化简逻辑函数表达式十分有用,可以减少表达式中的乘积项。

例 2.3 试化简逻辑函数 $L = (A + B) \cdot (\bar{A} + B)$。

解: $L = (A + B) \cdot (\bar{A} + B) = A \cdot \bar{A} + A \cdot B + B \cdot B + B \cdot \bar{A} \cdot B$
$= 0 + A \cdot B + B \cdot \bar{A} + B$
$= A \cdot B + B \cdot \bar{A} + B$

$$= B \cdot (A + \overline{A} + 1)$$
$$= B \cdot 1$$
$$= B$$

2.1.2 逻辑代数的基本规则

1. 代入规则

代入规则的基本内容如下：对于任一逻辑等式，如果等式两边出现相同的变量（如变量 A），就可以用同一个逻辑函数替代所有含 A 处的变量，且等式仍然成立。

例如，用 $B \cdot C$ 替换 B，代入反演律 $\overline{A \cdot B} = \overline{A} + \overline{B}$，有
$$\overline{(A \cdot (B \cdot C))} = \overline{A} + \overline{(B \cdot C)} = \overline{A} + \overline{B} + \overline{C}$$

再用 $B + C$ 替换 B，代入反演律 $\overline{(A+B)} = \overline{A} \cdot \overline{B}$，有
$$\overline{(A+(B+C))} = \overline{A} \cdot \overline{(B+C)} = \overline{A} \cdot \overline{B} \cdot \overline{C}$$

这说明反演律对于多变量的情况依然成立，可以扩展应用。

2. 反演规则

对于任一逻辑函数表达式 L，若将其中所有的与换成或、或换成与，原变量换为反变量、反变量换为原变量，1 换成 0、0 换成 1，则所得的新逻辑函数表达式是原函数的反函数，记为 $\overline{L}$，这就是反演规则。

例 2.4 试求 $L = (A + \overline{B}) \cdot (B \cdot \overline{C} + D)$ 的反函数 $\overline{L}$。

解：按照反演规则可得
$$\overline{L} = \overline{A} \cdot B + (\overline{B} + C) \cdot \overline{D}$$

使用反演规则时要注意以下事项。

(1) 变换时，要遵循"首先括号，然后乘，最后加"的逻辑运算顺序。

(2) 不是在单个变量上面的非号应保持不变。

例 2.5 试求 $L = A \cdot \overline{B \cdot C} + (\overline{A} + \overline{B} \cdot \overline{C}) \cdot (A + C)$ 的反函数 $\overline{L}$。

解：按照反演规则可得
$$\overline{L} = (\overline{A} + \overline{\overline{B \cdot C}}) \cdot [A \cdot (B + C) + \overline{A} \cdot \overline{C}]$$

3. 对偶规则

对于任一逻辑函数表达式 L，若将其中的与换成或、或换成与，1 换成 0、0 换成 1，则所得的新逻辑函数表达式是 L 的对偶式，记为 L'。如果两个逻辑函数表达式相等，那么它们的对偶式相等，这就是对偶规则。

例 2.6 求 $L = A + BC$ 的对偶式 L'。

解：$L' = A \cdot (B + C)$

例 2.7 试用对偶规则证明 $A + \overline{A}B = A + B$ 成立。

证明：原式的对偶式为 $A \cdot (\overline{A} + B) = AB$，很明显该等式成立。根据对偶规则可知，原式 $A + \overline{A}B = A + B$ 也成立。

2.2 逻辑函数的化简

逻辑函数有多种表达式。如果逻辑函数表达式比较简单，那么用来实现的逻辑电路所用元件较少。这不仅可以降低成本，而且可以提高电路的可靠性。因此，我们经常需要通过化简的手段找出逻辑函数最简单的表达式。逻辑函数化简的主要方法有公式法（代数法）和图解法（卡诺图法）。

2.2.1 逻辑函数表达式的形式

1. 逻辑函数表达式的基本形式

【拓展视频】

一个逻辑函数可以有多种表达式，其基本的表达式有与-或表达式和或-与表达式。

与-或表达式（积之和）的形式为

$$L = A \cdot C + \bar{C} \cdot D$$

或-与表达式（和之积）的形式为

$$L = (A+C) \cdot (B+\bar{C}) \cdot D$$

2. 最小项与最小项表达式

（1）逻辑函数的最小项及其性质。

在 n 个变量的逻辑函数中，如果某个乘积项含有逻辑问题的全部 n 个变量，每个变量都以其原变量或反变量的形式出现且仅出现一次，那么这种乘积项称为 n 个变量的最小项。

一般 n 个变量的最小项有 2^n 个，通常用"m_i"作为最小项编号，把最小项中的原变量用"1"表示、反变量用"0"表示，对应的组合取值转换成十进制数作为下角标 i 的值。三个变量 A、B、C 的最小项及其编号见表2.2。例如，$\bar{A}B\bar{C}$ 对应的取值为010，编号为 m_2。

表2.2 三个变量 A、B、C 的最小项及其编号

变量取值	最小项	编号
000	$\bar{A}\bar{B}\bar{C}$	m_0
001	$\bar{A}\bar{B}C$	m_1
010	$\bar{A}B\bar{C}$	m_2
011	$\bar{A}BC$	m_3
100	$A\bar{B}\bar{C}$	m_4
101	$A\bar{B}C$	m_5
110	$AB\bar{C}$	m_6
111	ABC	m_7

最小项具有下列性质。

① 对于任一最小项,有且仅有一组变量取值使其等于 1,而取其他各组值时,此最小项的值均为 0。例如,对于 $\overline{A}B\overline{C}$,只有变量取值为 010 时其值才为 1,而取其他值时其值全为 0。

② 任意两个不同的最小项的乘积恒为 0。根据性质①,当变量取某个值时两个不同的最小项至少有一个为 0,因而乘积始终为 0。

③ n 个变量的全部最小项的和恒为 1。

(2) 最小项表达式。

由若干最小项通过逻辑或构成的表达式称为标准与-或式。

注意:同一逻辑函数可用不同表达式表达,但任意逻辑函数经过变换都能表示成唯一的最小项表达式。

例 2.8 将 $L=AB+A\overline{B}C$ 变换成最小项表达式。

解:$L = AB(C+\overline{C}) + A\overline{B}C$
$= ABC + AB\overline{C} + A\overline{B}C$
$= m_7 + m_6 + m_5$
$= \sum m(5,6,7)$

【拓展视频】

化简后的函数是乘积项相加的形式,且乘积项最少,每个乘积项中的变量也最少。

3. 最大项与最大项表达式

(1) 逻辑函数的最大项及其性质。

对于有 n 个变量的逻辑函数来说,若有一个或项包含全部 n 个变量,每个变量都以其原变量或者非变量的形式在或项中出现且仅出现一次,则称该或项为最大项。

在最大项的运用中,人们常为最大项编号,以便进行分析运算。在 n 个变量的最大项中,每一组取值都只对应一个最大项的值等于 0。例如,A、B、C 三个变量的最大项有 8 (2^3) 个,即 $(\overline{A}+\overline{B}+\overline{C})$、$(\overline{A}+\overline{B}+C)$、$(\overline{A}+B+\overline{C})$、$(\overline{A}+B+C)$、$(A+\overline{B}+\overline{C})$、$(A+\overline{B}+C)$、$(A+B+\overline{C})$、$(A+B+C)$,其最大项及编号见表 2.3。

表 2.3 三个变量 A、B、C 的最大项及编号

变量取值	最大项	编号
000	$A+B+C$	M_0
001	$A+B+\overline{C}$	M_1
010	$A+\overline{B}+C$	M_2
011	$A+\overline{B}+\overline{C}$	M_3
100	$\overline{A}+B+C$	M_4
101	$\overline{A}+B+\overline{C}$	M_5
110	$\overline{A}+\overline{B}+C$	M_6
111	$\overline{A}+\overline{B}+\overline{C}$	M_7

n 个逻辑变量的最大项具有以下性质。

① 在 n 个逻辑变量的任何取值下必有一个最大项,且仅有一个最大项为 0。

② n 个逻辑变量的全体最大项乘积恒为 0。

③ n 个逻辑变量的任意两个最大项之和恒为 1。

④ 只有一个变量不同的两个最大项的乘积等于各相同变量之和。

（2）最大项表达式。

例 2.9 试将逻辑函数表达式 $L=\overline{A}B+C$ 转换成最大项之和的标准形式。

解：由分配律 $A+BC=(A+B)(A+C)$ 可将 L 转化为

$$L=\overline{A}B+C$$
$$=(\overline{A}+C)(B+C)$$
$$=(\overline{A}+B\overline{B}+C)(\overline{A}A+B+C)$$
$$=(\overline{A}+B+C)(\overline{A}+\overline{B}+C)(A+B+C)$$
$$=M_4 \cdot M_6 \cdot M_0$$
$$=\prod M(0,4,6)$$

4. 最小项和最大项的关系

根据最小项和最大项的性质可知,由相同变量构成的最小项与最大项存在互补关系,即

$$m_i=\overline{M_i} \quad 或 \quad M_i=\overline{m_i}$$

例如,若 $m_2=\overline{A}B\overline{C}$,则 $\overline{m_2}=\overline{\overline{A}B\overline{C}}=A+\overline{B}+C=M_2$。

例 2.10 将 $L(A,B,C)=m_3+m_5+m_6$ 转换成最大项的形式。

解：由最大项和最小项的关系可得

$$L(A,B,C)=\overline{\overline{m_3+m_5+m_6}}$$
$$=\overline{\overline{m_3}\cdot\overline{m_5}\cdot\overline{m_6}}$$
$$=\overline{M_3 \cdot M_5 \cdot M_6}$$
$$=M_0 \cdot M_1 \cdot M_2 \cdot M_4 \cdot M_7$$
$$=\prod M(0,1,2,4,7)$$

2.2.2 逻辑函数的代数化简法

不同形式的逻辑函数有不同的最简式,一般先求取最简与或式,再通过变换得到所需的最简式。

代数化简法是运用逻辑代数的基本公式和恒等式化简的方法。常用的代数化简法有并项法、吸收法、消去法、配项法。

1. 并项法

利用公式 $A+\overline{A}=1$ 将两项合并为一项,同时消去一个变量。

例 2.11 化简 $A\overline{B}\overline{C}+\overline{A}\overline{B}C$ 和 $A(B+C)+A\overline{B+C}$。

解： $A\overline{B}\overline{C}+\overline{A}\overline{B}C=(A+\overline{A})\overline{B}C=\overline{B}C$

$A(B+C)+A\overline{B+C}=A(B+C+\overline{B+C})=A$

2. 吸收法

利用公式 $A+AB=A$ 吸收多余项 AB。

例 2.12 化简 $A+ABC+\overline{C}D$ 和 $AB+ABC(\overline{D}+E)$。

解： $A+ABC+\overline{C}D=A+\overline{C}D$

$AB+ABC(\overline{D}+E)=AB$

3. 消去法

利用公式 $A+\overline{A}B=A+B$ 消去多余因子，或者利用公式 $AB+\overline{A}C+BC=AB+\overline{A}C$ 消去多余项。

例 2.13 化简 $AB+\overline{A}C+\overline{B}C$。

解： $AB+\overline{A}C+\overline{B}C=AB+(\overline{A}+\overline{B})C=AB+\overline{AB}C=AB+C$

4. 配项法

利用公式 $A+\overline{A}=1$ 将某项展开为两项以增加必要的乘积项，再利用前面的方法与其他乘积项合并使项减少，得到最简结果。

例 2.14 化简 $AB+\overline{A}C+BC$。

解： $AB+\overline{A}C+BC=AB+\overline{A}C+(A+\overline{A})BC$

$=AB+\overline{A}C+ABC+\overline{A}BC$

$=AB(1+C)+\overline{A}C(1+B)$

$=AB+\overline{A}C$

【拓展视频】

采用代数化简法时，常需要综合运用以上化简方法。

例 2.15 化简函数 $L=AD+A\overline{D}+AB+\overline{A}C+BD+ACEF+\overline{B}E+DEF$。

解：（1）用公式 $A+\overline{A}=1$ 合并 $AD+A\overline{D}=A$，得

$L=A+AB+\overline{A}C+BD+ACEF+\overline{B}E+DEF$

（2）用公式 $A+AB=A$ 合并 $A+AB+ACEF=A$，得

$L=A+\overline{A}C+BD+\overline{B}E+DEF$

（3）用公式 $A+\overline{A}B=A+B$ 合并 $A+\overline{A}C=A+C$，

用公式 $AB+\overline{A}C+BC=AB+\overline{A}C$ 合并 $BD+\overline{B}E+DEF=BD+\overline{B}E$，最后得

$L=A+C+BD+\overline{B}E$

由于采用代数化简法时需要记忆大量公式，在化简过程中无法遵循统一的模式或规则，且很难判断化简结果是否最简。因此，下面讲解有规律可循的卡诺图化简法。

2.2.3 逻辑函数的卡诺图化简法

1. 逻辑变量的卡诺图

卡诺图是一种能直观表示最小项逻辑关系的方格图，是逻辑函数的图形表示。其中每

个小方格都代表一个最小项，任意两个几何相邻的最小项都具有逻辑相邻性，即几何相邻的两个小方格所表示的最小项都仅有一个因子不同。

图 2.1 所示为二变量卡诺图。图 2.2 所示为三变量卡诺图和四变量卡诺图。

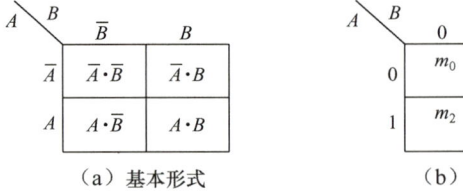

图 2.1　二变量卡诺图

【拓展视频】

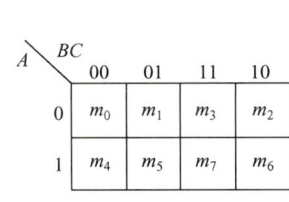

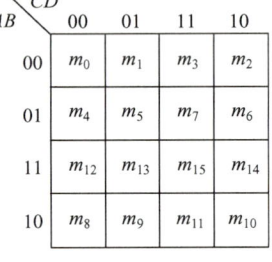

图 2.2　三变量卡诺图和四变量卡诺图

2. 用卡诺图表示逻辑函数

可以将任一逻辑函数展开成最小项表达式，只要根据变量数画出对应的卡诺图，并按最小项编号把逻辑函数中包含的最小项在相应的方格中填 1、不包含的项填 0（也可不填），就可以得到用卡诺图表示的逻辑函数。

例 2.16　画出 $L=AB+A\bar{B}C$ 的卡诺图。

解：先化简成最小项表达式，即

【拓展视频】

$$L = AB(C+\bar{C}) + A\bar{B}C$$
$$= ABC + AB\bar{C} + A\bar{B}C$$
$$= m_7 + m_6 + m_5$$
$$= \sum m(5,6,7)$$

根据三变量卡诺图，将包含的最小项填入，如图 2.3 所示。

A\BC	00	01	11	10
0	0	0	0	0
1	0	1	1	1

图 2.3　$L=AB+A\bar{B}C$ 的卡诺图

3. 利用卡诺图化简逻辑函数

卡诺图化简逻辑函数的原理如下：2^n 个相邻的最小项结合，可消去 n 个取值不同的变量而合为一项。

利用卡诺图化简逻辑函数可分成以下三个步骤。

(1) 根据逻辑函数建立卡诺图，注意要包括所有的逻辑变量。

(2) 按照画包围圈的原则，将相邻含"1"的小方格划入包围圈，将对应每个包围圈合并成一个新的乘积项（消去包围圈中既含有原变量又含有反变量的变量，而保留变量取值不变的项）。

(3) 将所有包围圈对应的乘积项相加，得到最简与或式。

图 2.4 所示为几种卡诺图包围圈情况。

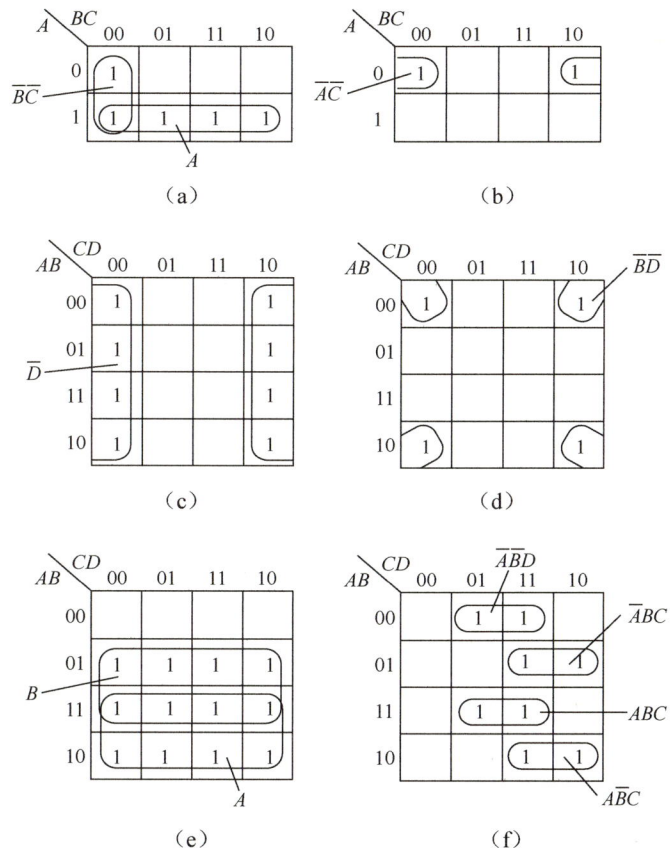

图 2.4 几种卡诺图包围圈情况

画卡诺图包围圈时，应遵循如下原则。

(1) 必须包含逻辑函数的所有最小项，为"1"的小方格必须全部包含在卡诺图包围圈中。

(2) 卡诺图包围圈只能圈 2^n 个方格且圈越大越好（必须是矩形图），因为圈越大消去的相异变量越多，得到的结果越简单。

(3) 不同的卡诺图包围圈可以重复圈同一个区域，但每个圈中都至少包含一个未被圈过的"1"。

(4) 卡诺图包围圈的圈数要尽可能少，这意味着最后乘积项少；圈数越少，电路中的门数越少。

例 2.17 用卡诺图法化简逻辑函数 $L(A,B,C,D) = \sum m(0,2,4,8,10,12)$。

解：由逻辑函数表达式画出卡诺图，再画卡诺图包围圈合并最小项，如图 2.5 所示。

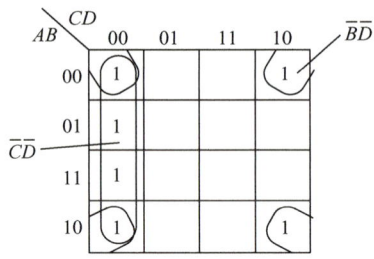

图 2.5 例 2.17 的卡诺图

由图 2.5 可得最简与或式为 $L = \overline{C}\overline{D} + \overline{B}\overline{D}$。

例 2.18 用卡诺图法化简逻辑函数 $L = A\overline{B}\overline{C} + A\overline{B}C\overline{D} + \overline{A}BC\overline{D} + ACD + BCD$。

解：用卡诺图表示 L，并用卡诺图包围圈圈出相邻最小项，如图 2.6 所示。

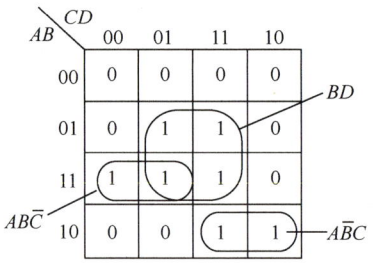

图 2.6 例 2.18 的卡诺图

因卡诺图包围圈圈出的 2^n 的最小项可以消去 n 个不同因子，剩下公共因子，故化简后 $L = A\overline{B}\overline{C} + BD + A\overline{B}C$。

4. 具有约束项的逻辑函数化简

约束条件反映逻辑函数中各逻辑变量之间的制约关系。约束条件所含的最小项称为约束项，它表示输入变量某些取值组合不允许出现，或者不影响逻辑函数的输出，因此也称无关项或任意项，一般用 d_i 表示，其中 i 为最小项序号，填入卡诺图时用"×"表示。

例 2.19 某逻辑电路的输入 $ABCD$ 是十进制数 X 的 8421 BCD 码，该电路能实现四舍五入的判断功能，即当 $X \geqslant 5$ 时输出 $L=1$，否则输出 $L=0$。求 L 的最简与或式。

解：根据题意，列出真值表（表 2.4），因为 0～9 十个数码对应的 8421 BCD 码是 0000～1001，而取值 1010～1111 是不允许出现的，也就是说这 6 个最小项是约束项。

表 2.4　例 2.19 的真值表

X	A B C D	L	X	A B C D	L
0	0 0 0 0	0	8	1 0 0 0	1
1	0 0 0 1	0	9	1 0 0 1	1
2	0 0 1 0	0	10	1 0 1 0	×
3	0 0 1 1	0	11	1 0 1 1	×
4	0 1 0 0	0	12	1 1 0 0	×
5	0 1 0 1	1	13	1 1 0 1	×
6	0 1 1 0	1	14	1 1 1 0	×
7	0 1 1 1	1	15	1 1 1 1	×

由上述真值表可以写出含有约束项的逻辑函数表达式 $L = \sum m(5,6,7,8,9) + \sum d(10,11,12,13,14,15)$。

画出卡诺图，如图 2.7 所示，化简后得 $L = A + BD + BC$。

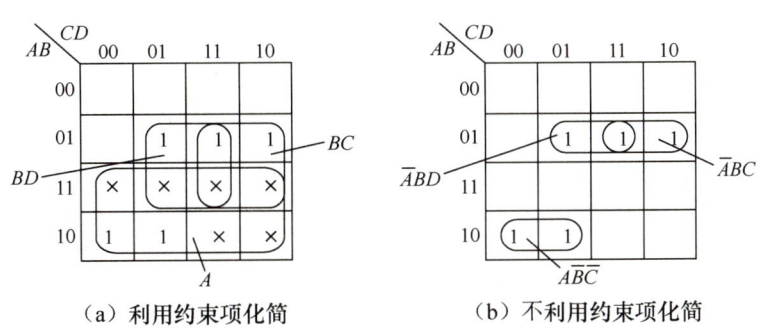

（a）利用约束项化简　　（b）不利用约束项化简

图 2.7　例 2.19 的卡诺图

如果不考虑约束项，那么 $L = \overline{A}BD + \overline{A}BC + A\overline{B}\overline{C}$。显然，利用约束项化简后的结果更简单。

如果一个逻辑函数用卡诺图表示后，里面的"0"很少且相邻性很强，此时用圈"0"法更简便。但要注意圈"0"后，应写出反函数，取非后得原函数。

本 章 小 结

逻辑运算是逻辑变量及常量之间逻辑状态的推理运算。在逻辑运算中，需要用到一些基本公式和规则，还可能需要对逻辑函数表达式进行化简。

1. 逻辑代数是分析和设计逻辑电路的工具。逻辑问题可用逻辑函数来描述。逻辑函数有四种常用的表示方法，即真值表、逻辑表达式、卡诺图、逻辑图。它们各具特点且可相互转换。

2. 逻辑函数化简的目的是获得最简逻辑函数表达式，从而使逻辑电路具备结构简单、成本低、可靠性高等优点。逻辑函数化简的方法主要有代数法和卡诺图法两种。

3. 用代数法化简逻辑函数就是运用逻辑代数的基本公式和恒等式化简,需要记忆大量公式,在化简过程中不遵循统一的模式或规则,适用于不太复杂的逻辑函数。

4. 用卡诺图法化简逻辑函数就是对逻辑函数的卡诺图画包围圈,将相邻的"1"方格圈起来,然后写出表达式,得到最简逻辑函数,适用于较复杂的逻辑函数。

习 题

2.1 试用真值表证明反演律。

2.2 试用逻辑代数的基本公式证明下列逻辑等式。

(1) $(A+B)(\bar{A}+C)(B+C)=(A+B)(\bar{A}+C)$

(2) $A+B=A\oplus B\oplus(AB)$

(3) $(A+B)\odot(A+C)=A+(B\odot C)$

(4) $(\bar{A}+B+C)(\bar{A}+B+\bar{C})(A+B+C)=B+\bar{A}C$

2.3 根据对偶规则和反演规则,写出下列逻辑函数的对偶函数和反函数。

(1) $L_1=\bar{A}+\bar{B}C+\bar{A}(B+CD)$

(2) $L_2=\bar{A}B+BC+A\bar{C}$

(3) $L_3=(\bar{A}+\bar{B})(B+C)(A+\bar{C})$

(4) $L_4=\bar{A}B(\bar{C}+\bar{B}C)+A(B+\bar{C})$

2.4 已知三个输入信号分别为 A、B、C,当三个信号同时为低电平或者只有两个信号同时为高电平时,输出 L 为 1,否则为 0。试用真值表表示输入与输出的关系。

2.5 某报警电路有四路传感信号 A、B、C、D,当任意两个或两个以上的传感信号为高电平时,报警器发出声光报警。试列出该事件的真值表。

2.6 将下列逻辑函数展开成最小项之和的形式。

(1) $L_1=\bar{A}B\bar{C}+\bar{B}C+A(B+\bar{C})$

(2) $L_2=A(B+\bar{C})(\bar{A}+B+C)$

(3) $L_3=A+B\bar{C}+\bar{A}C$

(4) $L_4=B(A+\bar{C})(A+\bar{B}+C)$

2.7 试用代数法化简下列逻辑函数。

(1) $L_1=AB\bar{C}+A\bar{C}+\bar{B}\bar{C}$

(2) $L_2=ABC+\bar{A}+\bar{B}+\bar{C}+D$

(3) $L_3=A(B+\bar{C})+\bar{A}(\bar{B}+C)+\bar{B}\bar{C}D+BCD$

(4) $L_4=(A\oplus B)(\bar{A}\bar{B}+AB)+AB$

2.8 试用卡诺图法化简下列逻辑函数,并写出其最简与或式。

(1) $L_1=ABC+ABD+\bar{C}D+A\bar{B}C+\bar{A}C\bar{D}+A\bar{C}D$

(2) $L_2=A\bar{B}+\bar{A}C+BC+\bar{C}D$

(3) $L_3=\bar{A}\bar{B}+B\bar{C}+\bar{A}+\bar{B}+ABC$

(4) $L_4=A\bar{B}\bar{C}+\bar{A}\bar{B}+\bar{A}D+C+BD$

2.9 试用卡诺图法化简下列逻辑函数。

(1) $L_1(A,B,C) = \sum m(0,2,3,7)$

(2) $L_2(A,B,C,D) = \sum m(1,2,4,6,10,12,13,14)$

(3) $L_3(A,B,C,D) = \sum m(0,2,5,7,8,10,13,15)$

(4) $L_4(A,B,C,D,E) = \sum m(0,1,3,7,11,15,16,20)$

2.10 试用卡诺图法化简下列带有无关项的逻辑函数，并写出其最简与或式。

(1) $L_1(A,B,C,D) = \sum m(0,2,3,7,8) + \sum d(1,4,5,10,13)$

(2) $L_2(A,B,C,D) = \sum m(0,1,5,7,8,10,14) + \sum d(3,9,11,15)$

(3) $L_3(A,B,C,D) = \sum m(0,2,7,13,15) + \sum d(1,3,4,5,6,8,10)$

(4) $L_4(A,B,C,D,E) = \sum m(3,11,12,19,23,29) + \sum d(5,7,27,28)$

【在线答题】

第 3 章
逻辑门电路

本章知识框架

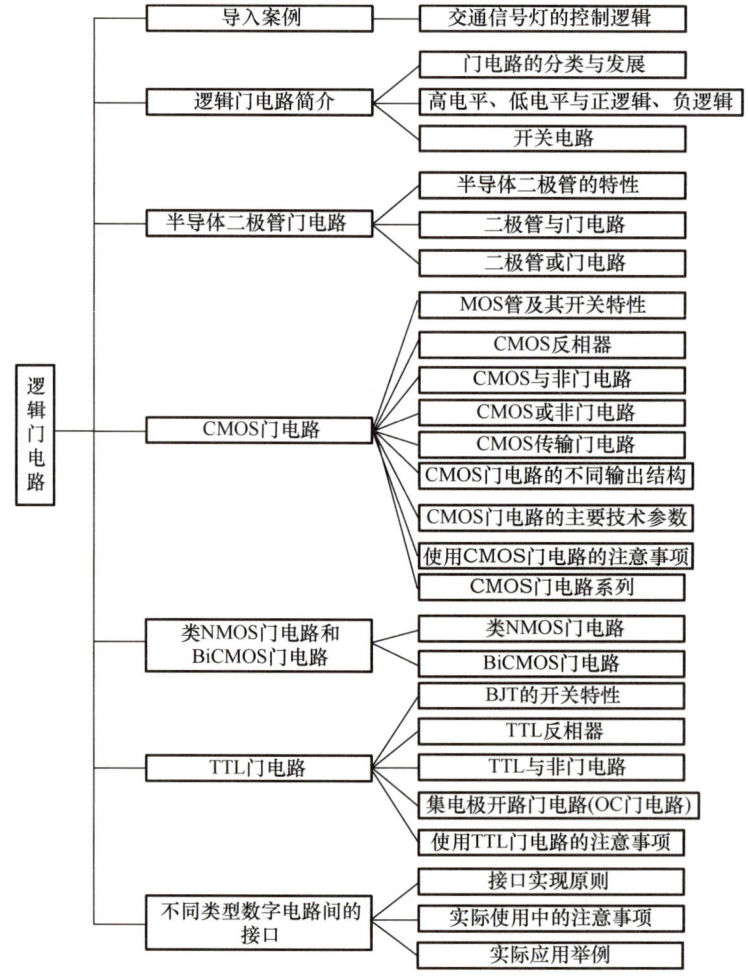

逻辑门电路 第3章

学习目标

知识目标	1. 了解基本逻辑运算的基本电路特性，掌握基本 CMOS 门电路的实现
	2. 了解基本 CMOS 门电路的特点，掌握基本 CMOS 门电路及其不同输出结构的实现
	3. 了解类 NMOS 门电路和 BiCMOS 门电路的工作特点，熟悉 TTL 门电路与 CMOS 门电路的主要区别
能力和素质目标	1. 能对比 CMOS 门电路与 TTL 门电路的电路结构、功耗、速度，并能基于应用场景（如低功耗设备、高速电路）合理选型
	2. 强化工程实践中的器件选型与参数敏感性意识，培养安全规范操作习惯

导入案例

交通信号灯的控制逻辑

在繁忙的城市交通中，交通信号灯（图 3.0）作为指挥车辆和行人通行的重要设施，其准确无误的运行对于保障交通秩序和安全至关重要。而在这背后，逻辑门电路作为数字电子技术的核心组件，发挥着不可替代的作用。

 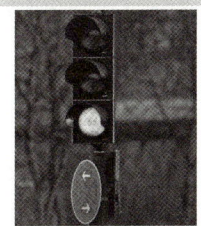 

图 3.0 交通信号灯

交通信号灯系统需要精确地控制红灯、黄灯和绿灯的切换，以确保各方向的车辆和行人能够有序通行。

首先，交通信号灯的控制需要考虑多个输入信号，如各方向的车流情况、行人过街请求、特殊车辆（如救护车、消防车）的优先通行权等。这些输入信号通过传感器采集并转化为数字信号，送入逻辑门电路进行处理。

逻辑门电路在这里扮演着"决策大脑"的角色。通过组合使用与门电路、或门电路、非门电路，以及更复杂的组合逻辑电路，交通信号灯系统能够根据预设的交通规则，对输入信号进行逻辑运算，从而得出红灯、黄灯或绿灯应该亮起的决策结果。

例如，当某个方向的车流检测器检测到车辆密集，且该方向为绿灯通行时间已到时，逻辑门电路会触发绿灯变为黄灯，再变为红灯的信号，同时启动另一个方向的绿灯，从而确保交通流畅且安全。

> 此外，对于特殊车辆的优先通行权，交通信号灯系统可以通过逻辑门电路实现快速响应。当检测到特殊车辆的通行请求时，逻辑门电路会立即调整交通信号灯状态，为特殊车辆开辟绿色通道。
>
> 通过这个案例，我们可以看到逻辑门电路在交通信号灯控制中的重要作用。它不仅实现了对复杂输入信号的逻辑处理，还确保了交通信号灯系统的准确、高效运行。本章我们将深入学习逻辑门电路的基本原理、类型及组合方式，为理解并掌握这一关键技术打下坚实的基础。让我们一同探索逻辑门电路的奥秘，为构建更加智能、安全的交通系统贡献力量。

前面介绍了与、或、非及其他逻辑运算，给出了逻辑符号，并介绍了逻辑变量与逻辑函数之间的关系。本章将重点介绍逻辑门电路的结构和工作原理。

逻辑门电路是数字电路中最基本的单元电路，用于处理数字信号（仅包括 0 和 1）。逻辑门是数字电子电路中的基本构建块，用来执行逻辑运算。逻辑门通过晶体管等电子元件控制高、低电平，实现基本逻辑运算（如或、与、非等）。

本章将介绍二极管逻辑门电路、CMOS 逻辑门电路和 TTL 逻辑门电路，重点讨论 CMOS 逻辑门电路，介绍它们的电路结构、工作原理、逻辑功能、外部输入特性、输出特性及其他电气特性。

3.1 逻辑门电路简介

实现基本逻辑运算和复合逻辑运算的单元电路，称为逻辑门电路，简称门电路。所谓门就是一种开关，它能按照一定的条件控制信号的通过或不通过。门电路的输入和输出存在一定的逻辑关系（因果关系）。常用的门电路在逻辑功能上有与门、或门、非门、与非门、或非门、与或非门、异或门等。

3.1.1 门电路的分类与发展

门电路是组成数字电路的基本单元电路，将构成门电路的元器件制作在一块半导体芯片上并封装，便构成了集成门电路。门电路的分类如图 3.1 所示。

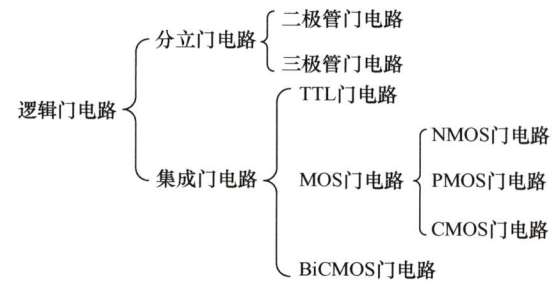

图 3.1 门电路的分类

TTL门电路由双极型晶体管（bipolar junction transistor，BJT）构成；MOS门电路由金属-氧化物半导体（metal-oxide-semiconductor，MOS）管构成，其中NMOS门电路的主要器件是N型MOS管，PMOS门电路的主要器件是P型MOS管，CMOS门电路由PMOS管和NMOS管以对称互补的形式组成；BiCMOS是一种混合型门电路，组成器件既有BJT又有MOS管。

在最初的数字逻辑电路中，每个门电路都是用若干分立的半导体器件和电阻、电容连接而成的。用这种单元电路组成大规模的数字电路是非常困难的，严重制约了数字电路的普遍应用。随着数字集成电路的问世和大规模集成电路工艺水平的不断提高，今天已经能把大量门电路集成在一块很小的半导体芯片上，构成功能复杂的"片上系统"。按制造工艺不同可以将目前使用的数字集成电路分为双极型数字集成电路、单极型数字集成电路和混合型数字集成电路三种。

1961年美国得克萨斯仪器公司率先将数字电路的元件和器件制作在一块硅片上，制成了数字集成电路。由于集成电路（integrated circuit，IC）体积小、质量轻、可靠性好，因此在大多数领域迅速取代由分立器件组成的数字电路。直到20世纪80年代初，采用双极型三极管组成的TTL型集成电路一直是数字集成电路的主流产品。TTL是指晶体管-晶体管逻辑（transistor-transistor logic，TTL）。TTL门电路存在一个严重的缺点，就是它的功耗比较大。因此，用TTL门电路只能制成小规模集成电路和中规模集成电路。

在单极型数字集成电路中，使用最多的是CMOS集成电路。CMOS集成电路是指互补金属-氧化物半导体（complementaly metal-oxide semiconductor，CMOS）集成电路。CMOS集成电路出现于20世纪60年代后期，它最突出的优点在于功耗极低，而降低功耗对便携式电子设备尤为重要，所以CMOS集成电路非常适合用来制作大规模集成电路。随着CMOS制作工艺的不断进步，无论是在工作速度上还是在驱动能力上，CMOS集成电路的性能已远超TTL集成电路。因此，CMOS集成电路逐渐取代TTL集成电路而成为当前数字集成电路的主流产品。但在现有的一些设备中仍在使用TTL集成电路。

ECL是指发射极耦合逻辑（emitter coupled logic）集成电路，属于双极型数字集成电路。ECL集成电路采用电流模式工作，其中晶体管工作在非饱和的线性区，以提高开关速度并减少传输延迟时间。ECL集成电路具有速度高、噪声低、带负载能力强等优点，在高速计算机、高速计数器、数字通信系统等方面得到了广泛应用。随着CMOS技术的快速发展，CMOS集成电路在功耗、噪声抑制和集成度方面展现出显著优势。因此，在一些原本由ECL集成电路主导的应用领域中，CMOS集成电路逐渐取代ECL集成电路而成为主流。然而，在特定的高速应用场景中，ECL集成电路仍具有不可替代的作用。

3.1.2　高电平、低电平与正逻辑、负逻辑

高电平和低电平是两种状态，是两个不同的且可以区别的电压范围。在数字电路中用高电平和低电平分别表示二值逻辑的1和0两种逻辑状态。

用高电平和低电平表示两种逻辑状态时，有正逻辑和负逻辑两种定义方法，如图3.2所示。

在正逻辑中，用高电平表示逻辑1，用低电平表示逻辑0；在负逻辑中，用高电平表示逻辑0，用低电平表示逻辑1。除非特殊说明，本书一律采用正逻辑。

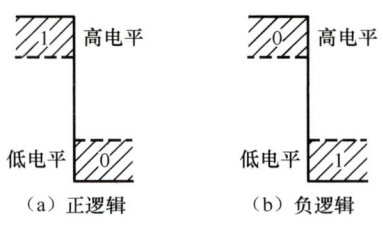

图 3.2 正逻辑和负逻辑

3.1.3 开关电路

在二值逻辑中，逻辑变量的取值不是 1 就是 0，在数字电路中，与之对应的是电子开关的两种状态。半导体二极管、MOS 管和 BJT 是组成电子开关的基本开关元件。

高电平开关电路和低电平开关电路如图 3.3 所示。

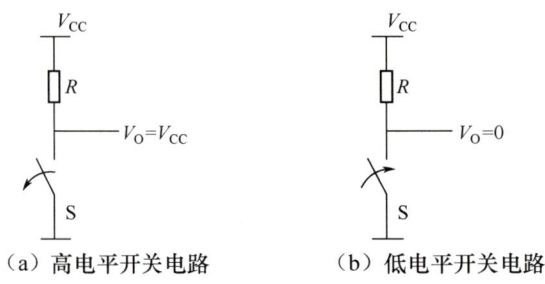

图 3.3 开关电路

在图 3.3（a）中，S 断开，输出电压 $V_O = V_{CC}$，为高电平，输出逻辑 1；在图 3.3（b）中，S 闭合，输出电压 $V_O = 0$，为低电平，输出逻辑 0。由此可见，逻辑变量取值 1 或 0，对应电路中开关的断开与闭合。

早期的开关由继电器组成，后来由 BJT 或 MOS 管组成。输入信号控制 BJT 或 MOS 管，使之工作在截止和导通状态下。当其工作在截止状态时，相当于开关断开，输出高电平；当其工作在饱和导通状态时，相当于开关闭合，输出低电平。

3.2 半导体二极管门电路

3.2.1 半导体二极管的特性

半导体二极管（semiconductor diode）是一种非线性器件，其伏安特性曲线如图 3.4 所示。

由图 3.4 可知，半导体二极管具有单向导电性，即外加正向电压时导通，外加反向电压时截止，所以它相当于一个受外加电压极性控制的开关。

在分析半导体二极管组成的电路时，在多数情况下，通过近似的分析迅速判断半导体二极管的开关状态。因此，经常需要利用近似的简化特性简化分析和计算。图 3.5 所示为半导体二极管的三种近似方法。

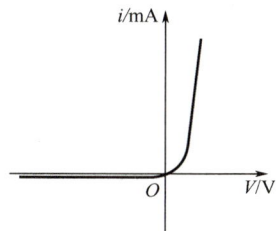

图 3.4　半导体二极管的伏安特性曲线

图 3.5（a）所示为理想模型近似法。当半导体二极管外电路等效电源和等效电阻较大时，半导体二极管的正向导通压降和正向电阻与其相比均可忽略，这时可用图 3.5（a）中与坐标轴重合的折线近似代替图 3.4 中半导体二极管的伏安特性，将半导体二极管看作理想管。当半导体二极管的正向导通压降和外加电源电压相比不能忽略，而与外接电阻相比半导体二极管的正向电阻可以忽略时，可采用图 3.5（b）所示的恒压降模型近似法。当半导体二极管的正向导通压降和正向电阻与外加电源电压与电阻相比均不可忽略时，可采用图 3.5（c）所示的折线模型近似法。

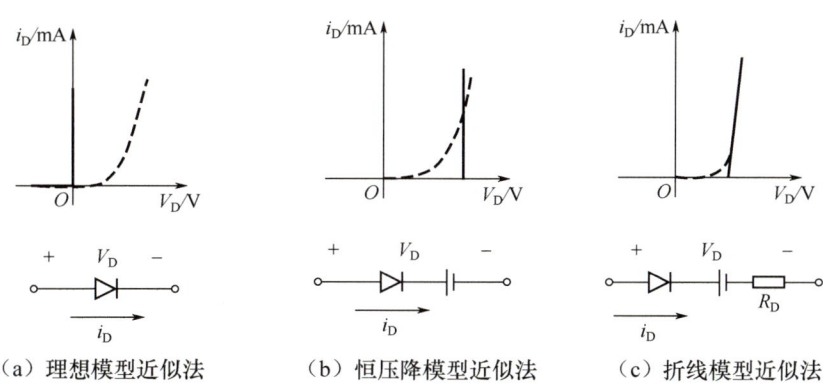

（a）理想模型近似法　　（b）恒压降模型近似法　　（c）折线模型近似法

图 3.5　半导体二极管的三种近似方法

在后面将要讨论的开关电路中，多数外加电源电压较低而外接电阻较大，因此常采用恒压降模型近似法。

3.2.2　二极管与门电路

二极管及其相应电路可以组成最简单的与门电路。二极管与门电路如图 3.6 所示。

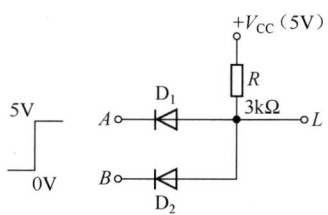

图 3.6　二极管与门电路

图 3.6 中的 A、B 为两个输入变量，L 为输出变量。设 $V_{CC}=5V$，A、B 输入端的高电平、低电平分别为 5V、0V。二极管 D_1、D_2 采用恒压降模型近似法，其正向导通压降为 0.7V。由图可见，A、B 中只要有一个是低电平（0V），就必有一个二极管导通，使输出 L 点电位为 0.7V；只有 A、B 同时为高电平（5V）时，两个二极管均截止，L 点电位才为 5V。二极管与门电路输入与输出的逻辑电平关系见表 3.1。

表 3.1 二极管与门电路输入与输出的逻辑电平关系

V_A	V_B	V_L	D_1	D_2
0V	0V	0.7V	导通	导通
0V	5V	0.7V	导通	截止
5V	0V	0.7V	截止	导通
5V	5V	5V	截止	截止

0.7V 为低电平，用逻辑 0 表示；5V 为高电平，用逻辑 1 表示。因此，可将表 3.1 改写成表 3.2。

表 3.2 二极管与门电路真值表

A	B	L
0	0	0
0	1	0
1	0	0
1	1	1

由表 3.2 可以看出，输出 L 和输入 A、B 是与逻辑关系，其对应的逻辑符号如图 3.7 所示。

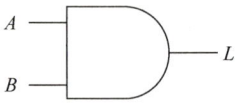

图 3.7 二极管与门电路对应的逻辑符号

二极管与门电路非常简单，但存在缺点：一是二极管存在导通压降，会导致输入和输出的高电平、低电平数值不相等，如表 3.1 中输入低电平为 0V，而输出低电平为 0.7V；二是如果输出端接负载，负载电阻有时会影响输出的高电平。因此，二极管与门电路通常不会直接作为集成电路的输出端驱动负载电路，而仅作为集成电路内部的逻辑单元。

3.2.3 二极管或门电路

最简单的二极管或门电路如图 3.8 所示。

图 3.8 中 A、B 为两个输入变量，L 为输出变量。A、B 中只要有一个是高电平 5V，就必有一个二极管导通，使输出 L 点电位为 4.3V；只有 A、B 同时为低电平 0V 时，两个二极管均截止，L 点电位才为 0V。二极管或门电路输入与输出的逻辑电平关系见表 3.3。

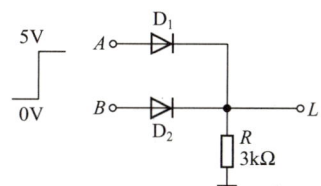

图 3.8　二极管或门电路

表 3.3　二极管或门电路输入与输出的逻辑电平关系

V_A	V_B	V_L	D_1	D_2
0V	0V	0V	截止	截止
0V	5V	4.3V	截止	导通
5V	0V	4.3V	导通	截止
5V	5V	4.3V	导通	导通

0V 为低电平，用逻辑 0 表示；4.3V 为高电平，用逻辑 1 表示。因此，可将表 3.3 改写成表 3.4。

由表 3.4 可以看出，输出 L 和输入 A、B 是或逻辑关系，其对应的逻辑符号如图 3.9 所示。

表 3.4　二极管或门电路真值表

A	B	L
0	0	0
0	1	1
1	0	1
1	1	1

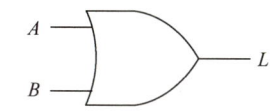

图 3.9　二极管或门电路对应的逻辑符号

二极管或门电路与二极管与门电路一样，存在输出电平偏移问题，所以只能作为集成电路内部的逻辑单元。

3.3　CMOS 门电路

CMOS 门电路由 PMOS 场效应管和 NMOS 场效应管以对称互补的形式组成，通过这两种晶体管实现逻辑功能。CMOS 门电路的基本单元是反相器（也称非门），它由一个

PMOS 管和一个 NMOS 管组成。除基本的反相器外，CMOS 门电路还包括与门电路、或门电路、与非门电路、或非门电路等。

3.3.1　MOS 管及其开关特性

在 CMOS 门电路中，以 MOS 管为开关器件。按照导电载流子的不同，MOS 管可分为 N 沟道 MOS（NMOS）管和 P 沟道 MOS（PMOS）管；按照导电沟道形成机理的不同，MOS 管可分为增强型 MOS 管和耗尽型 MOS 管。

1. NMOS 管的结构和工作原理

以 N 沟道增强型 MOS 管为例，介绍其结构和工作原理。N 沟道增强型 MOS 管的结构示意图和符号如图 3.10 所示。

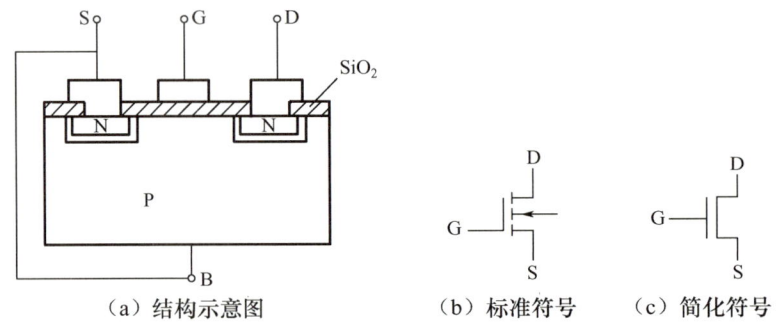

（a）结构示意图　　　（b）标准符号　　（c）简化符号

图 3.10　N 沟道增强型 MOS 管的结构示意图和符号

N 沟道增强型 MOS 管在 P 型半导体衬底上扩散出两个高掺杂浓度的 N 型区，然后在 P 型硅表面生长出一层很薄的二氧化硅绝缘层，并在二氧化硅表面及两个 N 型区各安置一个电极，形成栅极 G（gate）、源极 S（source）和漏极 D（drain）。由于栅极绝缘，因此其等效电阻高达 $10^{12} \sim 10^{15} \Omega$。衬底通常与源极相连（图 3.10）或与电路中最低点位相连，以防止有电流从衬底流入源极和导电沟道。

在漏极和源极之间加电压 V_{DS}，在栅极和源极之间加电压 V_{GS}。当 $V_{GS}=0$ 时，漏极和源极相当于两个 PN 结背向串联，D－S 间不导通，$i_D=0$。当 V_{GS} 大于 MOS 管的开启电压时，栅极下面的衬底表面形成一个 N 型反型层，构成了 D－S 间的导电沟道，有 i_D 流通。

2. NMOS 管的输出特性与转移特性

MOS 管可视为二端口网络，以源极为公共端，栅-源为输入端口，漏-源为输出端口，称为共源极连接。共源极连接的 MOS 管，当端口电压变化时，端口电流也随之变化。共源极连接的伏安特性包括输出特性和转移特性，其曲线如图 3.11 所示。

共源极连接的输出特性曲线分为截止区、可变电阻区和饱和区。

当 $V_{GS} < V_{TN}$ 时，MOS 管在截止区工作，导电沟道尚未形成，$i_D=0$，D－S 间电阻很大（大于 $10^9 \Omega$）。

当 $V_{GS} > V_{TN}$、$V_{DS} < (V_{GS} - V_{TN})$ 时，MOS 管在可变电阻区工作，V_{GS} 一定时，

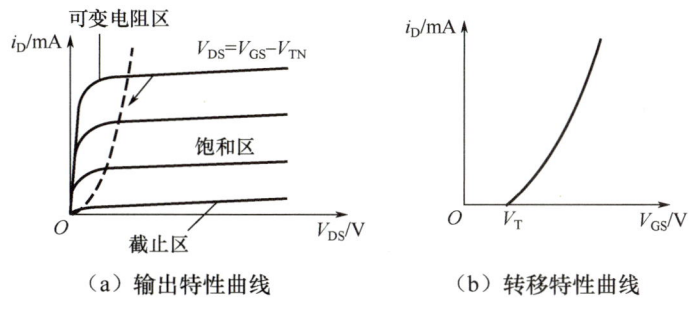

(a) 输出特性曲线　　　　(b) 转移特性曲线

图 3.11　共源极连接的伏安特性曲线

V_{DS} 和 i_D 之比近似于一个常数,可看作一个线性电阻。该电阻是一个受 V_{GS} 控制的可变电阻 R_{DS},有

$$R_{DS} = \frac{dV_{DS}}{di_D}\bigg|_{V_{GS}=常数} = \frac{1}{2K_n(V_{GS}-V_{TN})} \tag{3-1}$$

式中,K_n 为电导常数,单位为 mA/V^2。

当 $V_{GS} > V_{TN}$、$V_{DS} \geq (V_{GS}-V_{TN})$ 时,MOS 管在饱和区工作(也称恒流区或放大区)。这时 i_D 由 V_{GS} 决定,有

$$i_D = K_n(V_{GS}-V_{TN})^2 = K_n V_{TN}^2 \left(\frac{V_{GS}}{V_{TN}}-1\right)^2 = I_{DO}\left(\frac{V_{GS}}{V_{TN}}-1\right)^2 \tag{3-2}$$

式中,$I_{DO} = K_n V_{TN}^2$,为 $V_{GS} = 2V_{TN}$ 时的 i_D。

转移特性是指在漏源电压 V_{DS} 一定的条件下,栅源电压 V_{GS} 对漏极电流 i_D 的控制作用。从以上分析不难看出,当 MOS 管在恒流区工作时,漏极电流 i_D 只与栅源电压 V_{GS} 有关。转移特性曲线可由输出特性曲线作出,其与横坐标的交点即阈值电压 V_T。

3. 其他类型 MOS 管

P 沟道增强型 MOS 管的符号如图 3.12 所示。其输出特性曲线如图 3.13 所示。

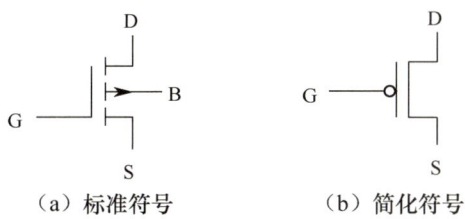

(a) 标准符号　　　　(b) 简化符号

图 3.12　P 沟道增强型 MOS 管的符号

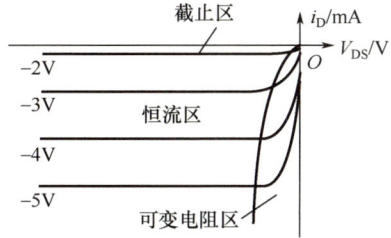

图 3.13　P 沟道 MOS 管的输出特性曲线

耗尽型 MOS 管分为 N 沟道耗尽型 MOS 管和 P 沟道型耗尽型 MOS 管，它们的等效符号分别如图 3.14 和图 3.15 所示。

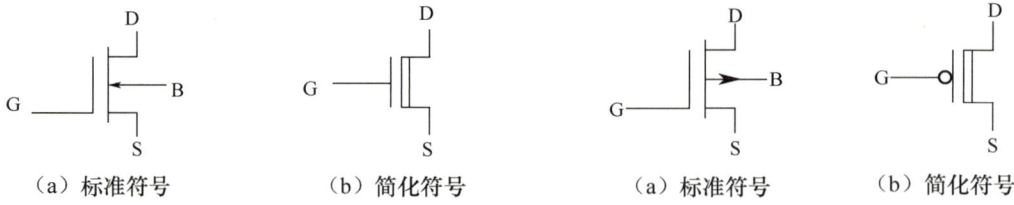

（a）标准符号　　（b）简化符号　　　　　　（a）标准符号　　（b）简化符号

图 3.14　N 沟道耗尽型 MOS 管的符号　　　　图 3.15　P 沟道耗尽型 MOS 管的符号

N 沟道耗尽型 MOS 管的 SiO_2 绝缘层中掺有大量的正离子，已知存在导电沟道，当栅极与源极之间不加电压时，漏源两极间有沟道连接。当 G－S 间加负电压 V_{GS} 时，导电沟道横截面面积减小，若 V_{GS} 继续变小使得导电沟道恰好消失，这时所对应的 V_{GS} 称为沟道夹断电压，用 V_{TN} 表示。因此，当 $V_{GS} \leqslant V_{TN}$ 时，导电沟道消失。

对于 P 沟道耗尽型 MOS 管，当 G－S 间加正电压 V_{GS} 时，导电沟道横截面面积减小，若 V_{GS} 继续增大至导电沟道恰好消失，这时所对应的 V_{GS} 称为沟道夹断电压，用 V_{TP} 表示。因此，当 $V_{GS} \geqslant V_{TP}$ 时，导电沟道消失。

4. MOS 管开关电路

MOS 管有极高的输入电阻，且栅极无电流，是一种电压控制开关器件，其开关速度和可靠性都比机械开关优越得多。

图 3.16 所示为增强型 NMOS 管开关电路。

【拓展视频】

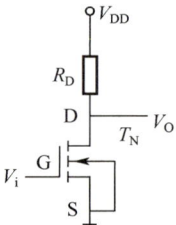

图 3.16　增强型 MOS 管开关电路

当输入电压 V_i 较小时，有 $V_{GS} < V_{TN}$，MOS 管截止，$i_D = 0$，$V_O = V_{DD}$，此时开关器件不损耗功率。随着 V_i 增大，栅源电压 V_{GS} 增大，当 $V_{GS} \geqslant V_{TN}$ 且 $V_{DS} \geqslant V_{GS} - V_{TN}$ 时，MOS 管在饱和区工作，i_D 基本不变。当 V_i 增大到一定程度时，$V_{DS} < V_{GS} - V_{TN}$，MOS 管在可变电阻区工作，i_D 随 V_{DS} 近似呈线性变化，D、S 之间可近似等效为线性电阻 R_{ON}（又称导通电阻），此时 MOS 管相当于受 V_{GS} 控制的可变电阻，V_{GS} 越大，R_{ON} 越小。

根据上述分析，当 MOS 管分别在截止区和可变电阻区工作时，相当于受 V_{GS} 控制的一个无触点开关，其等效电路如图 3.17 所示。

截止时，可认为 R_{ON} 无穷大；导通时，为使 MOS 管输出电压较小，一般将 V_{GS} 值取得足够大，从而使 $R_D \gg R_{ON}$。输出电压可按下式估算：

$$V_O = \frac{R_{ON}}{R_{ON} + R_D} \times V_{DD} \tag{3-3}$$

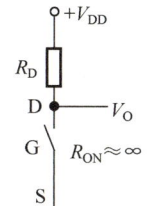
（a）截止时的等效电阻

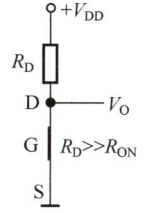
（b）导通时的等效电阻

图 3.17　MOS 管开关的等效电路

当输入为高电平时，即 V_{GS} 取得足够大，MOS 管在可变电阻区工作，有 $R_D \gg R_{ON}$，此时 MOS 管可以看作开关闭合，由式（3-3）可知，输出是个很小的值，即输出为低电平；当输入为低电平时，V_{GS} 很小，MOS 管在截止区工作，R_{ON} 趋于无穷大，MOS 管可以看作开关断开，由式（3-3）可知，$V_O \approx V_{DD}$，输出为高电平。

因为 MOS 管本身存在电容效应及导通电阻，所以在 MOS 管的开关电路输入端加入一个理想的脉冲信号时，其导通及闭合状态之间的转换会受到电容充放电的影响，使输出波形边沿变缓，输出电压的变化滞后于输入电压的变化，如图 3.18 所示。

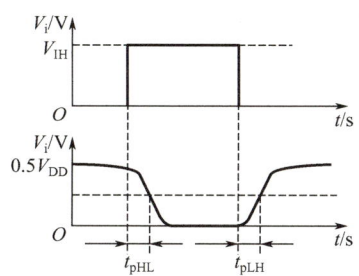

图 3.18　MOS 管开关电路波形

为减少开关时间，可以用 P 沟道 MOS 管代替电阻 R_D，组成所谓的 CMOS 开关。

3.3.2　CMOS 反相器

1. CMOS 反相器的电路结构与工作原理

CMOS 反相器由两个管型互补的场效应管 T_N 和 T_P 组成，其电路如图 3.19 所示。T_N 管为工作管，是 N 沟道 MOS 增强型场效应管，开启电压 V_{TN}。T_P 管为负载管（作为漏极负载 R_D），是 P 沟道 MOS 增强型场效应管，开启电压 V_{TP}。工作管和负载管的栅极连接，作为输入端 V_i；工作管和负载管的漏极连接，作为输出端 V_O；T_P 源极连接电源 V_{DD}，T_N 源极接地。为了使电路正常工作，要求电源 V_{DD} 大于两只 MOS 管的开启电压的绝对值之和，即 $V_{DD} > V_{TN} + |V_{TP}|$。

当输入电压 V_i 为低电平"0"时，工作管 T_N 因 V_{GS} 小于开启电压 V_{TN} 而截止，负载管 T_P 因 V_{GS} 小于开启电压 V_{TP} 而导通。工作管 T_N 截止，漏极电流近似为零，输出电压 V_O 为高电平"1"。

当输入电压 V_i 为高电平"1"时，工作管 T_N 因 V_{GS} 大于开启电压 V_{TN} 而导通，负载

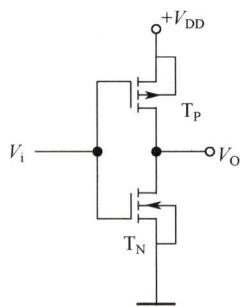

图 3.19 CMOS 反相器电路

管 T_P 因 V_{GS} 大于开启电压 V_{TP} 而截止,输出电压 V_O 为低电平"0"。

由此可见,工作管 T_N 和负载管 T_P 总是工作在互补的开关工作状态,即 T_N 和 T_P 的工作状态互补,所以 CMOS 电路又称互补型 MOS 电路。

由于 CMOS 反相器在工作中负载管 T_P 和工作管 T_N 总是一个导通一个截止,漏极电流近似为零,因此 CMOS 非门电路的静态功耗极低。

2. CMOS 反相器的电压传输特性和电流传输特性

前面分析 CMOS 反相器时,假设 $V_{DD}=V_{TN}+|V_{TP}|$,在实际应用中,CMOS 器件电源范围较大,电源电压应满足 $V_{DD}>V_{TN}+|V_{TP}|$。在输入电压变化过程中,T_N 和 T_P 的工作状态不总是互补的。通过测量得到 CMOS 反相器的传输特性曲线,如图 3.20 所示。

图 3.20(a)所示为 CMOS 反相器的电压传输特性曲线,其由五段曲线组成。

(1) AB 段:输入电压 V_i 小于 T_N 的开启电压 V_{TN},T_N 截止,(V_i-V_{DD}) 小于 V_{TP},T_P 导通,输出电压 $V_O=V_{DD}$。

(2) BC 段:输入电压 V_i 大于 T_N 的开启电压 V_{TN},T_N 导通,(V_i-V_{DD}) 小于 V_{TP},T_P 导通。由于 V_i 不够大,因此 T_N 沟道电阻远大于 T_P 沟道电阻,输出电压下降。

(3) CD 段:输入电压 V_i 大于 T_N 的开启电压 V_{TN},T_N 导通,(V_i-V_{DD}) 小于 V_{TP},T_P 导通,两管栅源电压绝对值相似,T_N 沟道电阻和 T_P 沟道电阻的比值发生显著变化,输出电压急剧下降。

(4) DE 段:输入电压 V_i 大于 T_N 的开启电压 V_{TN},T_N 导通,V_i 小于 V_{TP},T_P 导通。由于 V_i 比较大,因此 T_N 沟道电阻远小于 T_P 沟道电阻,输出电压进一步下降。

(5) EF 段:输入电压 V_i 大于 T_N 的开启电压 V_{TN},T_N 导通,(V_i-V_{DD}) 大于 V_{TP},T_P 截止。输出电压 $V_O\approx 0V$。

由 CMOS 反相器的电压传输特性曲线可知,因反相器状态转换时电压变化率较大,开启电压 V_{TN} 较高($V_{TN}=V_{DD}/2$),故其有较高的抗干扰容限。

CMOS 反相器的电流传输特性曲线是指输入电压 V_i 和漏极电流 i_D 的关系曲线,如图 3.20(b)所示。根据其电压传输特性曲线分析可知,输入电压 $V_{TN}<V_i<|V_{DD}-V_{TP}|$,即在电压传输特性 BE 段,工作管和负载管同时导通,形成漏极电流 i_D。电压传输特性 CD 段非常陡直,且在 $V_i=V_T=V_{DD}/2$ 时两管导电沟道电阻之和最小,此时漏极电流 i_D 达到最大值。

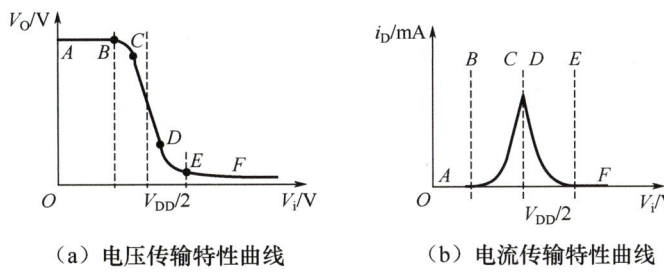

(a) 电压传输特性曲线　　(b) 电流传输特性曲线

图 3.20　CMOS 反相器的传输特性曲线

3.3.3　CMOS 与非门电路

CMOS 与非门电路如图 3.21 所示,它由两个并联的 P 沟道增强型 MOS 管 T_{P1}、T_{P2} 和两个串联的 N 沟道增强型 MOS 管 T_{N1}、T_{N2} 组成。

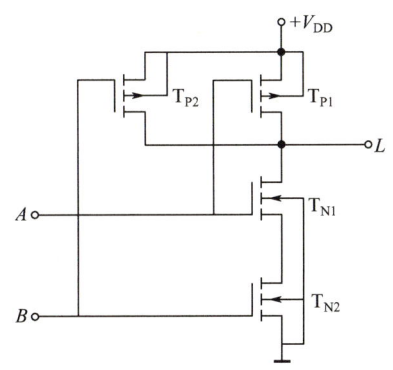

图 3.21　CMOS 与非门电路

【拓展视频】

CMOS 与非门电路的工作状态见表 3.5。

表 3.5　CMOS 与非门电路的工作状态

A	B	T_{N1}	T_{P1}	T_{N2}	T_{P2}	L
0	0	截止	导通	截止	导通	1
0	1	截止	导通	导通	截止	1
1	0	导通	截止	截止	导通	1
1	1	导通	截止	导通	截止	0

当输入 A、B 中有一个或都为低电平时,T_{N1}、T_{N2} 中有一个或都截止,T_{P1}、T_{P2} 中有一个或都导通,输出 L 为高电平。

只有当输入 A、B 都为高电平时,T_{N1} 和 T_{N2} 才都导通,T_{P1} 和 T_{P2} 都截止,输出 L 为低电平。

CMOS 与非门电路的逻辑函数表达式为 $L=\overline{A \cdot B}$。

3.3.4 CMOS 或非门电路

CMOS 或非门电路如图 3.22 所示，它由两个串联的 P 沟道增强型 MOS 管 T_{P1}、T_{P2} 和两个并联的 N 沟道增强型 MOS 管 T_{N1}、T_{N2} 组成。

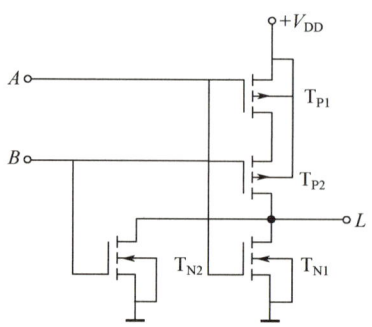

图 3.22　CMOS 或非门电路

CMOS 或非门电路的工作状态见表 3.6。

表 3.6　CMOS 与非门电路的工作状态

A	B	T_{N1}	T_{P1}	T_{N2}	T_{P2}	L
0	0	截止	导通	截止	导通	1
0	1	截止	导通	导通	截止	0
1	0	导通	截止	截止	导通	0
1	1	导通	截止	导通	截止	0

当输入 A、B 中有一个或都为高电平时，T_{P1}、T_{P2} 中有一个或都截止，T_{N1}、T_{N2} 中有一个或都导通，输出 L 为低电平。

只有当输入 A、B 都为低电平时，T_{P1} 和 T_{P2} 才都导通，T_{N1} 和 T_{N2} 都截止，输出 L 为高电平。

CMOS 或非门电路的逻辑函数表达式为 $L=\overline{A+B}$。

3.3.5 CMOS 传输门电路

1. CMOS 传输门的电路结构与工作原理

CMOS 传输门又称模拟开关，是 CMOS 门电路特有的一种门电路。传输门既可以传输数字信号，又可以传输模拟信号，在信号的传输、选择和分配中有广泛应用。CMOS 传输门电路如图 3.23 所示。

CMOS 传输门电路由两个互补的增强型 MOS 管并联组成，T_N 和 T_P 是结构对称的器件。T_N 的漏极 D 和源极 S 分别与 T_P 的源极 S 和漏极 D 相连，两管的栅极分别连接互补的控制逻辑信号 $\overline{C}$ 和 C。为了防止电流从衬底流向源极和导电沟道，T_N 衬底接地，T_P 衬底接至电路的最高电位 V_{DD} 上。

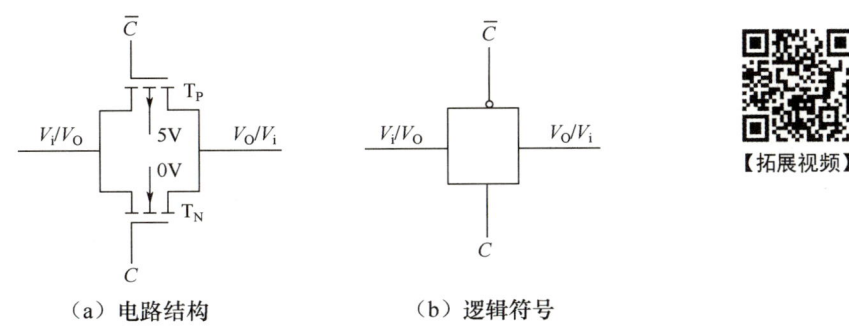

图 3.23 CMOS 传输门电路

当 CMOS 传输门电路用于传输数字电路信号时，两个互补的增强型 MOS 管的衬底分别接 0V 和 5V，V_i 为 0～5V。当 CMOS 传输门电路用于传输模拟电路信号时，其衬底分别接 -5V 和 5V，V_i 为 -5～5V。下面以模拟电路的信号传输为例，分析其工作过程。

设 $V_i = -5$～5V，$C = 0$ 的电平值为 -5V，$\overline{C} = 1$ 的电平值为 5V，T_N 开启电压 $V_{TN} = 2V$，T_P 开启电压 $V_{TP} = -2V$。

当 $C = 0$ 时，T_N 栅极接 -5V 电压，T_P 栅极接 5V 电压。在 V_i 范围内，T_N 的栅源电压 $V_{GS} \leq 0V$，T_N 截止；T_P 的栅源电压 $V_{GS} \geq 0V$，T_P 也截止。也就是说，当 $C = 0$ 时，CMOS 传输门电路关闭，输入和输出呈现高阻抗状态，电阻为两个场效应管截止时的漏源电阻，输入与输出之间不能传输信号。

当 $C = 1$ 时，T_N 栅极接 5V 电压，T_P 栅极接 -5V 电压。在 V_i 范围内，T_N 和 T_P 的工作状态不同。

(1) 当 $V_i = -5$～-3V 时，T_N 的 $V_{GS} = 5V - V_i = 8$～10V，有 $V_{GS} > V_{TN}$，T_N 导通；T_P 的 $V_{GS} = -5V - V_i = -2$～0V，有 $V_{GS} \geq V_{TP}$，T_P 截止。

(2) 当 $V_i = -3$～3V 时，T_N 的 $V_{GS} = 5V - V_i = 2$～8V，有 $V_{GS} \geq V_{TN}$，T_N 导通；T_P 的 $V_{GS} = -5V - V_i = -8$～-2V，有 $V_{GS} \leq V_{TP}$，T_P 导通。

(3) 当 $V_i = 2$～5V 时，T_N 的 $V_{GS} = 5V - V_i = 0$～3V，有 $V_{GS} \leq V_{TN}$，T_N 截止；T_P 的 $V_{GS} = -5V - V_i = -10$～-7V，有 $V_{GS} < V_{TP}$，T_P 导通。

由此可见，在整个输入电压范围 -5～5V 内，至少有一个场效应管是导通的。场效应管导通，漏源间的导电沟道导通电阻 $R_{ON} < 1k\Omega$，其典型值为 80Ω，漏极和源极之间相当于短路，输出电压等于输入电压。也就是说，当 $C = 1$ 时，CMOS 传输门电路打开，$V_O = V_i$。

由于 CMOS 传输门电路中 T_P、T_N 的结构对称，其漏极和源极可交换使用，因此 CMOS 传输门电路的输入端和输出端可以互换，属于双向传输电路。

2. 传输门电路的应用

CMOS 传输门电路主要用于 CMOS 双向模拟开关电路，用来传输连续变化的模拟电压信号。如图 3.24 所示，CMOS 双向模拟开关电路由 CMOS 传输门电路和 CMOS 反相器组成。

在图 3.24 中，C 为控制端，当 $C = 1$ 时，TG 导通，传输信号；当 $C = 0$ 时，TG 截止。

除用于双向模拟开关电路外，CMOS 传输门电路与 CMOS 反相器还可以组合使用，组成复杂的逻辑电路，如异或门电路、数据选择器、计数器、寄存器等。

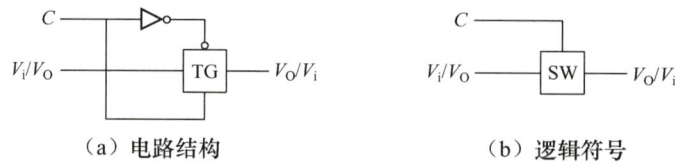

（a）电路结构　　　　　　　　（b）逻辑符号

图 3.24　CMOS 双向模拟开关电路

例 3.1　分析图 3.25 所示电路的功能。

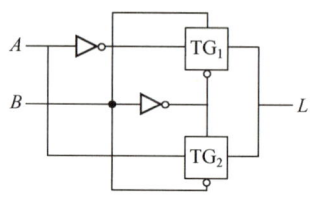

图 3.25　例 3.1 电路

解：由图 3.25 可知，当 $B=0$ 时，TG_1 截止，TG_2 导通，此时 $L=A$；当 $B=1$ 时，TG_1 导通，TG_2 截止，$L=\overline{A}$。因此，L 与 A、B 之间是异或逻辑关系，即 $L=A\oplus B$。

3.3.6　CMOS 门电路的不同输出结构

1. CMOS 门电路的输入保护电路

CMOS 门电路的输入端是 MOS 管的栅极，而 MOS 管的栅极与导电沟道之间是很薄的 SiO_2 绝缘层，极易被击穿。在使用 CMOS 门电路前，其输入端是悬空的，极易在输入端积累电荷，从而将栅极击穿。因此必须采取保护措施，防止其因接触到带静电电荷物体时发生静电放电而损坏。

另外，在 CMOS 与非门电路和 CMOS 或非门电路中，因为其输入端的数目不同，所以串联的 MOS 管数目不同，若串联的 MOS 管全部导通，则其总的导通电阻不同，输出电平也不同，这会给电路设计工作带来麻烦。因此，CMOS 门电路的每个输入端都应连接一个反相器作为缓冲电路，使得 CMOS 门电路的输入特性具有统一的参数。

CMOS 门电路一般都有输入保护电路，如图 3.26 所示。

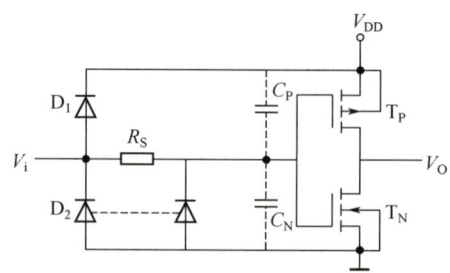

图 3.26　CMOS 门电路的输入保护电路

图 3.26 中的 D_1 和 D_2 的正向导通压降为 $V_{DF}=0.5\sim0.7V$，反向击穿电压约为 30 V。D_2 是一种分布式二极管，在图中用一条虚线和两个二极管表示，这种分布式二极管可以通过较大的电流。R_S 的阻值为 $1.5\sim2.5k\Omega$。C_P 和 C_N 分别表示 T_P 和 T_N 的栅极等效电容。

当输入电压在正常范围内，即 $-V_{DF}<V_i<V_{DD}+V_{DF}$ 时，二极管 D_1、D_2 均截止，保护电路不起作用。

当 $V_i>V_{DD}+V_{DF}$ 时，二极管 D_1 导通、D_2 截止，MOS 管的栅极电位被限制在 $V_{DD}+V_{DF}$，使栅极的 SiO_2 绝缘层不被击穿。

当 $V_i<-V_{DF}$ 时，二极管 D_2 导通、D_1 截止，MOS 管的栅极电位被限制在 $-V_{DF}$，使栅极的 SiO_2 绝缘层不被击穿。

另外，电阻 R_s 和 MOS 管的栅极电容构成积分网络，只有输入信号的过冲电压延迟一段时间，才能使其作用到栅极上，而且幅度减小。

由 T_P 和 T_N 组成的反相器使得电路能统一参数，不同内部逻辑集成的 CMOS 门电路具有一致的输入特性。

2. CMOS 门电路的输出缓冲电路

CMOS 门电路的输出缓冲电路如图 3.27 所示。

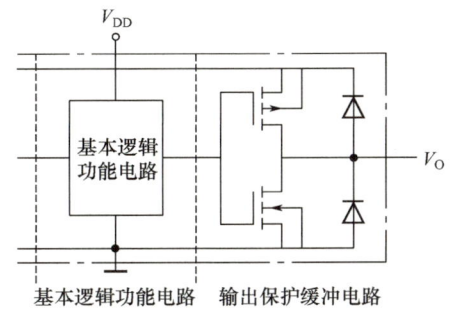

图 3.27 CMOS 门电路的输出缓冲电路

在 CMOS 门电路的输出端增设一级反相器，因为该反相器具有标准参数，所以称为缓冲器。这些带缓冲器的 CMOS 门电路，其输出电阻和输出的高电平、低电平及电压传输特性不受输入端状态的影响，具有统一的参数，输出端的驱动能力得以提高。

3. CMOS 漏极开路输出门电路（OD 门电路）

在工程实践中，有时为了方便，将两个门电路的输出端并联以实现与门电路的逻辑功能（称为线与）。而普通门电路如果直接线与，则在一定情况下会产生低阻通路，大电流可能导致器件损毁，并且无法确定输出是高电平还是低电平。此时需要将输出级电路改为一个漏极开路输出的 MOS 管，构成漏极开路输出（open - drain output）门电路，简称 OD 门电路。

图 3.28（a）所示为 OD 门电路的电路结构，它的输出电路是一个漏极开路的 N 沟道增强型 MOS 管。图 3.28（b）所示为 OD 门电路的逻辑符号，用门电路符号内的菱形记号表示 OD 输出结构。菱形下方的横线表示输出低电平时为低输出电阻。

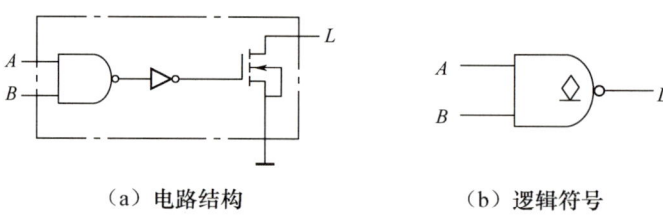

（a）电路结构　　　　　（b）逻辑符号

图 3.28　OD 门电路

图 3.29（a）所示为两个 OD 门电路实现线与，两个 OD 门电路输出端连接，通过上拉电阻连接电源。图 3.29（b）所示为其逻辑符号。

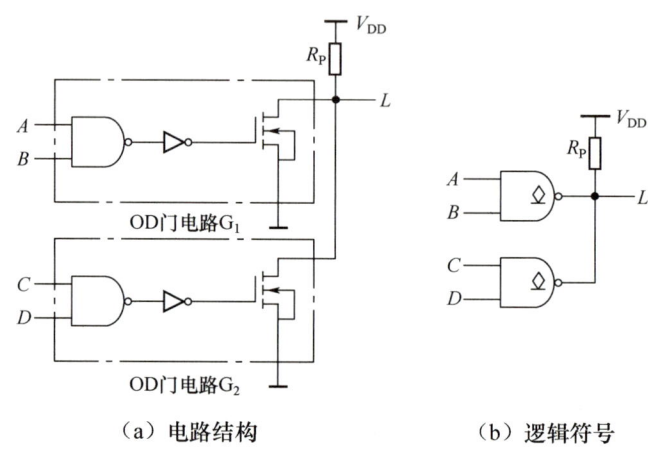

（a）电路结构　　　　　（b）逻辑符号

图 3.29　两个 OD 门电路实现线与

由图 3.29（a）可见，当两个 OD 门电路 G_1、G_2 的输出全为 1 时，输出为 1；只要其中一个为 0，输出就为 0。该电路的逻辑函数表达式为 $L=\overline{AB}\cdot\overline{CD}$。

使用 OD 门电路时必须在漏极和电源之间外接一个上拉电阻 R_P。R_P 的阻值越小，负载电容的充电时间常数越小，开关速度越高；但功耗会越大，可能使输出电流超过允许的最大值 $I_{OL(max)}$。而 R_P 的阻值越大可以保证输出电流不超过允许的最大值 $I_{OL(max)}$，功耗变小；但会使负载电容的充电时间常数变大，开关速度因而变低。

另外，使用 OD 门电路可以驱动大电流负载或者实现逻辑电平变换。

4. CMOS 三态输出门电路

虽然 OD 门电路可以实现线与，但外接的上拉电阻 R_P 会影响其工作速度；而且因为省去了 PMOS 有源负载，所以带负载能力下降。为保持互补输出级的优点，应确保门电路可以与总线连接，开发一种 CMOS 三态输出门（简称 CMOS 三态门）电路。

CMOS 三态门电路的输出除有高电平、低电平这两个状态外，还有第三个状态——高输出阻抗，称为高阻态（又称禁止态）。图 3.30 所示为 CMOS 三态门电路。

在图 3.30（a）中，A 为输入端，L 为输出端，EN（enable）为控制信号输入端（也称使能端）。

当 $EN=1$ 时，若 $A=1$，则 B、C 同为低电平，T_P 导通、T_N 截止，$L=1$；若 $A=0$，

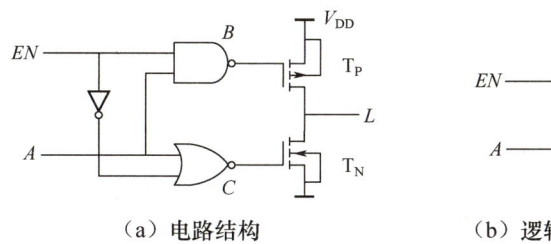

(a)电路结构　　　　　　（b）逻辑符号

图 3.30　CMOS 三态门电路

则 B、C 同为高电平，T_P 截止、T_N 导通，$L=0$。当 $EN=0$ 时，无论 A 的状态如何，B 都为高电平，C 都为低电平，T_P、T_N 同时截止，输出呈现高阻态。即当 $EN=1$ 时，$L=A$；$EN=0$ 时，L 呈现高阻态。

图 3.30（b）所示为 CMOS 三态门电路的逻辑符号。反相器符号内的三角形记号表示三态输出结构；EN 端处没有小圆圈表示高电平有效，有小圆圈表示低电平有效。

CMOS 三态门电路主要用于总线传输，如计算机或微处理器系统，其目的是减少各单元之间的连线，能用同一条导线分时传递若干门电路的输出信号，其连接形式如图 3.31 所示。

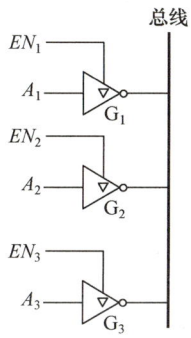

【拓展视频】

图 3.31　CMOS 三态门电路的连接形式

图 3.31 中 G_1、G_2、G_3 为 EN 端高电平有效的 CMOS 三态门电路，只要通过控制 CMOS 三态门电路的 EN_1 端、EN_2 端、EN_3 端，使其在同一时刻只有一个 CMOS 三态门电路处于工作态，而其他两个 CMOS 三态门电路处于高阻态，则三个 CMOS 三态门电路的输出信号便轮流送到总线上，从而可以按一定顺序将各 CMOS 三态门电路的输出信号分时送到总线，而且这些输出信号不会相互干扰。

3.3.7　CMOS 门电路的主要技术参数

CMOS 门电路的制造商通常会提供逻辑器件的数据手册。数据手册中一般会给出 CMOS 门电路的输入和输出的高电平和低电平、噪声容限、传输延迟时间、功耗、功耗延迟积、扇入数和扇出数等。

1. 输入和输出的高电平和低电平

由于数字电路的高电平和低电平都有一个允许的范围，因此在数字电路中无论是正逻辑、负逻辑对元件和器件参数精度的要求还是对供电电源稳定度的要求，都比模拟电路低。

CMOS 门电路输出高电平的理论值为电源电压 V_{DD}，而实际值一般大于或等于 $0.9V_{DD}$；CMOS 门电路输出低电平的理论值为 0V，而实际值一般小于或等于 $0.01V_{DD}$。不同系列的数字电路，逻辑 1 和 0 对应的电压范围不尽相同。制造商给定的数据手册中一般有四种逻辑电平参数，分别是输入高电平的下限值 $V_{IH(min)}$、输入低电平的上限值 $V_{IL(max)}$、输出高电平的下限值 $V_{OH(min)}$、输出低电平的上限值 $V_{OL(max)}$。几种 CMOS 门电路在典型工作电压下输入和输出的电平情况见表 3.7。

表 3.7　几种 CMOS 门电路在典型工作电压下输入和输出的电平情况

主要参数/V	4000B 型 CMOS 门电路	74HC 型 CMOS 门电路	74HCT 型 CMOS 门电路	74LVC 型 CMOS 门电路	74AUC 型 CMOS 门电路
	工作电压/V				
	5	5	5	3.3	1.8
$V_{IH(min)}$	3.33	3.5	2.2	2.0	1.2
$V_{IL(max)}$	1.67	1.5	0.8	0.8	0.63
$V_{OH(min)}$	4.95	4.9	4.9	3.1	1.7
$V_{OL(max)}$	0.05	0.1	0.1	0.2	0.2

2. 噪声容限

噪声容限是指在 CMOS 门电路中输入信号能够容忍的噪声水平，即 CMOS 门电路在受到一定噪声干扰时仍保持正常工作的能力。噪声容限反映了 CMOS 门电路的抗干扰能力，噪声容限越大，CMOS 门电路的抗干扰能力越强。CMOS 门电路的噪声容限可分为高电平噪声容限和低电平噪声容限两类。

图 3.32 所示为噪声容限示意图。前一级驱动门电路的输出是后一级负载门电路的输入。

高电平噪声容限（V_{NH}）是当驱动门输出高电平时，允许叠加在其上的负向噪声电压的最大值，一旦噪声电压大于这个值，负载就无法被正确驱动至高电平。V_{NH} 等于第一级门电路输出高电平的最小值与第二级门电路高电平输入的最小值的差值，其计算公式为

$$V_{NH} = V_{OH(min)} - V_{IH(min)} \qquad (3-4)$$

低电平噪声容限（V_{NL}）是当驱动门输出低电平时，允许叠加在其上的正向噪声电压的最大值，一旦噪声电压大于这个值，负载就仍保持被驱动状态，其计算公式为

$$V_{NL} = V_{IL(max)} - V_{OL(max)} \qquad (3-5)$$

74HC 型 CMOS 门电路在 5V 的工作电压时，其输入高电平和低电平的噪声容限分别如下。

高电平噪声容限 $V_{NH} = V_{OH(min)} - V_{IH(min)} = 4.9 - 3.5 = 1.4V$

低电平噪声容限 $V_{NL} = V_{IL(max)} - V_{OL(max)} = 1.5 - 0.1 = 1.4V$

CMOS 门电路的噪声容限是衡量 CMOS 门电路抗干扰能力的重要指标。了解噪声的

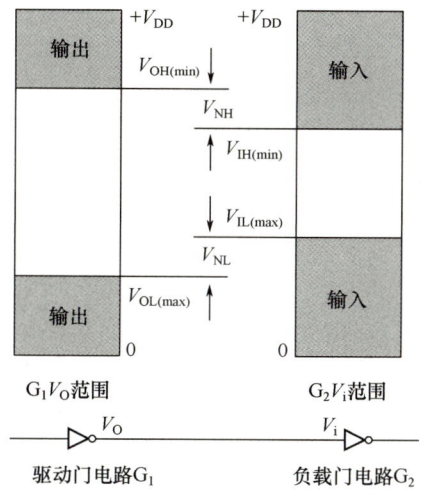

图 3.32　噪声容限示意图

来源并采取相应的措施降低噪声水平,可以提高 CMOS 门电路的工作稳定性和可靠性。在电路设计和制造过程中,应严格控制噪声容限并采取相应的优化措施以确保 CMOS 门电路的性能。

3. 传输延迟时间

CMOS 门电路的传输延迟时间是指信号在 CMOS 门电路中从输入端传输到输出端并达到稳定状态所需要的时间。这个参数对于评估 CMOS 门电路的性能和响应速度至关重要。

以 CMOS 与非门电路为例来说明其平均传输延迟时间 t_{pd}。当 CMOS 非门电路的输入端加入一脉冲信号时,其相应的输出波形如图 3.33 所示。

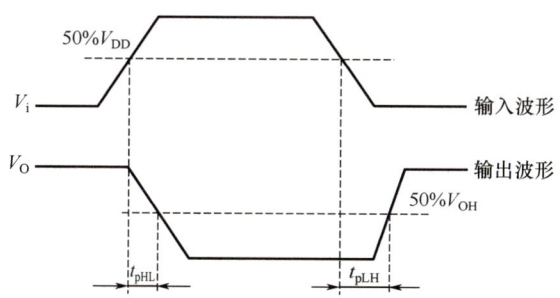

图 3.33　CMOS 与非门电路的平均传输延迟时间

在图 3.33 中,导通延迟时间 t_{pHL} 等于从输入波形上升沿的中点到输出波形下降沿的中点经历的时间;截止延迟时间 t_{pLH} 等于从输入波形下降沿的中点到输出波形上升沿的中点经历的时间。

由于导通延迟时间与截止延迟时间一般不相等,因此 CMOS 与非门电路的传输延迟时间 t_{pd} 是 t_{pHL} 和 t_{pLH} 的平均值,即

$$t_{pd} = \frac{t_{pHL} + t_{pLH}}{2}$$

(3-6)

4. 功耗

CMOS 门电路的功耗是 CMOS 门电路设计和应用中需要重点考虑的因素。CMOS 门电路的功耗可分为静态功耗和动态功耗两类。

静态功耗是指 CMOS 门电路在静止状态下（输入信号不变时）内部存在的漏电流（静态电流）引起的功耗。静态功耗的主要来源包括反偏 PN 结电流和 MOS 管的亚阈值电流。因为静态时 CMOS 门电路的电流非常小，静态功耗非常低，所以 CMOS 门电路广泛应用于要求功耗较低或电池供电的设备，如便携计算机、手机和平板电脑等。

动态功耗是指 CMOS 门电路在工作过程中电荷的充放电和电流传输引起的功耗。动态功耗主要包括以下两部分功耗。

一部分是 CMOS 门电路在输出状态转换瞬间的导通功耗。以 CMOS 反相器为例，在输出由高电平到低电平或由低电平到高电平转换的瞬间，T_P、T_N 均导通，电源 V_{DD} 上有较大电流。这部分功耗可以表示为

$$P_{T1} = C_{PD} \cdot V_{DD}^2 \cdot f \tag{3-7}$$

式中，C_{PD} 为功耗电容，它不是实际电容，而是用来计算输出端在高电平和低电平转换时输出电流动态特性的等效参数，其值与电源电压和工作频率有关，可以在数据手册中查到。功耗电容很小，如 74HC 型 CMOS 门电路的功耗电容为 20pF，74LVC 型 CMOS 门电路的功耗电容为 15pF；V_{DD} 为供电电源；f 为输出信号的转换频率。

另一部分动态功耗是因为负载通常是容性的，当输出电平转换时对负载电容 C_L 进行充放电，这个过程将增加电路的功耗。这部分功耗可以表示为

$$P_{T2} = C_L \cdot V_{DD}^2 \cdot f \tag{3-8}$$

式中，C_L 为负载电容。

因此 CMOS 门电路总的动态功耗为

$$P_D = P_{T1} + P_{T2} = (C_{PD} + C_L) \cdot V_{DD}^2 \cdot f \tag{3-9}$$

由此可知，CMOS 门电路的动态功耗与转换频率 f 和电源电压 V_{DD} 的平方成正比，所以当转换频率较高时，其动态功耗较大。设计 CMOS 门电路时，选用低电源电压器件可以降低动态功耗。

5. 功耗延迟积

实际设计数字电路时，既想它有较高的速度，又想它功耗低，这比较难实现。CMOS 门电路的功耗延迟积（power-delay product）是 CMOS 门电路中一个综合性能指标，用 DP 表示。它衡量了电路在给定延迟时间和功耗条件下的性能，是将电路的传输延迟时间与功耗相乘得到的积，其定义如下：

$$DP = t_{pd} \cdot P_D \tag{3-10}$$

一个 CMOS 门电路的 DP 越小，表明它的特性越接近理想情况。CMOS 门电路在设计过程中需要根据具体的应用场景和需求进行权衡及优化。

6. 扇入数和扇出数

CMOS 门电路的扇入数是指 CMOS 门电路输入端的个数，它决定了 CMOS 门电路能够同时接收的输入信号数。例如，有两个输入端的 CMOS 与非门电路，其扇入数等于 2。

CMOS 门电路的扇出数是指在正常工作情况下,一个 CMOS 门电路能够驱动(或带动)同类 CMOS 门电路的最大数。它反映了 CMOS 门电路的驱动能力。扇出数不仅与 CMOS 门电路本身的输出电流能力有关,还与负载门电路的输入电流需求有关。

当负载门增加时,总的拉电流(当输出为高电平时)或灌电流(当输出为低电平时)增加,可能导致输出电平下降或上升,从而限制了负载门数。

拉电流是指驱动门输出为高电平时流向负载门的电流。图 3.34(a)所示为拉电流负载的情况。当驱动门的输出端为高电平时,电流从驱动门流入负载门,当负载门增加时,总的拉电流增加,输出高电平降低,但输出高电平不得低于输出高电平的下限,从而限制了负载门数。驱动门能够驱动的负载门数为

$$N_{\text{OH}} = \frac{I_{\text{OH(max)}}}{I_{\text{IH}}} \quad (3-11)$$

式中,N_{OH} 为输出高电平时的扇出数;$I_{\text{OH(max)}}$ 为驱动门高电平输出电流的最大值;I_{IH} 为负载门高电平输入电流。

灌电流是指驱动门输出为低电平时从负载门流向驱动门的电流。图 3.34(b)所示为灌电流负载的情况。当驱动门的输出端为低电平时,负载电流流入驱动门,其驱动门电流等于负载门输入端电流之和。当负载门增加时,总的灌电流增加,这将引起驱动门输出低电平的升高。但输出低电平不得高于输出低电平的上限,从而限制了负载门数。因此,驱动门能够驱动的负载门数为

$$N_{\text{OL}} = \frac{I_{\text{OL(max)}}}{I_{\text{IL}}} \quad (3-12)$$

式中,N_{OL} 为输出低电平时的扇出数;$I_{\text{OL(max)}}$ 为驱动门低电平输出电流的最大值;I_{IL} 为负载门低电平输入电流。

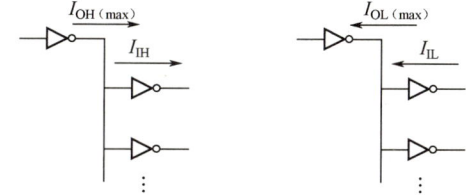

(a)拉电流负载的情况　(b)灌电流负载的情况

图 3.34　扇出数的计算

3.3.8　使用 CMOS 门电路的注意事项

使用 CMOS 门电路时需要注意以下几个方面,以确保电路的正常运行和长期稳定。
(1)静电防护。
由于 CMOS 门电路对静电非常敏感,因此在处理和安装 CMOS 芯片时务必采取适当的防静电措施,包括使用接地腕带、防静电工作台等,并避免在干燥的环境下操作。

储存、携带或运输 CMOS 器件时,应将集成电路和印制电路板放置于金属容器内,或用铝箔包封后放入普通容器,避免使用易产生静电的尼龙及塑料盒等容器。

（2）电源电压。

CMOS 门电路的电源电压差别较大，具体取决于 CMOS 芯片规格。使用时必须严格遵守这一范围，确保电源电压不超过电路极限值，且不得低于系统速度所必需的电源电压最低值。电源电压的正负极不能接反，否则可能会烧坏 CMOS 门电路。

（3）焊接与装配。

焊接 CMOS 门电路时，一般使用具有良好接地线的电烙铁，并在电路未通电时进行焊接。在电路通电时焊接会造成热冲击和静电损坏。

在装配工作台上不宜铺设塑料或有机玻璃板，最好铺上一块平整的铝板或铁板，以减少静电产生。

（4）输入输出保护。

CMOS 门电路的输入端不能悬空。在利用 CMOS 门电路时，经常会遇到有输入端不用的情况，此时需要对多余输入端进行处理。CMOS 门电路的多余输入端不允许悬空，必须与输出端相连，或按逻辑要求经电阻器接至电源正极或负极。悬空的输入端容易受到外界噪声的干扰，从而破坏电路逻辑状态。

输出端不允许与电源正极或负极直接短接，而需要通过上拉电阻与电源相接或通过下拉电阻与地相接。输出端也不得直接并联不同 CMOS 门电路的输出端，除非是同一块 CMOS 门电路功能相同的输出端。

（5）工作条件与环境。

CMOS 门电路的性能和可靠性受温度的影响较大。应避免将 CMOS 芯片暴露在超出指定工作温度范围的环境中，并确保在合适的工作温度范围内操作。

安装 CMOS 芯片时，应考虑环境条件对 CMOS 芯片的影响。避免将 CMOS 芯片安装在潮湿、腐蚀或含尘环境中，否则会对 CMOS 芯片性能和可靠性产生影响。

3.3.9 CMOS 门电路系列

各国半导体器件制造商已经先后推出了多种系列的标准化 CMOS 门电路。这里以 TI 公司的 CMOS 门电路为主，介绍其系列。CMOS 门电路有三大系列：4000 系列、74C×× 系列和硅-氧化铝系列。前两个系列应用很广，而硅-氧化铝系列因成本较高而尚未普及。下面主要介绍前两个系列。

1. 4000 系列

4000 系列是 TI 公司早期的 CMOS 门电路，具有功耗低、噪声容限大、扇出数大等优点。其工作电源电压为 3～18V，工作速度较低，平均传输延迟时间为几十纳秒，最高工作频率小于 5MHz。

由于 4000 系列 CMOS 门电路的传输延迟时间很长，且带负载能力较弱，因此目前基本被后来出现的 74C×× 系列所取代。

2. 74C×× 系列

74C×× 系列有 74HC/74HCT 系列、74AHC/74AHCT 系列、74LVC 系列、74ALVC 系列和 74AVC 系列等。

(1) 74HC/74HCT 系列。

74HC/74HCT 是 TI 公司生产的高速 CMOS 门电路系列。相比于 4000 系列，其主要在制造工艺上进行了改进，大大提高了工作速度，平均传输延迟时间小于 10ns，最高工作频率可达 50MHz。为了能在同一系统中与 TTL 门电路兼容，74HC/74HCT 系列的电源电压为 2～6V，该范围大于 74LS 系列的（5±0.5）V。而且，只要 CMOS 门电路与 TTL 门电路的型号尾部数字代码相同，两者的逻辑功能、器件外形尺寸及引脚排列就是兼容的。

(2) 74AHC/74AHCT 系列。

74AHC/74AHCT 系列是改进的高速 CMOS 门电路系列。其电压范围更大，74AHC 系列的电源电压范围为 1.5～5.5V，74AHCT 系列则与 TTL 门电路电压兼容，电源电压为 4.5～5.5V。74AHC/74AHCT 系列不仅比 74HC/74HCT 系列的工作速度提高了一倍，而且带负载能力提高了近一倍。其逻辑功能、引脚排列顺序等都与同型号的 74HC/74HCT 系列完全相同。因此，74AHC/74AHCT 系列是较受欢迎的、应用较广的 CMOS 门电路。

(3) 74LVC 系列。

74LVC 系列是 TI 公司 20 世纪 90 年代推出的低电压 CMOS 门电路系列。74LVC 系列能在 1.65～3.3V 的低电压下工作，静态功耗极低，有助于降低整体系统的功耗。74LVC 系列具有更大的开关速度和更短的传输延迟，传输延迟时间也缩短至 3.8ns，能够提供更高效的信号处理能力。同时，它能提供更大的负载电流，在电源电压为 3V 时，最大负载电流可达 24mA。此外，74LVC 系列可以输入高达 5V 的高电平信号，能很容易地将 5V 电平的信号转换为 3.3V 以下的电平信号。

(4) 74ALVC 系列。

74ALVC 系列是 TI 公司于 1994 年推出的改进的低压 CMOS 门电路系列。74ALVC 系列在 74LVC 系列基础上进一步提高了工作速度，并提供了性能更加优越的总线驱动器件。它支持 1.65～3.6V 的电源电压范围，非常适用于低功耗和便携式设备。74LVC 系列和 74ALVC 系列是目前 CMOS 门电路中性能最好的两个系列，可以满足高性能数字电路设计的需要。尤其在移动式的便携电子设备（如笔记本计算机、移动电话、数码照相机等）中，74LVC 系列和 74ALVC 系列的优势更加明显。

(5) 74AVC 系列。

74AVC 系列是超低压 CMOS 门电路。74AVC 系列通常支持在极低的电压范围（如 0.8～3.6V）下工作，而且将传输延迟时间缩短至 2ns，为未来制作性能更加优越的低压电子设备展示了广阔的前景。

3.4　类 NMOS 门电路和 BiCMOS 门电路

3.4.1　类 NMOS 门电路

类 NMOS 门电路主要利用 NMOS 管上拉一个常导通的 PMOS 管来构建门电路。类 NMOS 门电路在结构上更为简洁，有利于减小芯片面积和提高集成度。

NMOS 管以电子为导电载流子,由于空穴的迁移率比电子低,因此 NMOS 门电路的工作速度比 PMOS 门电路高。CMOS 门电路每个输入端都有一个 NMOS 管和一个 PMOS 管,为获得相同的导通电阻和电流,PMOS 管所需的芯片面积更大。为减少电路中的 PMOS 管,减小芯片面积,在对性能要求不太高时仍然采用 NMOS 门电路。

1. 类 NMOS 反相器

类 NMOS 反相器电路如图 3.35 所示,其工作管为 NMOS 管,负载管为 PMOS 管。PMOS 管的栅极接地,始终处于导通状态。

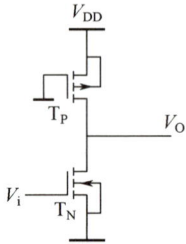

图 3.35 类 NMOS 反相器电路

由图 3.35 可知,当 $V_i=0$ 时,NMOS 管截止,PMOS 管导通,输出为高电平。当 $V_i=V_{DD}$ 时,NMOS 管和 PMOS 管均导通,NMOS 管比 PMOS 管的导通电阻小很多,输出为低电平。

2. 类 NMOS 与非门电路和或非门电路

图 3.36(a)所示为类 NMOS 与非门电路,图 3.36(b)所示为类 NMOS 或非门电路,其工作管为 NMOS 管 T_{N1}、T_{N2},负载管为 PMOS 管。这里 PMOS 管始终处于导通状态。

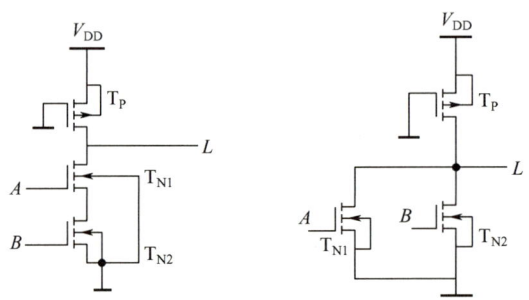

(a)类NMOS与非门电路　　(b)类NMOS或非门电路

图 3.36 类 NMOS 与非门电路和类 NMOS 或非门电路

在图 3.36(a)中,当输入 A、B 中有一个或都为低电平时,T_{N1}、T_{N2} 中有一个或都截止,T_P 导通,输出 L 为高电平。只有当输入 A、B 都为高电平时,T_{N1} 和 T_{N2} 才都导通,而 NMOS 管比 PMOS 管导通电阻小很多,输出 L 为低电平。类 NMOS 与非门电路的逻辑函数表达式为 $L=\overline{A \cdot B}$。

在图 3.36(b)中,当输入 A、B 中有一个或都为高电平时,T_{N1}、T_{N2} 中有一个或都导通，T_P 导通，NMOS 管比 PMOS 管导通电阻小很多，输出 L 为低电平。只有当输入 A、B 都为低电平时，T_{N1} 和 T_{N2} 才都截止，T_P 导通，输出 L 为高电平。类 NMOS 或非门电路的逻辑函数表达式为 $L=\overline{A+B}$。

类 NMOS 电路因其特定的优点和特性而在某些应用场景中具有优势。虽然它不如传统 CMOS 电路应用普遍，但在需要高集成度、简化电路结构或特定功耗与性能平衡的场合是比较合适的选择。

3.4.2 BiCMOS 门电路

BiCMOS 门电路是双极型 CMOS 门电路，它将 BJT 和 CMOS 两种独立的半导体器件集成到单一集成电路上。这种技术将 BJT 的高速度、高驱动能力和 CMOS 的低功耗、高密度优势结合，实现了它们在性能上的互补和优化。

BiCMOS 门电路如图 3.37 所示。图中 BJT 用符号 T 表示，MOS 管用符号 M 表示。

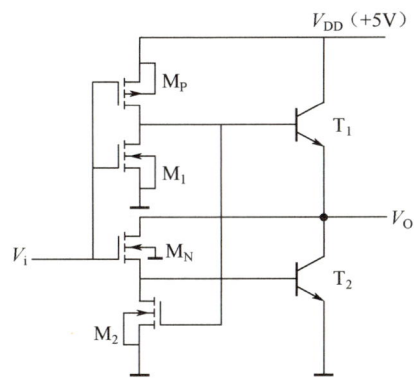

图 3.37　BiCMOS 门电路

当 V_i 为高电平时，M_N、M_1 和 T_2 导通，M_P、M_2 和 T_1 截止，输出 V_O 为低电平。此时，M_1 的导通迅速拉走 T_1 的基区存储电荷；M_2 截止，M_N 的输出电流全部作为 T_2 的驱动电流，M_1、M_2 加快输出状态的转换。

当 V_i 为低电平时，M_P、M_2 和 T_1 导通，M_N、M_1 和 T_2 截止，输出 V_O 为高电平。此时，M_1 截止，M_P 的输出电流全部作为 T_1 的驱动电流；T_2 基区的存储电荷通过 M_2 而消散，M_1、M_2 加快输出状态的转换。

3.5　TTL 门电路

3.5.1 BJT 的开关特性

在数字电路中，三极管与二极管一样，常作为开关。三极管电路及其伏安特性曲线如图 3.38 所示。

从图 3.38（b）可以看出，三极管有放大区、饱和区、截止区。在开关状态下，三极

【拓展视频】

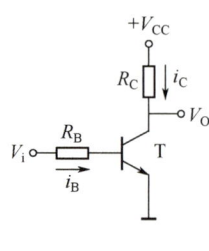

（a）电路

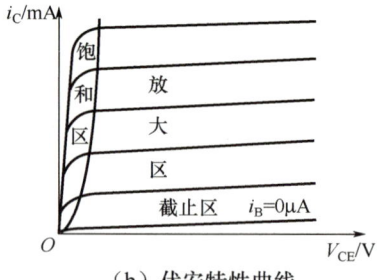

（b）伏安特性曲线

图 3.38　三极管电路及其伏安特性曲线

管不像在模拟电路中那样主要在放大区工作，而是在饱和区（开关闭合）和截止区（开关断开）之间转换，放大区只是极短暂的过渡状态。

（1）截止区。

三极管在截止区工作的条件是 $V_{BE}<V_{TH}$，V_{TH} 为三极管的导通电压，如硅管的 $V_{TH}=0.5V$。

当三极管发射结 $V_{BE}<V_{TH}$ 时，i_B 和 i_C 均近似于 0，三极管的集电极和发射极之间相当于开关断开，如图 3.39（a）所示。

（2）饱和区。

当三极管 $V_{BE}>V_{TH}$ 时，其开始脱离截止状态，进入放大状态。在放大状态下，发射结正向偏置，电流关系为 $i_B=\beta i_C$，i_C 随 i_B 的增大而增大，但是 i_C 的增大有限，其最大值只能达到临界饱和电流，即 $i_C=I_{CS}\approx V_{CC}/R_C$，对应的基极电流 $i_B=I_{BS}\approx V_{CC}/\beta R_C$。继续增大 i_B，由于 $i_C=I_{CS}$ 基本不变，I_{BS} 基本不变，因此 $i_B>I_{BS}$，此时三极管进入饱和区。由三极管的输出特性可知，此时 $V_{BE}=0.7V$，$V_{CE}=V_{CES}\approx 0.3V$。三极管如同一个带有很小压降的闭合的开关。

三极管在饱和区工作的条件是 $i_B>I_{BS}$，其中 I_{BS} 为临界饱和电流，$I_{BS}\approx V_{CC}/\beta R_C$。

在饱和区，三极管的发射结正向偏置，集电结正向偏置，集电极和发射极之间的电压为反向饱和电压 V_{CES}（0.2～0.3V）。饱和度越大，V_{CE} 越小。三极管的集电极和发射极之间相当于短路状态，如图 3.39（b）所示。

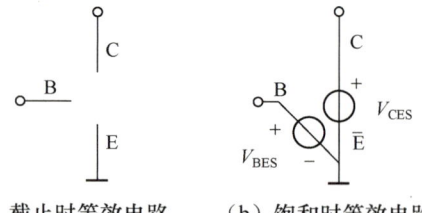

（a）截止时等效电路　　（b）饱和时等效电路

图 3.39　三极管等效电路

由此可见，三极管相当于一个由基极电流控制的开关。

三极管的开关过程就是其在饱和与截止两种状态之间的相互转换，需要一定的时间完成。

若在三极管输入端加一个脉冲信号，如图 3.40（a）所示，则输出电流 i_C 和输出电压

V_O 均滞后于输入电压 V_i 的变化，其波形分别如图 3.40（b）和图 3.40（c）所示。

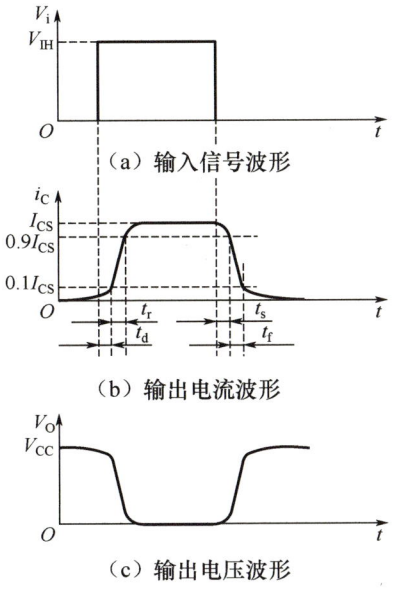

(a) 输入信号波形

(b) 输出电流波形

(c) 输出电压波形

图 3.40 三极管开关电路波形

通常用传输延迟时间 t_d、上升时间 t_r、存储时间 t_s 和下降时间 t_f 等参数描述三极管开关的瞬态过程。从截止到饱和所需的时间称为开通时间，用 t_{on} 表示，$t_{on}=t_d+t_r$。从饱和到截止所需的时间称为关闭时间，用 t_{off} 表示，$t_{off}=t_s+t_f$。三极管的开关时间随三极管类型的不同会有很大差别，一般为几十纳秒到几百纳秒。三极管的开关时间限制了开关速度，开关时间越短，开关速度越高，在高频应用时需要特别注意这个问题。

3.5.2　TTL 反相器

TTL 门电路的输入端和输出端均为三极管。

TTL 反相器是数字电路中的一种基本元件，也是 TTL 电路结构最简单的门电路。图 3.41 所示为 74 系列 TTL 反相器的典型电路。该电路由三部分组成：T_1、R_1 和 D_1 组成的输入级，T_2、R_2 和 R_3 组成的中间级，T_3、T_4、D_3 和 R_4 组成的输出级。

当输入 $V_i=V_{IL}=0.2V$ 时，晶体管 T_1 处于导通状态，形成电流通路，其基极电位 $V_{B1}=V_i+0.7V=0.9V$。因为该电压作用于 T_1 的集电结和 T_2、T_4 的发射结上，无法使 T_2、T_4 导通，所以 T_2、T_4 截止。又因为 T_2 集电极为高电平，所以 T_3、D_3 导通。由于 R_2 上的电流为基极电流（很小），因此 R_2 上的压降可忽略不计，则 $V_O=V_{CC}-V_{BE3}-V_{D3}=3.6V=V_{OH}$。即当输入为低电平时，输出为高电平。

当输入 $V_i=V_{IH}=3.6V$ 时，V_{CC} 通过 R_1 和 T_1 的集电结向 T_2、T_4 提供基极电流，使 T_2、T_4 饱和导通，此时 $V_{B1}=V_{BC1}+V_{BE2}+V_{BE4}=2.1V$，使 T_1 的发射结反向偏置，而集电结正向偏置，所以 T_1 处于发射结和集电结倒置的状态。由于 T_2、T_4 饱和，$V_{B4}=V_{CE2}+V_{BE4}=0.9V$，该电压作用于 T_3 的发射结和 D_3 上，无法使它们导通，因此 T_3 和 D_3 截止，而 T_4 饱和导通，有 $V_O=V_{CE3}=V_{CES}=0.2V$。即当输入为高电平时，输出为低

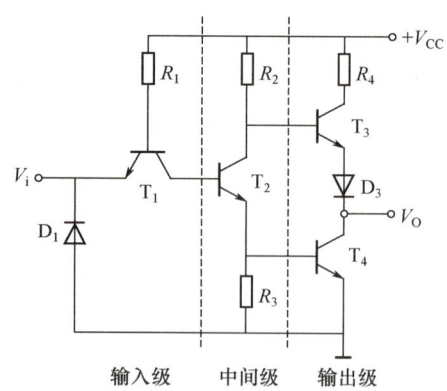

图 3.41 74 系列 TTL 反相器的典型电路

电平。

可见,输出与输入呈反相关系。

由于 T_2 集电极输出的电压信号和发射极输出的电压信号变化方向相反,因此中间级又称倒相级。输出级的 T_3、T_4 总是一个导通另一个截止,有效地降低输出级的静态功耗,并提高了驱动负载的能力。通常将这种形式的电路称为推拉式电路或图腾柱输出电路。D_1 是输入端的钳位二极管,它既可以抑制输入端可能出现的负极性干扰脉冲,又可以防止输入电压为负时 T_1 的发射极电流过大,从而起到保护作用。

3.5.3　TTL 与非门电路

典型的 TTL 与非门电路如图 3.42 所示。它由输入级、中间级和输出级三个部分组成。

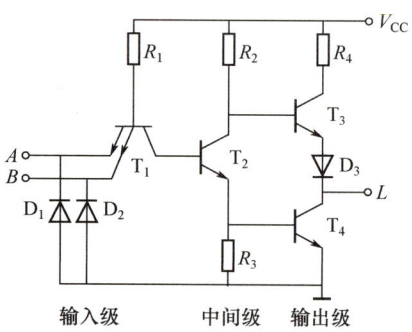

图 3.42　典型的 TTL 与非门电路

输入级的 T_1 为多发射极三极管,可看作两个发射极独立而基极和集电极分别并联的三极管。

在图 3.42 所示的电路中,只要输入 A、B 中有一个为低电平,T_1 就有一个发射结导通,并将 T_1 的基极电位钳在 0.9V。此时 T_2 和 T_4 都不导通,输出 L 为高电平。当输入 A、B 都为高电平时,其工作情况与 TTL 反相器类似,此时 T_3、D_3 截止,而 T_4 饱和导通,输出 L 为低电平。输出和输入的逻辑函数表达式为 $L=\overline{A \cdot B}$。

TTL 门电路广泛应用于计算机、遥控和数字通信等设备中,可以组成计数器、编码器、译码器等逻辑部件。尽管在现代低功耗应用中，CMOS 技术逐渐取代了 TTL 技术，但 TTL 门电路在某些领域仍具有重要的应用价值。

3.5.4 集电极开路门电路（OC 门电路）

使用上述推拉式输出电路时有一定的局限性：一是不能把它们的输出端并联；二是在采用推拉式输出级的门电路中，一旦确定电源，输出的高电平就固定了，无法满足不同输出高电平的需求；三是推拉式电路结构不能满足驱动较大电流、较高电压的负载要求。为克服上述局限性，将输出级改为集电极开路门电路，简称 OC 门电路。

OC 门电路和 OD 门电路类似，其电路结构和逻辑符号如图 3.43 所示，它的逻辑符号与 OD 门电路所用的逻辑符号相同。OC 门电路在工作时同样需要外接负载电阻和电源。只要电阻阻值和电源电压选择得当，就能够做到既保证输出的高电平、低电平符合要求，又能保证输出端三极管的负载电流不会过大。

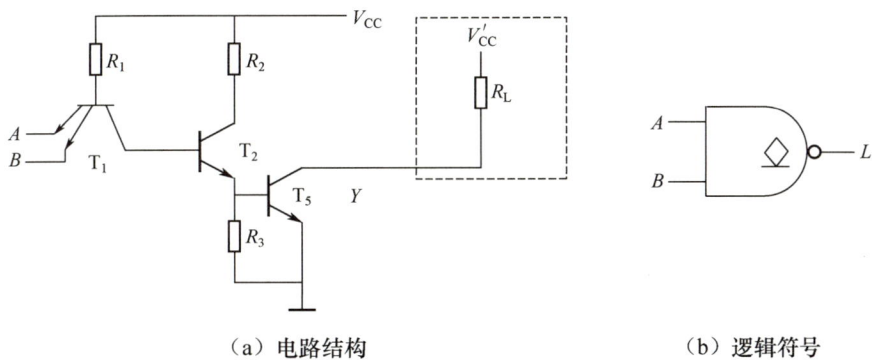

（a）电路结构　　　　　　（b）逻辑符号

图 3.43　OC 门电路的电路结构和逻辑符号

如图 3.44（a）所示，将两个 OC 门电路输出端接在一起，通过上拉电阻接电源，图 3.44（b）所示为其逻辑符号。

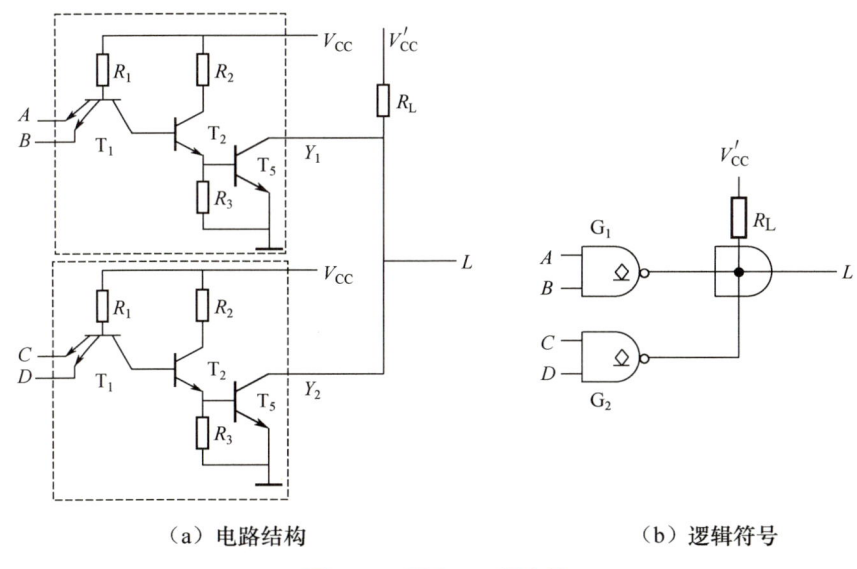

（a）电路结构　　　　　　（b）逻辑符号

图 3.44　两个 OC 门电路

由图 3.44（a）可见，当两个 OC 门的输出全为 1 时，输出为 1；只要其中一个为 0，输出就为 0。该电路的逻辑函数表达式为 $L=\overline{AB}\cdot\overline{CD}$。

OC 门电路通常用于连接多个器件的总线，前提是该总线的逻辑是同一时刻仅有单个设备输出有效信号，如 MCS-51 系列的写使能。

3.5.5 使用 TTL 门电路的注意事项

为了确保 TTL 门电路的稳定运行并延长其使用寿命，在使用过程中需注意以下事项。

（1）电源电压限制。

TTL 门电路的电源电压范围较为严格，通常为 5±0.25V。超出此范围可能导致电路性能下降、发热增加，甚至损坏。在使用前应确认电源电压是否符合要求，并采取稳压措施，以防电压波动。

（2）防止电源与地接反。

电源与地接反是常见的硬件故障，会立即导致电路短路，可能损坏集成电路甚至整个系统。设计时，应使用防反接二极管或确保极性标识清晰，安装时应仔细核对极性。

（3）输入电压限制。

TTL 门电路的输入电压一般为 0~0.8V（低电平）和 2~5V（高电平）。输入电压需在此范围内以确保逻辑正确性。为避免输入电压超出此范围，可通过适当的电平转换电路调整。

（4）输出端保护。

TTL 门电路的输出端直接连接外部负载，易受短路、过载等损害。在输出端串联限流电阻，或在输出与负载之间加入缓冲电路，可以减少对输出端的冲击。

（5）输入端的处理。

TTL 门电路使用时，经常会遇到有多余输入端的情况，此时需要对多余输入端进行处理。多余输入端可以直接悬空或接下拉电阻，使其有明确的电平状态。

当多余输入端悬空时，相当于接高电平；当多余输入端接下拉电阻时，其高低电平由所接电阻阻值决定。下拉电阻阻值大于 2kΩ，输入高电平；下拉电阻阻值小于 0.7kΩ，输入低电平。

（6）避免大电流负载。

TTL 门电路的输出电流有限，通常为几毫安至几十毫安。直接驱动大功率负载可能导致输出端损坏，可使用驱动能力更强的驱动器（如达林顿功率管）或通过功率放大器间接驱动负载。

（7）防止静电击穿。

静电放电是集成电路的"隐形杀手"，可能瞬间击穿 TTL 门电路内部的 PN 结。可采用静电防护措施，如穿戴防静电衣帽、使用接地良好的工作台和工具，以及定期对设备和环境进行静电放电测试等。

（8）避免热插拔。

在电路通电状态下进行插拔操作，可能因瞬间电流或电压波动损坏 TTL 门电路。在插拔元器件或连接线之前，应确保电路断电，并按正确的顺序操作。

遵循上述注意事项对保证 TTL 门电路的正常运行、提高系统稳定性和延长使用寿命有重要意义。在实际应用中，应根据具体电路要求和环境条件灵活应用这些措施。

3.6 不同类型数字电路间的接口

在现代电子系统中，由于不同技术标准和功能需求的数字电路共存，因此合理设计和实现不同类型数字电路间的接口尤为重要。

3.6.1 接口实现原则

在数字电路设计中，往往将不同电源电压CMOS系列（或CMOS和TTL）的两种器件混合使用，以满足综合要求。由于每种器件的电压和电流参数都不相同，因此在连接两种器件时，要满足驱动器件和负载器件的以下条件。

（1）电压。

门电路的输入电压或输出电压必须小于数据手册中规定的极值。驱动器件输出电压必须在负载器件所要求的输入电压范围内，包括高电平和低电平（属于电压兼容性的问题）。驱动器件输出电压和负载器件所要求的输入电压之间的关系如图3.45所示。

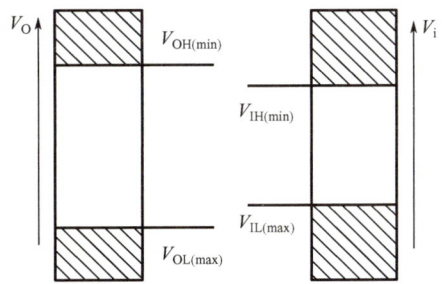

图 3.45 驱动器件输出电压和负载器件所要求的输入电压之间的关系

在图3.45中，输出电压高电平最小值 $V_{OH(min)}$ ≥ 输入电压高电平最小值 $V_{IH(min)}$，输出电压低电平最大值 $V_{OL(max)}$ ≤ 输入电压低电平最大值 $V_{IL(max)}$。

（2）驱动电流。

驱动器件必须对负载器件提供足够大的拉电流和灌电流，以确保信号稳定传输。驱动器件输出电流和负载器件所要求的输入电流之间的关系如图3.46所示。

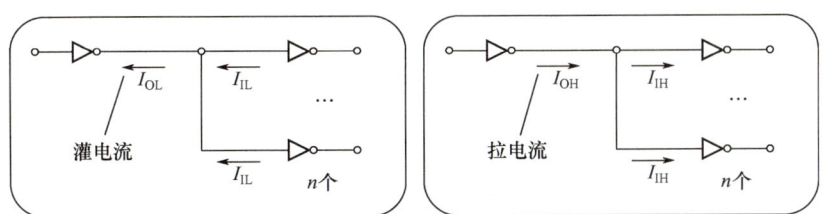

图 3.46 驱动器件输出电流和负载器件所要求的输入电流之间的关系

在图3.46中，因为输出灌电流低电平最大值 $I_{OL(max)}$ ≥ 总输入电流低电平 $I_{IL(total)}$，输出拉电流高电平最大值 $I_{OH(max)} \geqslant$ 总输入电流高电平 $I_{IH(total)}$，所以当驱动能力不足时，需要采用缓冲/驱动器等接口电路来增强驱动能力。

(3) 接口电路。

根据实际需要选择合适的接口电路，如电平转换器、缓冲/驱动器等。这些电路可以实现不同电平、不同电流驱动能力之间的转换和匹配。

3.6.2 实际使用中的注意事项

(1) 选择合适的接口标准。

根据系统要求和应用场景选择合适的接口标准，以保证系统的稳定性和可靠性。

(2) 注意信号完整性。

设计接口电路时，需要考虑信号完整性问题，如反射、串扰等，以确保信号正确传输。

(3) 考虑功耗和散热。

在一些高功耗的应用场景中，需要特别关注接口电路的功耗和散热问题，以防过热导致性能下降或损坏。

3.6.3 实际应用举例

例 3.2 已知：在 5V CMOS 门电路中，$V_{OH(min)}=4.4V$，$V_{OL(max)}=0.5V$，$I_{OL(max)}=20\mu A$，$I_{OH(max)}=20\mu A$；在 3.3V CMOS 门电路中，$V_{IH(min)}=2V$，$V_{IL(max)}=0.8V$，$I_{IH(max)}=5\mu A$，$I_{IL(max)}=5\mu A$。试问：5V CMOS 门电路能驱动 3.3V CMOS 门电路吗？

解：因为 $V_{OH(min)} \geqslant V_{IH(min)}$，$V_{OL(max)} \leqslant V_{IL(max)}$，$I_{OL(max)} \geqslant I_{IL(total)}$，$I_{OH(max)} \geqslant I_{IH(total)}$，所以 5V CMOS 门电路能驱动 3.3V CMOS 门电路。

例 3.3 已知：在 3.3V CMOS 门电路中，$V_{OH(min)}=2.4V$，$V_{OL(max)}=0.4V$，$I_{OL(max)}=0.1mA$，$I_{OH(max)}=0.1mA$；在 5V CMOS 门电路中，$V_{IH(min)}=3.5V$，$V_{IL(max)}=1.5V$，$I_{IH(max)}=5\mu A$，$I_{IL(max)}=5\mu A$。试问：如何用 3.3V CMOS 门电路驱动 5V CMOS 门电路？

解：因为 $V_{OL(max)} \leqslant V_{IL(max)}$，$I_{OL(max)} \geqslant I_{IL(total)}$，$I_{OH(max)} \geqslant I_{IH(total)}$，但 $V_{OH(min)} \geqslant V_{IH(min)}$ 不满足，所以可采用外接上拉电阻的接口方式实现电平兼容。接口电路如图 3.47 所示。

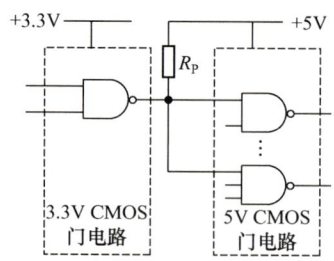

图 3.47　3.3V CMOS 门电路驱动 5V CMOS 门电路的接口电路

随着数字电路技术的不断发展，数字电路之间的接口也在不断演进。未来，我们可以期待更高速、更低功耗、更高稳定性的接口技术出现，以满足不断增长的电子系统需求。

综上所述，不同类型数字电路之间的接口设计需要综合考虑电压兼容性、驱动电流、接口电路及实际应用中的注意事项等方面。通过合理的设计和选择，我们可以实现不同类型数字电路之间的稳定、可靠连接，从而构建出功能强大、性能优异的电子系统。

本章小结

逻辑门电路是数字电路中的基本单元，用于根据输入的逻辑状态生成相应的输出逻辑状态。半导体二极管、MOS 管、BJT 都可以组成不同功能的逻辑门电路。

1. 半导体二极管门电路是一种门电路，通过控制二极管的导通与截止状态来实现与、或、非等逻辑运算。这种门电路不仅简单易用，而且速度高、功耗低，是数字逻辑电路中非常重要的一种元件。

2. CMOS 门电路是数字电路中的一种重要类型，其工作原理依赖 CMOS 技术的互补特性。它使用一个 PMOS 管和一个 NMOS 管作为基本单元。两个晶体管通过栅极接收输入信号，并通过源极和漏极之间的通道控制电路的通断。

3. CMOS 门电路包括多种类型，如 CMOS 与非门电路、CMOS 或非门电路、CMOS 反相器、CMOS 传输门电路，这些门电路通过不同的连接方式实现复杂的逻辑运算。

4. OD 门电路中输出级的 MOS 管漏极开路，多个 OD 门电路的输出端并联连接可以实现线与。OD 门电路除有普通的高电平、低电平输出外，还有高阻态，在任何时刻都只能有一个门的使能端有效，其余三态门处于高阻态，用于数据总线连接。

5. CMOS 门电路具有功耗低、噪声容限高、抗干扰能力强等优点，广泛应用于微处理器、存储器、逻辑控制器、通信设备等。

6. TTL 门电路利用晶体管的开关特性，通过控制输入信号的逻辑关系实现输出信号的逻辑运算，具有高速度、高功耗（相对于 CMOS 门电路）和类型多等特点。

习 题

3.1 按照制造门电路器件的不同，集成门电路分为哪几种？其代表分别是什么？

3.2 数字逻辑有哪两种？分别是如何定义的？

3.3 MOS 管和 BJT 在数字电路中工作在什么状态？工作在这些状态时要满足什么条件？

3.4 CMOS 反相器的电路结构如何？有什么特点？

3.5 CMOS 门电路如何实现线与？

3.6 CMOS 三态传输门电路有哪三态？通常用于什么场合？

3.7 CMOS 门电路与 TTL 门电路相比各有什么特点？

3.8 已知图 3.48 所示各 MOS 管的 $|V_T|=0.5\text{V}$，$R_D=2\text{k}\Omega$，导通时 $i_D=0.5\text{mA}$。试分别确定它们的工作状态（导通或截止）。

3.9 试分析图 3.49 所示电路的逻辑功能。

3.10 试写出图 3.50 所示的电路中 L 的逻辑函数表达式。列出真值表并说明该电路的逻辑功能。

图 3.48　题 3.8 图

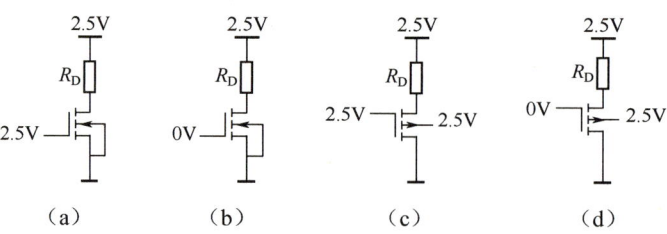

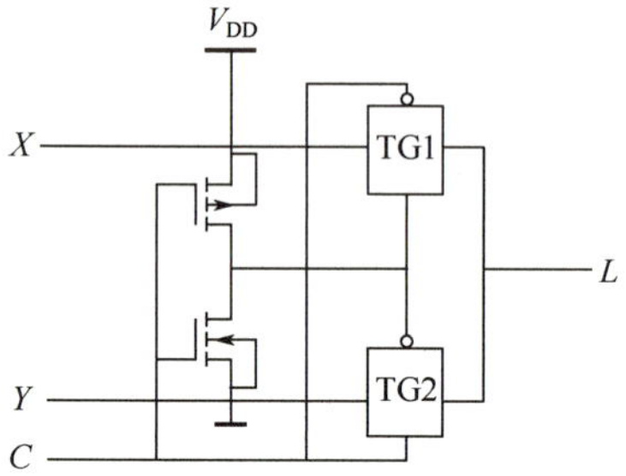

图 3.49　题 3.9 图 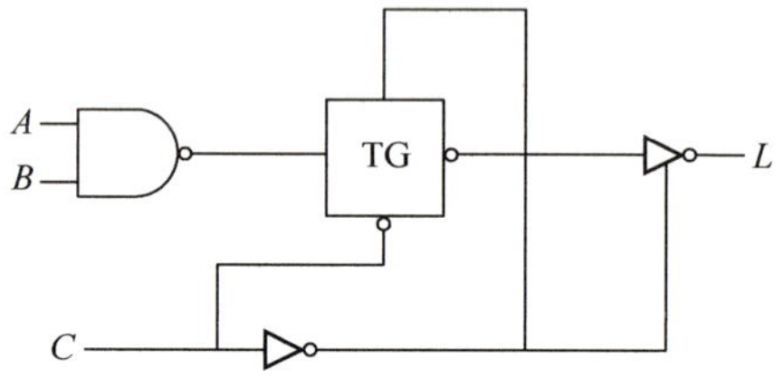　　　　　　　　　图 3.50　题 3.10 图

3.11　试分析图 3.51 所示电路的逻辑功能。

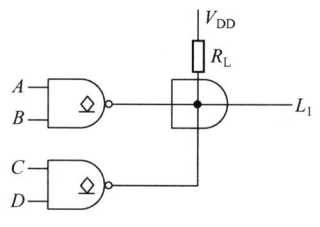

图 3.51　题 3.11 图

3.12　在图 3.52（a）所示的 CMOS 三态输出门电路中，试写出 L_1、L_2 的逻辑函数表达式；根据图 3.52（b）中输入变量和使能端的波形，试画出 L_1、L_2 的波形图。

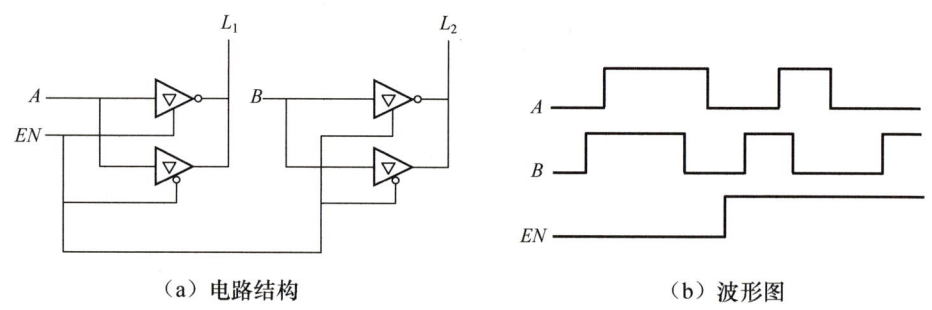

（a）电路结构　　　　　　　　　　　　（b）波形图

图 3.52　题 3.12 图

3.13　试说明图 3.53 中各门电路的输出是高电平还是低电平。已知它们都是 74HC 系列的 CMOS 门电路。

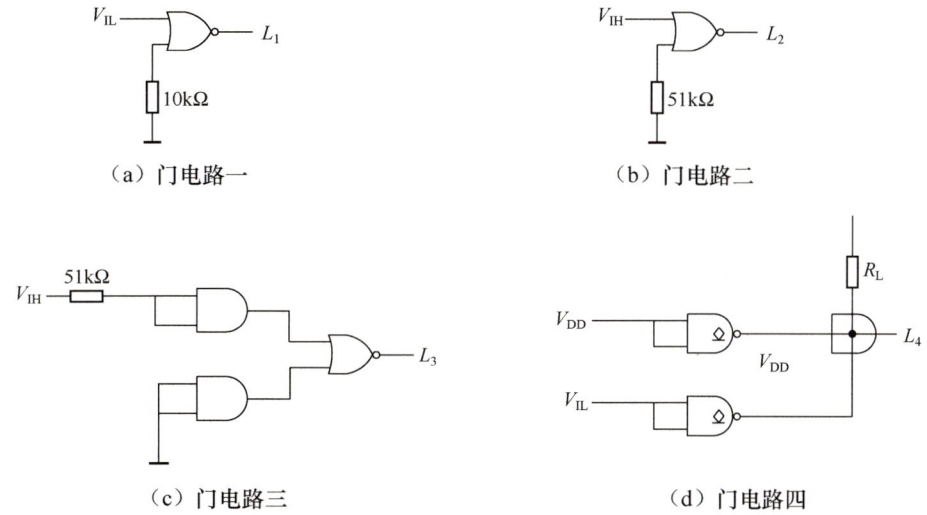

图 3.53 题 3.13 图

3.14 CMOS 集成芯片 4007 中包含两个互补对和一个反相器，如图 3.54 所示。试分别连接：

(1) 三个反相器。
(2) 3 输入端或非门。
(3) 3 输入端与非门。
(4) 或非门 $L=\overline{C(A+B)}$。
(5) 传输门（一个非门控制两个传输门分时传送）。

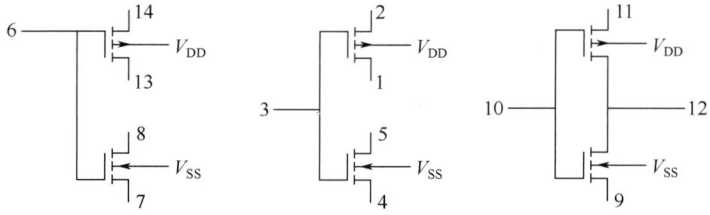

图 3.54 题 3.14 图

3.15 图 3.55 所示为 CMOS 三态门电路用于总线传输的示意图，图中 n 个三态门的输出连接到数据传输总线；D_1，D_2，…，D_n 为数据输入端；EN_1，EN_2，…，EN_n 为使能信号输入端。试问：

(1) 如何控制 EN 信号，以便数据 D_1，D_2，…，D_n 能通过该总线正常传输？
(2) EN 信号能否有两个或两个以上同时有效？如果出现两个或两个以上有效，那么可能发生什么情况？
(3) 如果所有 EN 信号均无效，那么总线处在什么状态？
(4) 如果 CMOS 三态门电路的导通比断开要快，那么可能发生什么情况？

3.16 电路如图 3.56 所示，已知 $V_{CC}=5V$，$V_{BE}=0.7V$，$\beta=100$，$V_{CES}=0.2V$，$R_B=10k\Omega$，$R_C=1k\Omega$。试分析当输入 V_i 分别为 5V 和 0V 时，输出 V_O 为多少？

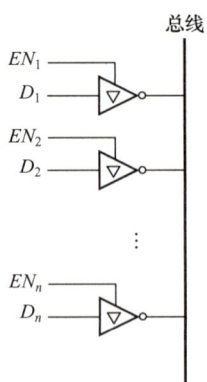

图 3.55　题 3.15 图

3.17　在 74 系列与非门组成的电路中（图 3.57），试求门 G_1 能驱动多少相同的与非门？要求 G_1 输出的高电平、低电平满足 $U_{OH} \geqslant 3.2V$，$U_{OL} \leqslant 0.4V$，$I_{OL(max)} = 1mA$，$I_{OH(max)} = 2mA$。与非门每个输入端的输入电流为 $I_{IL} \leqslant 10\mu A$，$I_{IH} \leqslant 40\mu A$。

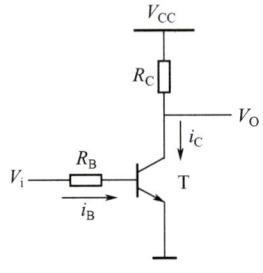

图 3.56　题 3.16 图

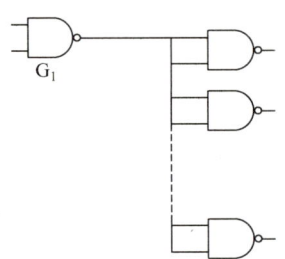

图 3.57　题 3.17 图

【在线答题】

第 4 章 组合逻辑电路

本章知识框架

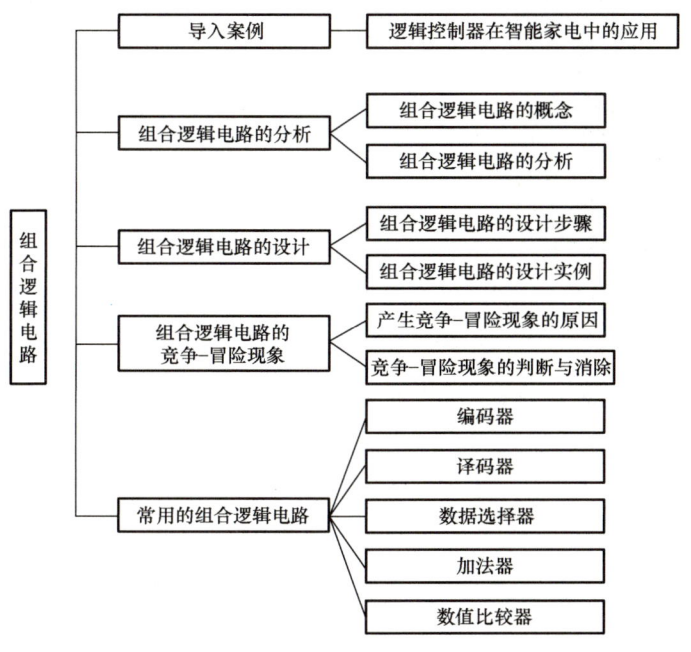

学习目标

知识目标	1. 了解组合逻辑电路的相关概念，掌握如何分析和设计组合逻辑电路
	2. 介绍常用组合逻辑电路，掌握编码器、译码器、数据选择器、加法器和数值比较器及其应用
能力和素质目标	1. 认识实际生活中的数字逻辑电路，并能设计简单的组合逻辑电路
	2. 培养工程化思维，注重模块化设计与功能验证流程

导入案例

逻辑控制器在智能家电中的应用

在智能家居的浪潮中，智能家电成为家庭生活的新宠。这些家电通过数字电子技术实现了智能化控制，不仅提升了用户体验，还大大节约了能源。其中，组合逻辑电路作为智能家电的核心组件，发挥着至关重要的作用。

以智能冰箱（图4.0）为例，它能够根据食物存储情况和用户设定的温度目标自动调整冷藏室的温度。这个自动调温的过程，正是通过组合逻辑电路来实现的。

图 4.0　智能冰箱

组合逻辑电路通过逻辑门电路的组合，实现了对输入信号的逻辑运算和判断。在智能冰箱中，传感器会检测冷藏室温度和食物存储情况，并将这些模拟信号转化为数字信号。然后，这些数字信号被送入组合逻辑电路进行处理。

组合逻辑电路根据预设的调温逻辑，对输入信号进行逻辑运算，得出是否需要调整冷藏室温度的决策结果。如果检测到的温度低于设定目标，组合逻辑电路会触发加热元件工作，提升冷藏室的温度；反之，则触发制冷元件工作，降低冷藏室的温度。

此外，智能冰箱可以根据用户设定的时间模式，实现定时调温。组合逻辑电路会结合时间信号和温度信号，通过逻辑运算，确保在指定时间自动调整冷藏室的温度。

通过这个案例，我们可以看到组合逻辑电路在智能家电中的应用。它不仅实现了对复杂输入信号的逻辑处理，还确保了智能家电的准确、高效运行。本章我们将深入学习组合逻辑电路的基本原理、类型及组合方式，为理解并掌握这一关键技术打下坚实的基础。

复杂的数字逻辑电路是由具有一定逻辑功能的门电路组成的，将门电路按照一定的方式、方法组装起来，可以构成具有不同作用的逻辑器件，从而设计出不同的数字控制系统。数字逻辑电路的设计在结构和实现途径上往往是多样的，只有掌握设计与实现的方法，才能具备应用和解决问题的能力。

【拓展视频】

根据逻辑电路的结构和功能特点，数字电路分为组合逻辑电路和时序逻辑电路两大类，相应地，它们有不同的分析和设计方法。组合逻辑电路主要由门电路组成，不包含具有记忆功能的存储元件，在输入电路和输出电路之间没有反馈电路。描述组合逻辑电路逻辑功能的方法主要有逻辑图、逻辑函数表达式、真值表、卡诺图、波形图等。

本章将从组合逻辑电路的概念开始学习，然后重点学习如何分析、设计组合逻辑电路，最后学习典型的组合逻辑电路。

4.1 组合逻辑电路的分析

4.1.1 组合逻辑电路的概念

如果一个电路在任何时刻的输出状态都只由该时刻的输入状态决定，与输入信号作用前电路所处的状态无关，则该电路称为组合逻辑电路。组合逻辑电路的输出与输入的逻辑关系可用图 4.1 所示的框图表示。

图 4.1 组合逻辑电路框图

在图 4.1 中，有 n 个输入端和 m 个输出端，A_1，A_2，$\cdots$，A_n 为输入变量，L_1，L_2，$\cdots$，L_m 为输出变量，每个输出变量都可以是全部或部分输入变量的逻辑函数。组合逻辑电路可以有多个输入变量和多个输出变量。

组合逻辑电路的输出与输入的逻辑关系可以用下面的逻辑函数表达式描述：

$$\begin{cases} L_1 = f(A_1, A_2, \cdots, A_n) \\ L_2 = f(A_1, A_2, \cdots, A_n) \\ \quad\quad\quad \vdots \\ L_m = f(A_1, A_2, \cdots, A_n) \end{cases}$$

4.1.2 组合逻辑电路的分析

组合逻辑电路的分析是指对一个给定的逻辑电路，借助逻辑函数表达式、真值表等，通过分析找出输出与输入的逻辑关系，确定电路所需实现的逻辑功能。组合逻辑电路的分析可以用于判断设计的逻辑电路是否实现了预期的目标，或是找出设计中存在的问题。

组合逻辑电路的分析可以采用如图 4.2 所示的步骤。

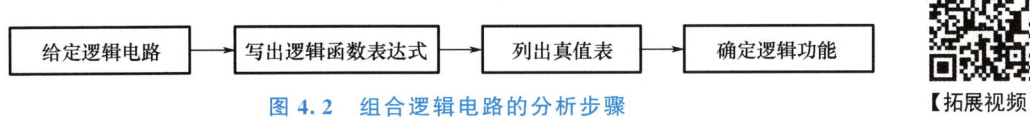

图 4.2 组合逻辑电路的分析步骤

【拓展视频】

分析步骤是根据给定的逻辑电路，从电路的输入到输出逐级向后推导，写出每级门电路的逻辑函数表达式,最后得出整个电路的输出与输入的逻辑关系。若逻辑函数表达式比较简单,则可以直接得出电路的逻辑功能;若逻辑函数表达式比较复杂,则可以借助逻辑代数公式或卡诺图,对逻辑函数表达式进行化简或变换,使逻辑关系简单、明了。为了使电路的逻辑功能更加直观,有时还可以将逻辑函数表达式转换为真值表来确定电路的逻辑功能。

下面举例说明组合逻辑电路的分析步骤。

例 4.1 已知逻辑电路如图 4.3 所示,分析该电路的逻辑功能。

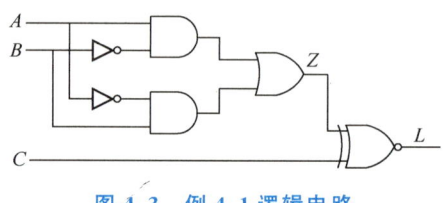

图 4.3 例 4.1 逻辑电路

解:(1) 写出逻辑函数表达式。为方便起见,在电路中标出中间变量 Z。根据逻辑电路图,并进行公式变换,写出中间变量 Z 和输出 L 的逻辑函数表达式。

$$Z = A\overline{B} + \overline{A}B = A \oplus B$$
$$L = Z \odot C = A \oplus B \odot C$$

(2) 列出真值表。将 3 个输入变量的 8 种组合列出,见表 4.1。分别将每组取值代入逻辑函数表达式中,然后算出中间变量 Z 和输出 L 的值,并填入真值表。

表 4.1 例 4.1 真值表

输入变量			中间变量	输出变量
A	**B**	**C**	**Z**	**L**
0	0	0	0	1
0	0	1	0	0
0	1	0	1	0
0	1	1	1	1
1	0	0	1	0
1	0	1	1	1
1	1	0	0	1
1	1	1	0	0

(3) 确定电路的逻辑功能。分析真值表可知,当输入 A、B、C 的取值中有偶数个 1 时,L 为 1;否则 L 为 0。该电路为奇偶校验电路,可以用于检查三个输入变量的奇偶数。

奇偶校验是串行通信中检测传输正确性的最简单的方法。在串行通信中,发送端通常会在被传输的一帧数据前面或者后面增加一位奇偶校验位。发送端发送数据前,可将经发送端奇偶校验电路所得的结果赋值给校验位,接收端接收数据后,将经过接收端奇偶校验电路所得的结果与校验位比较,若相同则数据传输正确,继续下一帧数据传输;否则数据传输错误，重新发送该帧数据。

例 4.2 已知逻辑电路如图 4.4 所示，分析该电路的逻辑功能。

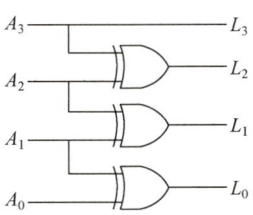

图 4.4 例 4.2 逻辑电路

解：（1）写出逻辑函数表达式。该逻辑电路是由三个异或门电路组成的四输入四输出逻辑电路。无须化简和变换，根据逻辑电路图写出输出 L_3、L_2、L_1、L_0 的逻辑函数表达式。

$$L_3 = A_3$$
$$L_2 = A_3 \oplus A_2$$
$$L_1 = A_2 \oplus A_1$$
$$L_0 = A_1 \oplus A_0$$

（2）列出真值表。将 4 个输入变量的 16 种组合列出，见表 4.2。分别将每组取值代入逻辑函数表达式，然后算出输出变量 L_3、L_2、L_1、L_0 的值，并填入真值表。

表 4.2 例 4.2 真值表

输入变量				输出变量				输入变量				输出变量			
A_3	A_2	A_1	A_0	L_3	L_2	L_1	L_0	A_3	A_2	A_1	A_0	L_3	L_2	L_1	L_0
0	0	0	0	0	0	0	0	1	0	0	0	1	1	0	0
0	0	0	1	0	0	0	1	1	0	0	1	1	1	0	1
0	0	1	0	0	0	1	1	1	0	1	0	1	1	1	1
0	0	1	1	0	0	1	0	1	0	1	1	1	1	1	0
0	1	0	0	0	1	1	0	1	1	0	0	1	0	1	0
0	1	0	1	0	1	1	1	1	1	0	1	1	0	1	1
0	1	1	0	0	1	0	1	1	1	1	0	1	0	0	1
0	1	1	1	0	1	0	0	1	1	1	1	1	0	0	0

（3）确定电路逻辑功能。分析真值表可知，在两个相邻的输出代码之间仅有 1 位取值不同，且第 1 个输入组合和最大输入组合之间也仅有 1 位取值不同，输出的代码具有反射性和循环性，符合格雷码的特征。所以，该电路的逻辑功能是可以将输入的二进制代码转换成格雷码。

由于格雷码是无权码，每一位的权值都不是固定的，因此不能直接对格雷码进行算术运算。但是格雷码具有相邻性，它在传输时仅引起较小的误差，属于可靠性编码。将模拟量转换成数字量时，若采用 8421 BCD 码，则当模拟量发生微小变化时，数字量也发生变化。设传输的模拟量是递增数值,当数值从 7 变到 8 时,数字量的 8421 BCD 码从 0111 变到 1000,此时二进制码中的 4 位同时发生变化,一旦其中一位代码变化不能保持同步,就可能出现 1111、1110、1100 等瞬间错误的代码;当采用格雷码作为数字量的代码时,其变化是从 0100 到 1100,只有 1 位从 0 变成 1,其余 3 位保持不变,这可以降低瞬间错误代码出现的可能性。格雷码是一种错误最小化的编码,在模数转换、汽车制动、数控机床、伺服电动机、机器人等领域有着广泛应用。

4.2 组合逻辑电路的设计

【拓展视频】

组合逻辑电路的设计是指根据给出的实际逻辑问题,设计实现能解决这一逻辑问题的最简单的逻辑电路。所谓的"最简单",是指电路的器件最少、器件的种类最少、器件之间的连线最少。设计的首要任务是满足电路的逻辑功能,其次是通过优化达到最简。

组合逻辑电路可以采用一些小规模集成门电路、中规模集成门电路、常用组合逻辑器件(如译码器、数据选择器、加法器等)设计,还可以采用可编程逻辑器件或指定的器件以低成本、高速度的方式实现特定的逻辑功能。所以,设计组合逻辑电路时,需要结合选用的组合逻辑器件,利用卡诺图化简逻辑函数表达式。在有些情况下,还需要根据指定的组合逻辑器件进行逻辑变换,以获得满足最低成本的组合逻辑电路。

4.2.1 组合逻辑电路的设计步骤

设计组合逻辑电路的方法有真值表、逻辑函数表达式、卡诺图、波形图等。组合逻辑电路的设计步骤与分析步骤相反,如图 4.5 所示。

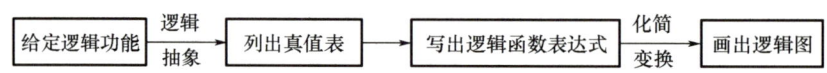

图 4.5 组合逻辑电路的设计步骤

(1) 根据给定的逻辑功能列出真值表。许多实际设计要求用文字描述,需要将这些文字描述转换为逻辑语言来解决实际的逻辑问题。首先分析设计要求,明确实现所需逻辑功能之间的因果关系,确定输入变量和输出变量,给出逻辑变量的表示符号;其次对其进行逻辑状态赋值,规定变量的赋值规则;最后根据这些逻辑关系列出真值表。真值表列写的完整性和正确性直接影响设计的最终结果。

(2) 写出逻辑函数表达式。由真值表写出逻辑函数表达式,并根据选定的器件对逻辑函数表达式进行化简或变换,化简或变换后的逻辑函数表达式应与选定的器件类型一致。若选用小规模集成电路进行设计,则可以将逻辑函数表达式简化为最简形式,以使电路中所使用的门电路最少;若选用中规模集成电路进行设计,则可以将逻辑函数表达式变换成与选定器件逻辑函数表达式类似的形式,以使电路中的芯片最少。

(3) 画出逻辑图。根据化简或变换后的逻辑函数表达式,画出逻辑图。

在设计过程中,逻辑变量的赋值不同,选择的逻辑器件不同,设计的组合逻辑电路不同。

4.2.2 组合逻辑电路的设计实例

例 4.3 设计一个三人表决电路。A、B、C 代表三人表决的情况,L 代表三人表决的结果,当输入变量 A、B、C 中有两个或两个以上为 1 时,L 输出为 1;否则 L 输出为 0。

解:(1)根据题意列出真值表(表 4.3)。

表 4.3 例 4.3 真值表

输入变量			输出变量
A	B	C	L
0	0	0	0
0	0	1	0
0	1	0	0
0	1	1	1
1	0	0	0
1	0	1	1
1	1	0	1
1	1	1	1

(2)写出逻辑函数表达式。

根据真值表转换逻辑函数表达式,若逻辑变量之间是与的关系,则输出状态之间的组合是或的关系。对于输入变量或输出变量,取 1 值用原变量表示,取 0 值用反变量表示。将输出变量取值为 1 的输入变量组合,可得逻辑函数表达式为

$$L = \overline{A}BC + A\overline{B}C + AB\overline{C} + ABC$$

可以根据图 4.6 所示的卡诺图化简,得最简与或式为

$$L = AB + BC + AC$$

采用与门和或门实现的两级与或门电路如图 4.7 所示。

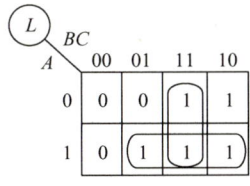

图 4.6 例 4.3 卡诺图

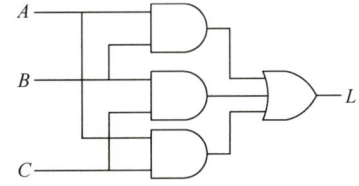

图 4.7 例 4.3 两级与或门电路

考虑逻辑电路设计的要求,即设计满足逻辑功能的最低成本的电路,设计可以采用与非门电路优化,以减少门电路的种类。若采用与非门电路进行设计,则可以将逻辑函数表达式变换成与非-与非式,即

$$L = \overline{AB + BC + AC} = \overline{\overline{AB} \cdot \overline{BC} \cdot \overline{AC}}$$

(3) 画出逻辑图。采用与非门电路实现的逻辑电路如图 4.8 所示。

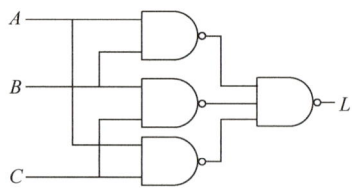

图 4.8 例 4.3 与非门电路

在相同输入端数的情况下，与非门电路和与门电路、或门电路相比，所用的三极管更少，传输速度更大，因此在实际应用中多选择使用与非门电路。同理，或非门电路相对于或门电路、与门电路所用的三极管更少，速度更小。

数字电路最主要的功能是完成算术运算和逻辑控制，算术运算电路更是计算机、微控制器等系统中不可缺少的组成单元，而算术运算电路中最基本的运算是加法。下面设计一个加法运算电路。

例 4.4 设计一个加法运算电路，使其能够实现二位二进制数的加法运算。

解：(1) 根据题意列出真值表（表 4.4）。A_1A_0 和 B_1B_0 分别表示二位二进制数的两个加数，电路的输入变量有 4 个。二位二进制数相加的结果至少需要三位表示，S_1S_0 表示输出结果的本位，C_0 表示向高位的进位。

表 4.4 例 4.4 真值表

输入变量				输出变量			功能	输入变量				输出变量			功能
A_1	A_0	B_1	B_0	C_0	S_1	S_0	十进制值	A_1	A_0	B_1	B_0	C_0	S_1	S_0	十进制值
0	0	0	0	0	0	0	0+0=0	1	0	0	0	0	1	0	2+0=2
0	0	0	1	0	0	1	0+1=1	1	0	0	1	0	1	1	2+1=3
0	0	1	0	0	1	0	0+2=2	1	0	1	0	1	0	0	2+2=4
0	0	1	1	0	1	1	0+3=3	1	0	1	1	1	0	1	2+3=5
0	1	0	0	0	0	1	1+0=1	1	1	0	0	0	1	1	3+0=3
0	1	0	1	0	1	0	1+1=2	1	1	0	1	1	0	0	3+1=4
0	1	1	0	0	1	1	1+2=3	1	1	1	0	1	0	1	3+2=5
0	1	1	1	1	0	0	1+3=4	1	1	1	1	1	1	0	3+3=6

(2) 写出逻辑函数表达式。为了写出 S 和 C_0 的最简逻辑函数表达式，分别画出 S 和 C_0 的卡诺图，如图 4.9 所示。

由卡诺图写出的 S 和 C_0 的逻辑函数表达式为

$$C_0 = A_1B_1 + A_0B_1B_0 + A_1A_0B_0$$

$$\begin{aligned}S_1 &= \overline{A_1}\,\overline{A_0}B_1 + \overline{A_1}B_1\,\overline{B_0} + A_1\,\overline{B_1}\,\overline{B_0} + A_1\,\overline{A_0}\,\overline{B_1} + \overline{A_1}A_0\,\overline{B_1}B_0 + A_1A_0B_1B_0\\ &= \overline{A_1}B_1(\overline{A_0}+\overline{B_0}) + A_1\,\overline{B_1}(\overline{B_0}+\overline{A_0}) + A_0B_0(\overline{A_1B_1}+A_1B_1)\end{aligned}$$

$$S_0 = A_0\,\overline{B_0} + \overline{A_0}B_0$$

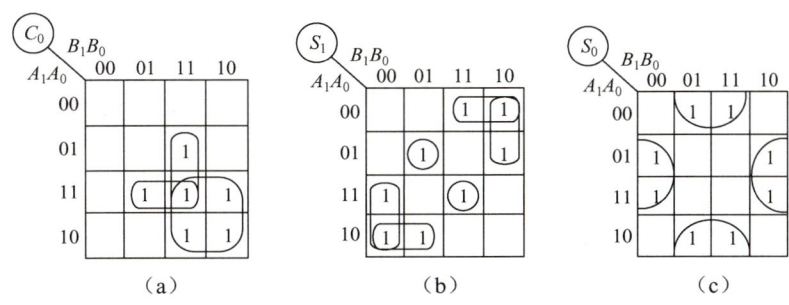

图 4.9　例 4.4 中 S 和 C_0 的卡诺图

为设计出最简组合逻辑电路，可以采用异或形式表示逻辑函数表达式。在实际的数字电路中，通常会出现多个输出变量的情况，化简时，可以根据需要将多个输出变量作为整体，考虑使各逻辑函数表达式中的相同乘积项尽可能多，以减少逻辑门数、降低成本。例4.4 所设计的组合逻辑电路的输出逻辑函数表达式可以变换为

$$S_0 = A_0 \overline{B_0} + \overline{A_0} B_0 = A_0 \oplus B_0$$

$$\begin{aligned}S_1 &= \overline{A_1}\,\overline{A_0}B_1 + \overline{A_1}B_1\,\overline{B_0} + A_1\,\overline{B_1}\,\overline{B_0} + A_1\,\overline{B_1}\,\overline{A_0} + \overline{A_1}A_0\,\overline{B_1}B_0 + A_1A_0B_1B_0 \\ &= \overline{A_1}B_1(\overline{A_0}+\overline{B_0}) + A_1\,\overline{B_1}(\overline{B_0}+\overline{A_0}) + A_0B_0(\overline{A_1B_1}+A_1B_1) \\ &= A_1 \oplus B_1\,\overline{A_0B_0} + \overline{A_1 \oplus B_1}\,A_0B_0 = A_1 \oplus B_1 \oplus (A_0B_0)\end{aligned}$$

$$C_0 = A_1B_1 + A_0B_1B_0 + A_1A_0B_0 = A_1B_1 + A_0B_0(A_1 \oplus B_1)$$

（3）画出逻辑图。根据逻辑函数表达式画出的逻辑电路如图 4.10 所示。

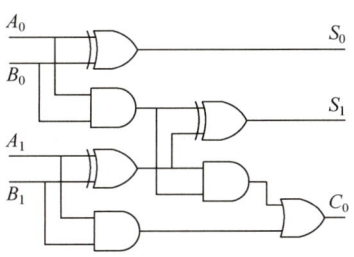

图 4.10　例 4.4 的逻辑电路设计

4.3　组合逻辑电路的竞争-冒险现象

在实际应用中，任何电路从启动到稳定工作都是需要时间的，输入信号从加载到电路的输入端，再到稳定输出都需要一定的传输时间。当输入信号发生瞬间转换时，输出信号不可能同时发生变化，而是滞后一段时间才发生变化。在前面的组合逻辑电路的分析和设计中，没有考虑输入信号的传输延迟和系统稳定输出需要的时间，但实际上在这段时间往往会产生干扰信号，造成错误的逻辑输出，甚至引起系统的误动作，给实际生产带来危害。竞争-冒险现象就是这种问题，由于不同路径上门电路的数目不同，因此输入信号的传输时间不同；或者传输路径上门电路的数目相同，但各门延迟的时间不同，输入信号的

传输时间也会不同，导致在输入信号电平翻转的瞬间，输出的信号与电路稳态下的输出不一致，而产生错误输出的现象，这就是竞争-冒险现象。了解这种现象的产生原因，在设计和调试过程中避免或消除这种现象，可以保证电路的稳定性和可靠性。

4.3.1 产生竞争-冒险现象的原因

因输入信号经历逻辑门的路径不同、级数不同或级数相同但门电路传输时间不同，故电路在输入信号的同时向相反方向变化，造成电路中的信号变化时间产生差异的现象称为竞争；竞争现象导致电路输出的逻辑关系与稳态时不同，造成短暂的干扰尖脉冲的现象称为冒险。

如图 4.11（a）所示，如果不考虑与门电路的传输时间，电路输出 $L=\overline{X} \cdot X$，逻辑电路在稳定状态下输出为低电平 0。但是当 X 输入由 0 跳变为 1 时［图 4.11（b）］，与门的 B 端信号直接来自 X，而 A 端信号来自 X 后经过非门输出，若考虑非门电路的延迟，则 A 端信号的变化将滞后于 B 端信号的变化，在输出端出现一个极窄的 L 为 "1" 的干扰尖脉冲（也称电压毛刺）。显然，干扰尖脉冲不符合电路稳态下的输出逻辑，逻辑电路会产生竞争-冒险现象。但是，竞争-冒险现象也不一定是干扰尖脉冲导致的，如图 4.11（c）所示，当 X 输入由 1 变为 0 时，输出 A 端变化仍滞后于 B 端，但输出始终为低电平，逻辑电路并没有产生竞争-冒险现象。

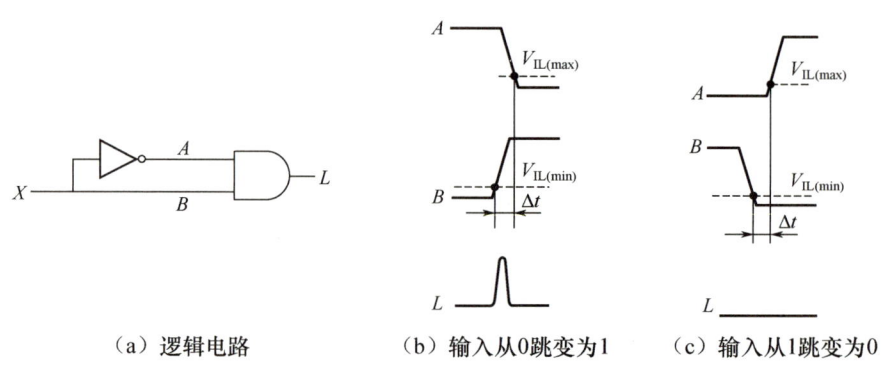

（a）逻辑电路　　（b）输入从0跳变为1　　（c）输入从1跳变为0

图 4.11　产生 "1" 的竞争-冒险现象

同理，对于或门电路，如图 4.12 所示，当输入 X 由 0 跳变为 1 时，在输出端会产生一个极窄的 L 为 "0" 的干扰尖脉冲。

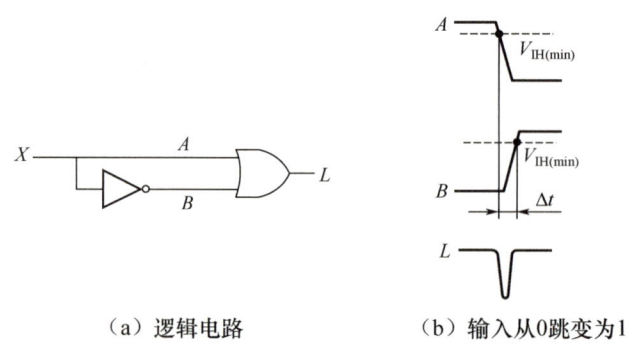

（a）逻辑电路　　（b）输入从0跳变为1

图 4.12　产生 "0" 的竞争-冒险现象

4.3.2 竞争-冒险现象的判断与消除

对于设计的组合逻辑电路,需要进行竞争-冒险现象的判断与消除,以保证逻辑电路的可靠性。根据竞争-冒险现象产生的原因可知,如果组合逻辑电路的输出 L,其逻辑关系含有输入 $X+\overline{X}$ 或 $X \cdot \overline{X}$,当输入变量 X 的状态发生跳变时,则可能产生竞争-冒险现象。

如图 4.13(a)所示的电路,$L=(A+B)(\overline{A}+C)$,当输入信号 B 和 C 同时为 0 且 A 从 0 跳变为 1 时,L 的逻辑输出为 $A \cdot \overline{A}$。由于 A 和 $\overline{A}$ 到达与门的路径不同,经过传输门的数目也不同,因此输出 L 会出现"1"的干扰尖脉冲。

如图 4.13(b)所示的电路,$L=AC+B\overline{C}$,当输入信号 A 和 B 同时为 1 且 C 从 0 跳变为 1 时,L 的逻辑输出为 $\overline{C}+C$。由于 C 和 $\overline{C}$ 到达与门的路径不同,经过传输门的数目也不同,因此输出 L 会出现"0"的干扰尖脉冲。

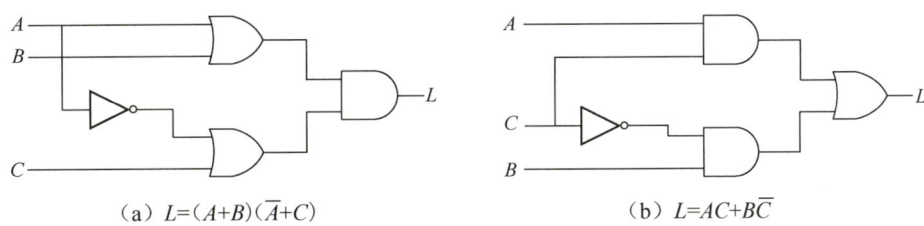

(a) $L=(A+B)(\overline{A}+C)$ (b) $L=AC+B\overline{C}$

图 4.13 存在竞争-冒险现象的电路

1. 代数法

对于组合逻辑电路,若输出 L 的逻辑函数表达式在一定条件下能转换为 $X+\overline{X}$ 或 $X \cdot \overline{X}$ 的形式,则可能产生竞争-冒险现象。所以,可以根据组合逻辑电路的输出逻辑函数表达式判断是否存在竞争-冒险现象。

在输出逻辑函数表达式中,可以消去互补项或增加乘积项来消除竞争-冒险现象。对于图 4.13(a)所示的电路,将输出逻辑函数表达式 $L=A\overline{A}+AC+B\overline{C}+AB$ 中的互补项 $A\overline{A}$ 消去,修改电路设计,使得电路可由逻辑函数表达式 $L=AC+B\overline{C}+AB$ 实现,逻辑电路关系没有变化,而且不会出现竞争-冒险现象。对于图 4.13(b)所示的电路,可以通过增加乘积项 AB 来修改电路设计,同样根据逻辑函数表达式 $L=AC+B\overline{C}+AB$ 设计电路,不会出现竞争-冒险现象(图 4.14)。

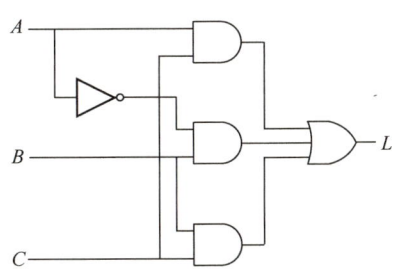

图 4.14 无竞争-冒险现象的电路

2. 卡诺图法

将组合逻辑电路的输出逻辑函数表达式用卡诺图表示，每个乘积项都对应一个卡诺图包围圈。若两个相邻包围圈中的最小项存在互补项，并且没有包围圈将它们圈起来，则两个相邻包围圈可能出现竞争-冒险现象。

在卡诺图中增加包围圈，将存在互补项的两个相邻的最小项圈起来可以消除竞争-冒险现象。如图 4.15 所示，增加包围圈后，采用逻辑函数 $L=AC+B\bar{C}+AB$ 可以消除竞争-冒险现象。

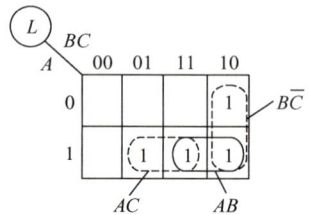

图 4.15　图 4.13（b）所示电路的输出逻辑函数表达式的卡诺图

由于导致竞争-冒险现象的干扰尖脉冲一般都很窄，通常在几十纳秒以内，因此可以在输出端并联一个几十皮法至几百皮法的滤波电容，利用滤波电路削弱干扰尖脉冲。这种方法简单、易行，但输出电压的波形受滤波电路的影响，上升时间和下降时间会有所增加，因此不适用于工作频率很高的逻辑电路。

4.4　常用的组合逻辑电路

在大规模集成电路普遍应用之前，许多具有特定功能的常用组合逻辑电路被集成到一个芯片上，以构成中规模集成电路。随着半导体技术的发展及广泛应用，中规模集成电路在现代数字系统设计应用中具有一定的局限性。但是，它们仍可以作为基本功能模块，为构建复杂的数字电路和数字系统提供极大的方便。

常用的组合逻辑电路主要有编码器、译码器、数据选择器、加法器、数值比较器。使用者可以通过资料了解不同型号芯片的引脚名称、功能等，以便设计自己的数字产品。这些集成芯片标准化程度高、体积小、通用性强，设计的可靠性得以提高。

4.4.1　编码器

在数字系统中，为了满足某种特定的需要，需要用预先规定的方法将文字、数字或其他对象编成数码，或将信息、数据转换为规定的电脉冲信号，这个过程称为编码。能够实现编码功能的逻辑电路称为编码器。

1. 编码器工作原理

二进制编码器的结构框图如图 4.16 所示，它表示当有 2^n 个输入信号时，可以代表 2^n 个不同的对象，输出将为 2^n 个不同的对象编码，所以输出为 n 位二进制代码。二进制编码器只能将单一高电平输入信号转换为对应的二进制代码。除了二进制编码器，还有二-十进制编码器，也称 BCD 码编码器，就是把 0~9 十个十进制代码编成 BCD 码，其工作原理与二进制编码器相同。

图 4.16　二进制编码器的结构框图

下面以 8 线-3 线编码器为例介绍编码器的工作原理，其结构框图如图 4.17 所示。8 线-3 线编码器有 8 个输入信号，分别为 $I_0 \sim I_7$，高电平有效。因为编码器在任一时刻只对一个输入信号进行编码，所以 $I_0 \sim I_7$ 在任一时刻只有一个取值为 1，输出为 $Y_2 \sim Y_0$，三位二进制代码用来为输入的 8 个输入信号编码，输出依次为 000、001、010、011、100、101、110、111。

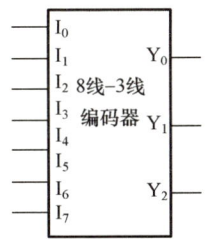

【拓展视频】

图 4.17　8 线-3 线编码器的结构框图

8 线-3 线编码器真值表见表 4.5。有 8 个输入信号，输入的组合应为 2^8 个，表 4.5 中只列出 8 种输入组合。除表中列出的 8 种输入组合有效外，其余的 (2^8-8) 种输入组合为无关项。

表 4.5　8 线-3 线编码器真值表

输入变量								输出变量		
I_0	I_1	I_2	I_3	I_4	I_5	I_6	I_7	Y_2	Y_1	Y_0
1	0	0	0	0	0	0	0	0	0	0
0	1	0	0	0	0	0	0	0	0	1
0	0	1	0	0	0	0	0	0	1	0
0	0	0	1	0	0	0	0	0	1	1
0	0	0	0	1	0	0	0	1	0	0
0	0	0	0	0	1	0	0	1	0	1
0	0	0	0	0	0	1	0	1	1	0
0	0	0	0	0	0	0	1	1	1	1

将输出为1的输入变量取值组合相加，可以得到相应输出信号的与或式，即

$$Y_2 = \overline{I_0}\,\overline{I_1}\,\overline{I_2}\,\overline{I_3}\,I_4\,\overline{I_5}\,\overline{I_6}\,\overline{I_7} + \overline{I_0}\,\overline{I_1}\,\overline{I_2}\,\overline{I_3}\,\overline{I_4}\,I_5\,\overline{I_6}\,\overline{I_7} +$$
$$\overline{I_0}\,\overline{I_1}\,\overline{I_2}\,\overline{I_3}\,\overline{I_4}\,\overline{I_5}\,I_6\,\overline{I_7} + \overline{I_0}\,\overline{I_1}\,\overline{I_2}\,\overline{I_3}\,\overline{I_4}\,\overline{I_5}\,\overline{I_6}\,I_7$$

$$Y_1 = \overline{I_0}\,\overline{I_1}\,I_2\,\overline{I_3}\,\overline{I_4}\,\overline{I_5}\,\overline{I_6}\,\overline{I_7} + \overline{I_0}\,\overline{I_1}\,\overline{I_2}\,I_3\,\overline{I_4}\,\overline{I_5}\,\overline{I_6}\,\overline{I_7} +$$
$$\overline{I_0}\,\overline{I_1}\,\overline{I_2}\,\overline{I_3}\,\overline{I_4}\,\overline{I_5}\,I_6\,\overline{I_7} + \overline{I_0}\,\overline{I_1}\,\overline{I_2}\,\overline{I_3}\,\overline{I_4}\,\overline{I_5}\,\overline{I_6}\,I_7$$

$$Y_0 = \overline{I_0}\,I_1\,\overline{I_2}\,\overline{I_3}\,\overline{I_4}\,\overline{I_5}\,\overline{I_6}\,\overline{I_7} + \overline{I_0}\,\overline{I_1}\,\overline{I_2}\,I_3\,\overline{I_4}\,\overline{I_5}\,\overline{I_6}\,\overline{I_7} +$$
$$\overline{I_0}\,\overline{I_1}\,\overline{I_2}\,\overline{I_3}\,\overline{I_4}\,I_5\,\overline{I_6}\,\overline{I_7} + \overline{I_0}\,\overline{I_1}\,\overline{I_2}\,\overline{I_3}\,\overline{I_4}\,\overline{I_5}\,\overline{I_6}\,I_7$$

利用输入组合中的无关项，可以将上式简化为

$$Y_2 = I_4 + I_5 + I_6 + I_7$$
$$Y_1 = I_2 + I_3 + I_6 + I_7$$
$$Y_0 = I_1 + I_3 + I_5 + I_7$$

8线-3线编码器对输入信号有严格的限制，只有在任何时刻 $I_0 \sim I_7$ 中有且仅有一个输入取值为1，电路才能实现正常编码，这种编码器称为普通编码器。

普通编码器一旦在某时刻有两个输入端同时为1，比如 I_1 和 I_2 输入为1，代入简化的逻辑函数表达式，可以得出 $Y_2Y_1Y_0$ 为011，输出的结果不是 I_1 输入对应的编码，也不是 I_2 输入对应的编码，输出的结果对应的是 I_3 编码，这就产生了错误编码。为了避免出现此问题，可以事先为输入变量规定优先级，当有多个输入变量有效时，只为优先级最高的输入变量编码，这种编码器称为优先编码器。8线-3线优先编码器真值表见表4.6。

表4.6　8线-3线优先编码器真值表

输入变量								输出变量		
I_0	I_1	I_2	I_3	I_4	I_5	I_6	I_7	Y_2	Y_1	Y_0
1	0	0	0	0	0	0	0	0	0	0
×	1	0	0	0	0	0	0	0	0	1
×	×	1	0	0	0	0	0	0	1	0
×	×	×	1	0	0	0	0	0	1	1
×	×	×	×	1	0	0	0	1	0	0
×	×	×	×	×	1	0	0	1	0	1
×	×	×	×	×	×	1	0	1	1	0
×	×	×	×	×	×	×	1	1	1	1

根据表4.6可得，8线-3线优先编码器的与或式为

$$Y_2 = I_4\,\overline{I_5}\,\overline{I_6}\,\overline{I_7} + I_5\,\overline{I_6}\,\overline{I_7} + I_6\,\overline{I_7} + I_7$$
$$Y_1 = I_2\,\overline{I_3}\,\overline{I_4}\,\overline{I_5}\,\overline{I_6}\,\overline{I_7} + I_3\,\overline{I_4}\,\overline{I_5}\,\overline{I_6}\,\overline{I_7} + I_6\,\overline{I_7} + I_7$$
$$Y_0 = I_1\,\overline{I_2}\,\overline{I_3}\,\overline{I_4}\,\overline{I_5}\,\overline{I_6}\,\overline{I_7} + I_3\,\overline{I_4}\,\overline{I_5}\,\overline{I_6}\,\overline{I_7} + I_5\,\overline{I_6}\,\overline{I_7} + I_7$$

利用公式法化简可得

$$Y_2 = (I_4\,\overline{I_5}\,\overline{I_6}\,\overline{I_7} + I_7) + (I_5\,\overline{I_6}\,\overline{I_7} + I_7) + (I_6\,\overline{I_7} + I_7) = I_4\,\overline{I_5}\,\overline{I_6} + I_5\,\overline{I_6} + I_6 + I_7$$
$$= (I_4\,\overline{I_5}\,\overline{I_6} + I_6) + (I_5\,\overline{I_6} + I_6) + I_7 = I_4\,\overline{I_5} + I_5 + I_6 + I_7$$

$$= I_4 + I_5 + I_6 + I_7$$

$$Y_1 = (I_2 \overline{I_3 I_4 I_5 I_6 I_7} + I_7) + (I_3 \overline{I_4 I_5 I_6 I_7} + I_7) + (I_6 \overline{I_7} + I_7)$$
$$= (I_2 \overline{I_3 I_4 I_5 I_6} + I_6) + (I_3 \overline{I_4 I_5 I_6} + I_6) + I_7 = I_2 \overline{I_3 I_4 I_5} + I_3 \overline{I_4 I_5} + I_6 + I_7$$
$$= I_2 \overline{I_4 I_5} + I_3 \overline{I_4 I_5} + I_6 + I_7$$

$$Y_0 = (I_1 \overline{I_2 I_3 I_4 I_5 I_6 I_7} + I_7) + (I_3 \overline{I_4 I_5 I_6 I_7} + I_7) + (I_5 \overline{I_6 I_7} + I_7)$$
$$= I_1 \overline{I_2 I_3 I_4 I_5 I_6} + I_3 \overline{I_4 I_5 I_6} + I_5 \overline{I_6} + I_7 = (I_1 \overline{I_2 I_3 I_4 I_5} + I_3 \overline{I_4 I_5} + I_5)\overline{I_6} + I_7$$
$$= (I_1 \overline{I_2 I_3 I_4} + I_3 \overline{I_4})\overline{I_6} + I_5 \overline{I_6} + I_7 = (I_1 \overline{I_2} + I_3)\overline{I_4 I_6} + I_5 \overline{I_6} + I_7$$
$$= I_1 \overline{I_2 I_4 I_6} + I_3 \overline{I_4 I_6} + I_5 \overline{I_6} + I_7$$

此外，当上述编码的所有输入 $I_0 \sim I_7$ 都为 0 时，输出为 $Y_2 Y_1 Y_0$ 为 000，而 000 本应为输入 I_0 的编码，输入条件不同，但输出的代码相同，根据输出的结果很难区分这两种情况。因此，在实际使用的优先编码器输出端应设置相应的功能端口。

2. 优先编码器

常见的优先编码器有 CD4532 优先编码器、74X148 优先编码器、74X147 优先编码器等，它们都是 8 线-3 线优先编码器且其功能相似。这里的 X 代表 LS 或 HC，LS 和 HC 代表芯片的电路工艺分别采用 TTL 门电路和 CMOS 门电路。TTL 系列芯片的型号通常以 "74" 开头编码，这类芯片往往需要在较大的电流下运行，功耗较大，但是对静电不太敏感，且运行速度很高。新一代 CMOS 芯片编号也以 "74" 开头，用来强调与 TTL 门电路的兼容性，这类芯片运行电流较小，功耗较低，电源电压的范围较广，但易受静电损坏。

CD4532 优先编码器为采用 CMOS 门电路的 8 线-3 线优先编码器，其逻辑符号和引脚示意图如图 4.18 所示。

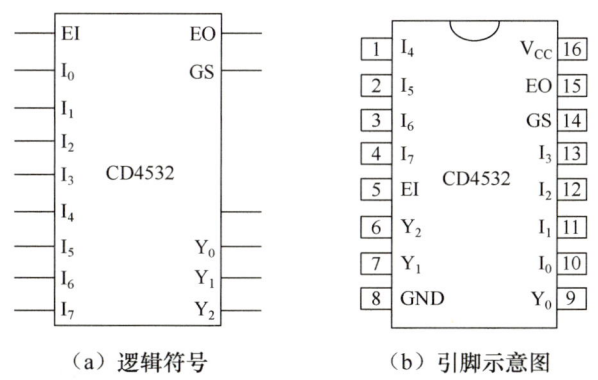

图 4.18 CD4532 优先编码器的逻辑符号和引脚示意图

CD4532 编码器有 8 个信号输入端 $I_0 \sim I_7$，其中 I_7 优先级最高，有 3 个输出端 Y_2、Y_1、Y_0，表示三位二进制编码。还有三个控制端 EI、EO、GS，其中，EI 为输入使能端，EO 为输出使能端，GS 为扩展输出端，所有变量都采用原变量形式，表示输入和输出均以高电平为有效电平。为方便读图，通常使用图 4.18（a）所示的逻辑符号表示逻辑芯片，在绘制逻辑图时，可以依据设计把端子画在不同的位置来简化电路连线；图 4.18（b）所示为 CD4532 优先编码器的引脚示意图，引脚的这种排列方式称为双列直插式封装。

CD4532 优先编码器真值表见表 4.7。

表 4.7 优先编码器 CD4532 真值表

输入变量									输出变量				
EI	I_0	I_1	I_2	I_3	I_4	I_5	I_6	I_7	Y_2	Y_1	Y_0	GS	EO
0	×	×	×	×	×	×	×	×	0	0	0	0	0
1	0	0	0	0	0	0	0	0	0	0	0	0	1
1	1	0	0	0	0	0	0	0	0	0	0	1	0
1	×	1	0	0	0	0	0	0	0	0	1	1	0
1	×	×	1	0	0	0	0	0	0	1	0	1	0
1	×	×	×	1	0	0	0	0	0	1	1	1	0
1	×	×	×	×	1	0	0	0	1	0	0	1	0
1	×	×	×	×	×	1	0	0	1	0	1	1	0
1	×	×	×	×	×	×	1	0	1	1	0	1	0
1	×	×	×	×	×	×	×	1	1	1	1	1	0

从表 4.7 中可以看出，当 $EI=0$ 时，CD4532 优先编码器处于非工作状态，无编码输出，输出均为 0，同时 $GS=0$，$EO=0$；当 $EI=1$ 时，CD4532 优先编码器处于工作状态，若 $I_0 \sim I_7$ 中任一输入有效（为 1），则输出相应的有效编码，同时 $GS=1$，$EO=0$；当 $EI=1$，但输入全部为无效状态 0 时，$GS=0$，$EO=1$，表示输出 $Y_2Y_1Y_0=000$，为非编码输出。通过 GS 端的状态可以区分 I_0 有效输入时和输入全无效时的输出编码。一般 CD4532 优先编码器具有通用性和可扩展性，通过 GS 端可以将多个芯片组合起来实现功能扩展，构成新的逻辑电路。为便于多个编码器级联扩展，CD4532 优先编码器还设置了高电平有效的 EI 端和 EO 端。

例 4.5 用两片 CD4532 优先编码器实现的 16 线-4 线编码器的逻辑图如图 4.19 所示，试分析其工作原理。

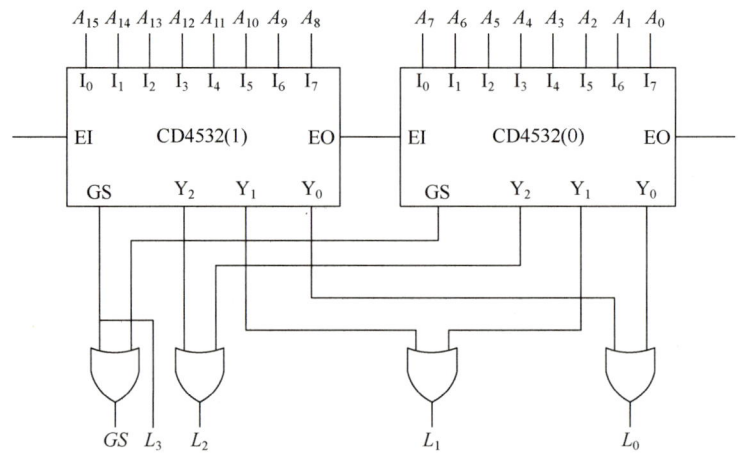

图 4.19 例 4.5 的逻辑图

解：在图 4.19 中，CD4532 优先编码器片 1 的 EO 端和 CD4532 优先编码器片 0 的 EI 端级联，CD4532 优先编码器片 1 的 EI 端作为最终的 EI 输入，CD4532 优先编码器片 0 的 EO 端作为最终的输出，CD4532 优先编码器片 1 和 CD4532 优先编码器片 0 的 GS 端作为最终的输出有效标志端 GS，CD4532 优先编码器片 1 的 GS 端作为输出端的最高位 L_3，CD4532 优先编码器片 1 和 CD4532 优先编码器片 0 的输出端 Y_2、Y_1、Y_0 分别作为最终的输出 L_2、L_1、L_0。根据 CD4532 优先编码器真值表，对图 4.19 进行分析可知其工作原理如下。

（1）当 16 线-4 线编码器 EI 端为 0 时，CD4532 优先编码器片 1 处于非工作状态，此时，CD4532 优先编码器片 1 的输出端 EO 为 0，使得 CD4532 优先编码器片 0 的 EI 为 0，从而 CD4532 优先编码器片 0 也处于非工作状态，该编码器被禁止编码。16 线-4 线编码器的输出端 EO 为 0，GS 为 0，L_3 为 CD4532 优先编码器片 1 的 GS 端，输出为 0，$L_2 \sim L_0$ 为 CD4532 优先编码器片 1 和 CD4532 优先编码器片 0 的 $Y_2 \sim Y_0$，输出也为 0。

（2）当 16 线-4 线编码器 EI 端为 1 时，CD4532 优先编码器片 1 处于工作状态。若输入 $A_{15} \sim A_8$ 均为无效电平 0，则 CD4532 优先编码器片 1 的 EO 端、GS 端分别为 1 和 0，CD4532 优先编码器片 1 的输出均为 0，使得 4 个或门全部打开，此时，CD4532 优先编码器片 0 的 EI 端和 CD4532 优先编码器片 1 的 EO 端级联为 1，CD4532 优先编码器片 0 也处于工作状态。16 线-4 线编码器的输出端取决于 CD4532 优先编码器片 0 的输出。

（3）在输入 $A_{15} \sim A_8$ 均为无效电平的前提下，若输入 $A_7 \sim A_0$ 也均为无效电平 0，则 CD4532 优先编码器片 0 的 EO 端和 GS 端分别为 1 和 0，输出均为 0。16 线-4 线编码器的 EO 端为 1，GS 端为 CD4532 优先编码器片 1 和 CD4532 优先编码器片 0 相应的 GS 端，输出为 0，L_3 为 CD4532 优先编码器片 1 的 GS 端，输出为 0，$L_2 \sim L_0$ 为 CD4532 优先编码器片 1 和 CD4532 优先编码器片 0 的输出端，输出均为 0。

（4）在输入 $A_{15} \sim A_8$ 均为无效电平的前提下，若输入 $A_7 \sim A_0$ 至少有一个为高电平，则 CD4532 优先编码器片 0 的 EO 端、GS 端输出分别为 0 和 1，输出 CD4532 优先编码器片 0 有效输入端的编码。16 线-4 线编码器的输出端 EO 为 0，GS 端为 CD4532 优先编码器片 1 和 CD4532 优先编码器片 0 相应的 GS 端，输出为 1；L_3 为 CD4532 优先编码器片 1 的 GS 端，输出为 0，$L_2 \sim L_0$ 输出 CD4532 优先编码器片 0 有效输入端的编码。显然，由于 CD4532 优先编码器片 0 本身为优先编码器，其 $I_7 \sim I_0$ 优先级由高到低，因此 16 线-4 线编码器的输出端 A_7 优先级最高，A_0 优先级最低。

（5）若输入 $A_{15} \sim A_8$ 至少有一个为高电平，则 CD4532 优先编码器片 1 的 EO 端、GS 端分别为 0 和 1，CD4532 优先编码器片 1 输出有效输入端的编码。由于 CD4532 优先编码器片 1 的 EO 端为 0，与之级联的 CD4532 优先编码器片 0 的 EI 端为 0，使得 CD4532 优先编码器片 0 处于非工作状态，此时，CD4532 优先编码器片 0 的输出均为 0。因此，16 线-4 线编码器的输出端 EO 为 0，GS 端为 CD4532 优先编码器片 1 和 CD4532 优先编码器片 0 相应的 GS 端，输出为 1；L_3 为 CD4532 优先编码器片 1 的 GS 端，输出为 1，$L_2 \sim L_0$ 输出 CD4532 优先编码器片 1 有效输入端的编码。显然，CD4532 优先编码器片 1 的优先级高，CD4532 优先编码器片 0 的优先级低，$A_{15} \sim A_8$ 的优先级高于 A_7。因为当 CD4532 优先编码器片 1 对应的输入端 $A_{15} \sim A_8$ 中有一个有效电平 1 时，CD4532 优先编码器片 0 对应 $A_7 \sim A_0$ 的输入不会影响最终的输出结果。

图 4.19 所示的逻辑电路实现了 16 线-4 线编码器的功能，其工作原理可以由表 4.8 描述。

表 4.8　16 线-4 线编码器真值表

说明	EI	A_0	A_1	A_2	A_3	A_4	A_5	A_6	A_7	A_8	A_9	A_{10}	A_{11}	A_{12}	A_{13}	A_{14}	A_{15}	L_3	L_2	L_1	L_0	GS	EO
最终输出取决于 CD4532 优先编码器片0	0	×	×	×	×	×	×	×	×	×	×	×	×	×	×	×	×	0	0	0	0	0	0
	1	0	0	0	0	0	0	0	0	0	0	0	0	0	0	0	0	0	0	0	0	0	1
	1	1	0	0	0	0	0	0	0	0	0	0	0	0	0	0	0	0	0	0	0	1	0
	1	×	1	0	0	0	0	0	0	0	0	0	0	0	0	0	0	0	0	0	1	1	0
	1	×	×	1	0	0	0	0	0	0	0	0	0	0	0	0	0	0	0	1	0	1	0
	1	×	×	×	1	0	0	0	0	0	0	0	0	0	0	0	0	0	0	1	1	1	0
	1	×	×	×	×	1	0	0	0	0	0	0	0	0	0	0	0	0	1	0	0	1	0
	1	×	×	×	×	×	1	0	0	0	0	0	0	0	0	0	0	0	1	0	1	1	0
	1	×	×	×	×	×	×	1	0	0	0	0	0	0	0	0	0	0	1	1	0	1	0
	1	×	×	×	×	×	×	×	1	0	0	0	0	0	0	0	0	0	1	1	1	1	0
最终输出取决于 CD4532 优先编码器片1	×	×	×	×	×	×	×	×	×	1	0	0	0	0	0	0	0	1	0	0	0	1	0
	×	×	×	×	×	×	×	×	×	×	1	0	0	0	0	0	0	1	0	0	1	1	0
	×	×	×	×	×	×	×	×	×	×	×	1	0	0	0	0	0	1	0	1	0	1	0
	×	×	×	×	×	×	×	×	×	×	×	×	1	0	0	0	0	1	0	1	1	1	0
	×	×	×	×	×	×	×	×	×	×	×	×	×	1	0	0	0	1	1	0	0	1	0
	×	×	×	×	×	×	×	×	×	×	×	×	×	×	1	0	0	1	1	0	1	1	0
	×	×	×	×	×	×	×	×	×	×	×	×	×	×	×	1	0	1	1	1	0	1	0
	×	×	×	×	×	×	×	×	×	×	×	×	×	×	×	×	1	1	1	1	1	1	0

虽然 74LS148 优先编码器和 74HC148 优先编码器二者的性能参数不同,但其逻辑功能相同。下面以 74HC148 优先编码器为例介绍其工作原理。74HC148 优先编码器的逻辑符号和引脚示意图如图 4.20 所示。

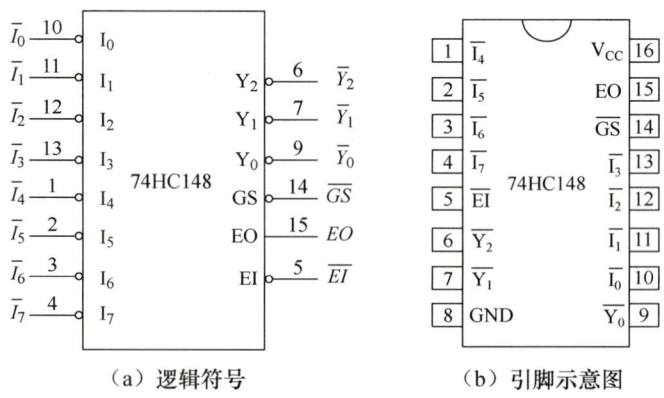

（a）逻辑符号　　　　　　（b）引脚示意图

图 4.20　74HC148 优先编码器的逻辑符号和引脚示意图

在图 4.20（a）所示的逻辑符号中，输入端 $I_0 \sim I_7$ 变量为反变量形式，表示该芯片为低电平有效。同理，输出端 $Y_0 \sim Y_2$ 变量也为反变量形式，表示输出为低电平有效，即以反码的形式输出。在图 4.20（b）所示的引脚示意图中，输入和输出引脚端带了小圆圈，表示输入和输出为低电平有效。与 CD4532 优先编码器类似，74HC148 优先编码器也设置了三个控制端：输入使能端 $\overline{EI}$、扩展输出端 $\overline{GS}$ 和输出使能端 EO。不同的是 74HC148 优先编码器为低电平输入有效，是输出反码的优先编码器。其真值表见表 4.9。

表 4.9 74HC148 优先编码器真值表

输入变量									输出变量				
$\overline{EI}$	$\overline{I_0}$	$\overline{I_1}$	$\overline{I_2}$	$\overline{I_3}$	$\overline{I_4}$	$\overline{I_5}$	$\overline{I_6}$	$\overline{I_7}$	$\overline{Y_2}$	$\overline{Y_1}$	$\overline{Y_0}$	EO	$\overline{GS}$
0	×	×	×	×	×	×	×	×	1	1	1	1	1
1	1	1	1	1	1	1	1	1	1	1	1	0	1
1	0	1	1	1	1	1	1	1	1	1	1	1	0
1	×	0	1	1	1	1	1	1	1	1	0	1	0
1	×	×	0	1	1	1	1	1	1	0	1	1	0
1	×	×	×	0	1	1	1	1	1	0	0	1	0
1	×	×	×	×	0	1	1	1	0	1	1	1	0
1	×	×	×	×	×	0	1	1	0	1	0	1	0
1	×	×	×	×	×	×	0	1	0	0	1	1	0
1	×	×	×	×	×	×	×	0	0	0	0	1	0

图 4.20（a）所示的逻辑符号，框内给出的输入、输出均为原变量的形式，即 EI、$I_0 \sim I_7$、$Y_2 \sim Y_0$、GS，但是框外采用了反变量形式表示，即 $\overline{EI}$、$\overline{I_0} \sim \overline{I_7}$、$\overline{Y_2} \sim \overline{Y_0}$，说明该输入或输出是低电平有效。在推导逻辑函数表达式的过程中，若低电平有效的输入或输出变量上面的"—"号参与了运算，则在画逻辑图或验证真值表时，需要将其还原。

除了二进制优先编码器，还有 74HC147 二-十进制优先编码器，其逻辑符号和引脚示意图如图 4.21 所示，其真值表见表 4.10。74HC147 优先编码器输入为低电平有效，是输

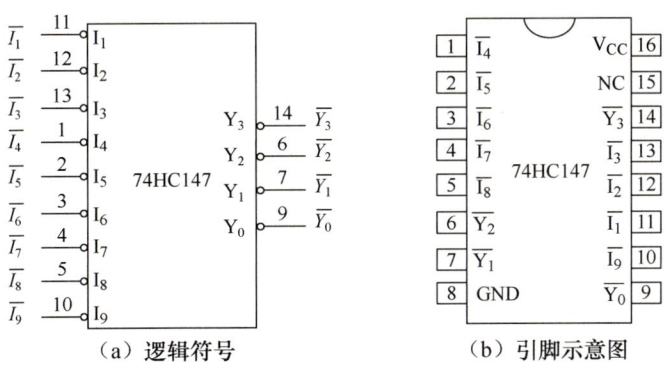

（a）逻辑符号　　　　　　（b）引脚示意图

图 4.21 74HC147 优先编码器的逻辑符号和引脚示意图

出 8421 BCD 反码的优先编码器。引脚示意图中的 NC 是指空引脚。74HC147 优先编码器只有 9 个输入端 $\overline{I_1} \sim \overline{I_9}$，为低电平有效，$\overline{I_9}$ 优先级最高。当 $\overline{I_1} \sim \overline{I_9}$ 全为 1 时，输出端为 1111，正是 0000 的反码，相当于 $\overline{I_0}$ 输入有效电平 0。根据表 4.10，74HC147 优先编码器的输出为 1111～0110，其原码为 0000～1001，正是 8421 BCD 码的 0～9 十个代码。

表 4.10　74HC147 优先编码器真值表

输入变量									输出变量			
$\overline{I_1}$	$\overline{I_2}$	$\overline{I_3}$	$\overline{I_4}$	$\overline{I_5}$	$\overline{I_6}$	$\overline{I_7}$	$\overline{I_8}$	$\overline{I_9}$	$\overline{Y_3}$	$\overline{Y_2}$	$\overline{Y_1}$	$\overline{Y_0}$
1	1	1	1	1	1	1	1	1	1	1	1	1
0	1	1	1	1	1	1	1	1	1	1	1	0
×	0	1	1	1	1	1	1	1	1	1	0	1
×	×	0	1	1	1	1	1	1	1	1	0	0
×	×	×	0	1	1	1	1	1	1	0	1	1
×	×	×	×	0	1	1	1	1	1	0	1	0
×	×	×	×	×	0	1	1	1	1	0	0	1
×	×	×	×	×	×	0	1	1	1	0	0	0
×	×	×	×	×	×	×	0	1	0	1	1	1
×	×	×	×	×	×	×	×	0	0	1	1	0

编码器具体的型号因制造商的不同而有差异，都有相应的资料可供查询，不必探究编码器内部结构，最终目的是学会看编码器引脚的名称和排列，分清输入和输出，会读真值表，弄懂输入与输出的逻辑关系及功能端的作用和有效电平，能运用编码器分析与设计相应逻辑电路。

4.4.2　译码器

译码是指将具有特定含义的二进制代码转换为相应的输出信号或另一种形式的代码。具有译码功能的逻辑电路称为译码器。译码器和编码器都是码转换电路，译码是编码的逆过程。

译码器可分为二进制译码器和代码变换器两大类。二进制译码器也称唯一地址译码器，其在使能控制端有效的前提下，将一系列代码转换成与之一一对应的有效信号。二进制译码器多用于存储器的单元地址译码，可以通过将存储单元的地址代码转换成有效信号选中相应的存储单元。二进制译码器的结构框图如图 4.22 所示，它有 n 个输入，2^n 个输出。

代码变换器是将一种代码转换成另一种代码的译码器。这类译码器的输出数 $\leqslant 2^n$ 个，常用的代码变换器有二进制译码器、二-十进制译码器、显示译码器等。

1. 二进制译码器

常用的二进制译码器有 74X138 二进制译码器、74X139 二进制译码器（X 为 LS 系列

组合逻辑电路 第4章

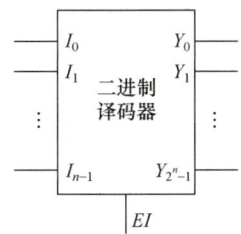

图 4.22 二进制译码器的结构框图

或 HC 系列，LS 系列为 TTL 系列产品，HC 系列为 CMOS 系列产品）等。74X139 为双 2 线-4 线译码器，即 74X139 芯片内部有两个相互独立的 2 线-4 线译码器，其引脚示意图如图 4.23 所示。

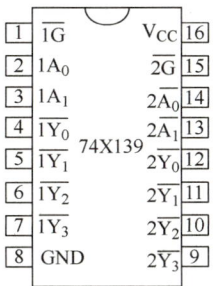

【拓展视频】

图 4.23 74X139 二进制译码器的引脚示意图

74X139 二进制译码器中的每个译码器都有两个输入端 A_1、A_0，共有 4 种不同的输入组合，对应 4 个输出信号 $\overline{Y_3} \sim \overline{Y_0}$，输出低电平有效。此外，每个译码器都有一个低电平有效的使能控制端 $\overline{G}$。74X139 二进制译码器真值表见表 4.11。

表 4.11 74X139 二进制译码器真值表

输入变量			输出变量			
$\overline{G}$	A_1	A_0	$\overline{Y_3}$	$\overline{Y_2}$	$\overline{Y_1}$	$\overline{Y_0}$
1	×	×	1	1	1	1
0	0	0	1	1	1	0
0	0	1	1	1	0	1
0	1	0	1	0	1	1
0	1	1	0	1	1	1

当 $\overline{G}=1$ 时，74X139 二进制译码器处于非工作状态，无论输入端 A_1、A_0 取值如何，输出都为无效电平，即 1111；当 $\overline{G}=0$ 时，74X139 二进制译码器处于工作状态，对应 A_1、A_0 的每种输入代码有且仅有一个输出端有效，其他三个输出端均为无效电平，从而识别 4 种输入代码。例如，当 A_1、A_0 为 00 且 $\overline{G}=0$ 时，$\overline{Y_3} \sim \overline{Y_1}$ 输出均为 1，$\overline{Y_0}$ 输出为 0。根据表 4.11 可以以写出该译码器的输出逻辑函数表达式，即

95

$$\overline{Y_0} = \overline{\overline{G}\,\overline{A_1}\,\overline{A_0}}$$

$$\overline{Y_1} = \overline{\overline{G}\,\overline{A_1}\,A_0}$$

$$\overline{Y_2} = \overline{\overline{G}\,A_1\,\overline{A_0}}$$

$$\overline{Y_3} = \overline{\overline{G}\,A_1\,A_0}$$

对于 74X139 二进制译码器这种特定的功能模块，常用图 4.24 所示的逻辑符号表示。

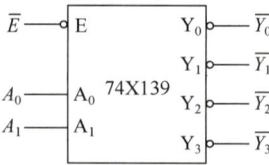

图 4.24　74X139 二进制译码器的逻辑符号

图 4.25 所示为 74X138 二进制译码器的逻辑符号和引脚示意图。该译码器有三位二进制输入 A_2、A_1、A_0，共有 8 种输入组合，可以译出 8 种输出信号 $\overline{Y_7} \sim \overline{Y_0}$，输出均为低电平有效。为了方便电路功能的扩展，74X138 二进制译码器提供了三个使能输入端 E_3、$\overline{E_2}$ 和 $\overline{E_1}$；当 $E_3=1$，$\overline{E_2}=\overline{E_1}=0$ 时，该译码器处于工作状态；否则该译码器被禁止，所有输出端均被封锁为高电平。74X138 二进制译码器真值表见表 4.12。

【拓展视频】

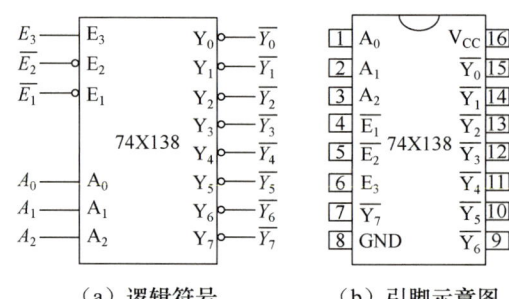

（a）逻辑符号　　　　　（b）引脚示意图

图 4.25　74X138 二进制译码器的逻辑符号和引脚示意图

表 4.12　74X138 二进制译码器真值表

输入变量						输出变量							
E_3	$\overline{E_2}$	$\overline{E_1}$	A_2	A_1	A_0	$\overline{Y_0}$	$\overline{Y_1}$	$\overline{Y_2}$	$\overline{Y_3}$	$\overline{Y_4}$	$\overline{Y_5}$	$\overline{Y_6}$	$\overline{Y_7}$
0	×	×	×	×	×	1	1	1	1	1	1	1	1
×	1	×	×	×	×	1	1	1	1	1	1	1	1
×	×	1	×	×	×	1	1	1	1	1	1	1	1
1	0	0	0	0	0	0	1	1	1	1	1	1	1
1	0	0	0	0	1	1	0	1	1	1	1	1	1
1	0	0	0	1	0	1	1	0	1	1	1	1	1
1	0	0	0	1	1	1	1	1	0	1	1	1	1

续表

输入变量						输出变量							
E_3	$\overline{E_2}$	$\overline{E_1}$	A_2	A_1	A_0	$\overline{Y_0}$	$\overline{Y_1}$	$\overline{Y_2}$	$\overline{Y_3}$	$\overline{Y_4}$	$\overline{Y_5}$	$\overline{Y_6}$	$\overline{Y_7}$
1	0	0	1	0	0	1	1	1	1	0	1	1	1
1	0	0	1	0	1	1	1	1	1	1	0	1	1
1	0	0	1	1	0	1	1	1	1	1	1	0	1
1	0	0	1	1	1	1	1	1	1	1	1	1	0

当 $E_3=1$,$\overline{E_2}=\overline{E_1}=0$ 时,可以根据表 4.12 写出如下逻辑函数表达式:

$$\overline{Y_0}=\overline{\overline{A_2}\,\overline{A_1}\,\overline{A_0}}=\overline{m_0}$$

$$\overline{Y_1}=\overline{\overline{A_2}\,\overline{A_1}A_0}=\overline{m_1}$$

$$\overline{Y_2}=\overline{\overline{A_2}A_1\,\overline{A_0}}=\overline{m_2}$$

$$\overline{Y_3}=\overline{\overline{A_2}A_1A_0}=\overline{m_3}$$

$$\overline{Y_4}=\overline{A_2\,\overline{A_1}\,\overline{A_0}}=\overline{m_4}$$

$$\overline{Y_5}=\overline{A_2\,\overline{A_1}A_0}=\overline{m_5}$$

$$\overline{Y_6}=\overline{A_2A_1\,\overline{A_0}}=\overline{m_6}$$

$$\overline{Y_7}=\overline{A_2A_1A_0}=\overline{m_7}$$

由上述逻辑函数表达式可以看出,$\overline{Y_0}\sim\overline{Y_7}$ 分别是 A_2、A_1、A_0 这三个变量的全部最小项的译码输出,所以二进制译码器也称最小项译码器。

常用的二进制译码器还有 74X154(4 线-16 线)二进制译码器等,其功能与 74X138 二进制译码器类似,注意引脚排列有可能会不同,使用时需要查阅相关数据手册。利用 3 线-8 线二进制译码器可以构成 4 线-16 线二进制译码器、5 线-32 线二进制译码器或 6 线-64 线二进制译码器。

例 4.6 利用两片 74X138 二进制译码器可以扩展成 4 线-16 线二进制译码器,如图 4.26 所示,试分析其工作原理。

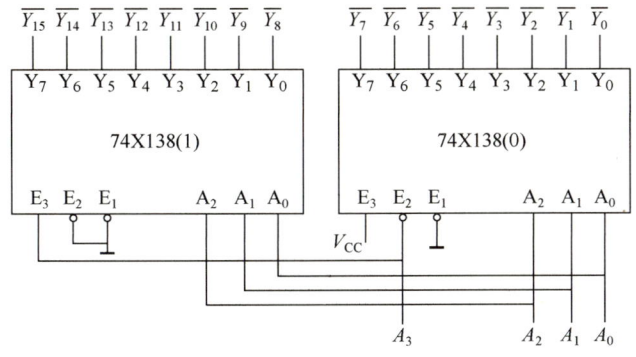

图 4.26 利用两片 74X138 二进制译码器扩展的 4 线-16 线二进制译码器

解：根据图4.26，写出4线-16线二进制译码器真值表，见表4.13。

表4.13　4线-16线二进制译码器真值表

输入变量				输出变量							
A_3	A_2	A_1	A_0	$\overline{Y_0}$	$\overline{Y_1}$	$\overline{Y_2}$	$\overline{Y_3}$	...	$\overline{Y_{13}}$	$\overline{Y_{14}}$	$\overline{Y_{15}}$
0	0	0	0	0	1	1	1	...	1	1	1
0	0	0	1	1	0	1	1	...	1	1	1
0	0	1	0	1	1	0	1	...	1	1	1
0	0	1	1	1	1	1	0	...	1	1	1
		⋮						⋮			
1	1	0	1	1	1	1	1	...	0	1	1
1	1	1	0	1	1	1	1	...	1	0	1
1	1	1	1	1	1	1	1	...	1	1	0

从表4.13可以看出，当输入 $A_3=0$ 时，74X138二进制译码器片0为译码状态，74X138二进制译码器片1为禁止译码状态，$\overline{Y_{15}} \sim \overline{Y_8}$ 输出为1，$\overline{Y_7} \sim \overline{Y_0}$ 输出有效电平0。若 $A_2A_1A_0$ 从000变为111，则输出 $\overline{Y_7} \sim \overline{Y_0}$ 有且仅有一个输出为0，其余输出均为1；当输入 $A_3=1$ 时，74X138二进制译码器片1为译码状态，74X138二进制译码器片0为禁止译码状态，$\overline{Y_7} \sim \overline{Y_0}$ 输出为1，$\overline{Y_{15}} \sim \overline{Y_8}$ 输出有效电平0，若 $A_2A_1A_0$ 从000变为111，则输出 $\overline{Y_{15}} \sim \overline{Y_8}$ 有且仅有一个输出为0，其余输出均为1。

例4.7　用74X138二进制译码器设计一个三人表决电路。

解：设 A、B、C 代表三人表决的情况，L 代表三人表决的结果，当输入变量 A、B、C 中有两个或两个以上为1时，L 输出为1，否则 L 输出为0。三人表决电路逻辑函数表达式为

$$L=\overline{A}BC+A\overline{B}C+AB\overline{C}+ABC$$

令该译码器输入 $A_2=A$，$A_1=B$，$A_0=C$，由于其输出的是低电平有效，因此将逻辑函数表达式 L 变为最小项的反变量形式，即

$$L=m_3+m_5+m_6+m_7=\overline{\overline{m_3} \cdot \overline{m_5} \cdot \overline{m_6} \cdot \overline{m_7}}$$

该译码器的输出 $\overline{Y_0} \sim \overline{Y_7}$ 是输入 A_2、A_1、A_0 这三个变量对应的最小项，有

$$L=\overline{\overline{Y_3} \cdot \overline{Y_5} \cdot \overline{Y_6} \cdot \overline{Y_7}}$$

若在74X138二进制译码器的输出端增加一个与非门，则可以实现三人表决电路的逻辑功能，用74X138二进制译码器设计的三人表决的逻辑电路如图4.27所示。

二进制译码器的输出特点是输出含有输入的全部最小项，可以利用该特点设计任意组合逻辑电路。只需将其逻辑函数表达式变换成最小项表达式，将函数变量接入二进制输入端，根据最小项表达式，将相应编号输出接入一个与非门，就可以实现组合逻辑电路的功能。

二进制译码器可以用于微控制器的输入端和输出端的扩展，通过译码器构成译码电

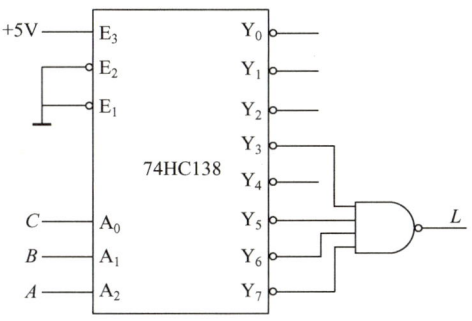

图 4.27 例 4.7 的逻辑电路

路，实现对外部扩展设备的控制。如图 4.28 所示，16 位地址总线和 8 位数据总线的微控制器扩展了 8 个外部设备，其中高 8 位地址线 P2.7～P2.0 作为 3 线-8 线二进制译码器的控制信号和选择信号，8 个设备的数据端共用该微控制器的 8 位数据端进行数据交换。外部设备若要与该微控制器进行数据交换，则该设备的片选端 $\overline{CS}$ 需要输入有效电平 0，而其他设备的片选端 $\overline{CS}$ 需要处于高电平 1，以使其他设备的数据端均为高阻态，禁止数据交换。这样就实现了对该微控制器的输入端和输出端的扩展，通过共用数据端完成多设备与该微控制器之间的数据交换。显然，在任何时刻，二进制译码器都只能有一个输出为低电平，需要外部设备的片选端 $\overline{CS}$ 有效，允许该外部设备与微处理器进行数据交换；而其余外部设备的片选端 $\overline{CS}$ 为高电平无效状态，以禁止数据交换。在图 4.28 中，若需要该微控制器与 2 号设备进行数据交换，则需要将控制器的 16 位地址线的高 7 位 P2.7～P2.1 置 0000010。

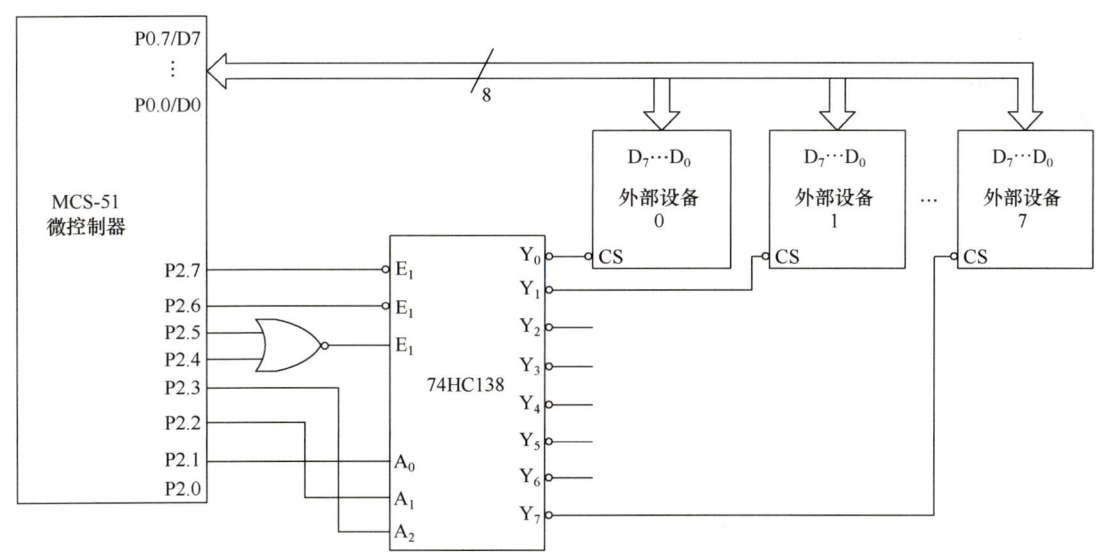

图 4.28　74HC138 二进制译码器的应用

二进制译码器还可以作为数据分配器使用。数据分配是指将公共数据线上的数据根据需要送到不同的通道。实现数据分配功能的逻辑电路称为数据分配器。它的作用相当于多输出的单刀多掷开关。采用 3 线-8 线二进制译码器作为数据分配器的逻辑电路如图 4.29 所示。

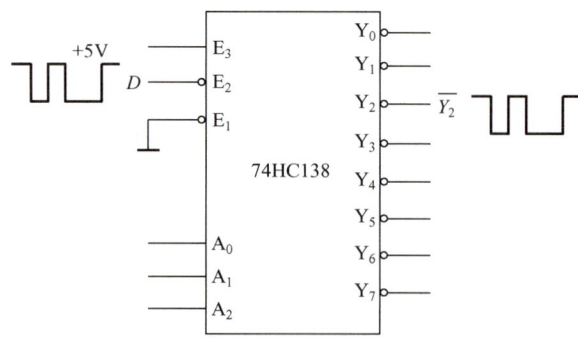

图 4.29 采用 3 线-8 线二译制译码器作为数据分配器的逻辑电路

74X138 二进制译码器的使能端 E_3 和 $\overline{E_1}$ 分别接入相应的有效电平，即 $E_3=1$、$\overline{E_1}=0$，使能端 $\overline{E_2}$ 作为数据输入端，A_2、A_1 和 A_0 作为选择通道地址输入。因此，当 $A_2A_1A_0=010$ 时，$\overline{Y_2}$ 输出由 $\overline{E_2}$ 的数据端电平控制。若 $\overline{E_2}=0$，该译码器使能端接入有效电平，$\overline{Y_2}$ 随 $\overline{E_2}$ 输出有效电平 0；若 $\overline{E_2}=1$，该译码器使能端接入无效电平，$\overline{Y_2}$ 随 $\overline{E_2}$ 输出无效电平 1，$\overline{Y_2}$ 输出与 $\overline{E_2}$ 数据均相同。若改变 A_2、A_1 和 A_0，则可以将 $\overline{E_2}$ 的数据送到不同的输出端。74X138 二进制译码器实现的数据分配器真值表见表 4.14。

表 4.14 74X138 二进制译码器实现的数据分配器真值表

输入变量						输出变量							
E_3	$\overline{E_2}$	$\overline{E_1}$	A_2	A_1	A_0	$\overline{Y_0}$	$\overline{Y_1}$	$\overline{Y_2}$	$\overline{Y_3}$	$\overline{Y_4}$	$\overline{Y_5}$	$\overline{Y_6}$	$\overline{Y_7}$
1	D	0	0	0	0	D	1	1	1	1	1	1	1
1	D	0	0	0	1	1	D	1	1	1	1	1	1
1	D	0	0	1	0	1	1	D	1	1	1	1	1
1	D	0	0	1	1	1	1	1	D	1	1	1	1
1	D	0	1	0	0	1	1	1	1	D	1	1	1
1	D	0	1	0	1	1	1	1	1	1	D	1	1
1	D	0	1	1	0	1	1	1	1	1	1	D	1
1	D	0	1	1	1	1	1	1	1	1	1	1	D

2. 二-十进制译码器

二-十进制译码器的逻辑功能是将 BCD 码译成 10 个信号，这种译码器有 4 个输入端，10 个输出端，也称 4 线-10 线译码器。不同 BCD 码会对应多种二-十进制译码器。74HC42 二-十进制译码器是常用的 8421 BCD 码译码器，其逻辑符号和引脚示意图如图 4.30 所示。

74HC42 二-十进制译码器输出为低电平有效，当 $\overline{A_3} \sim \overline{A_0}$ 依次输入 8421 BCD 码 0000~1001（对应输入十进制数 0~9）时，输出端 $\overline{Y_0} \sim \overline{Y_9}$ 依次输出低电平，每次输出都只有一个输出端为低电平，其他输出端为高电平；当输入的 8421 BCD 码不为 0000~

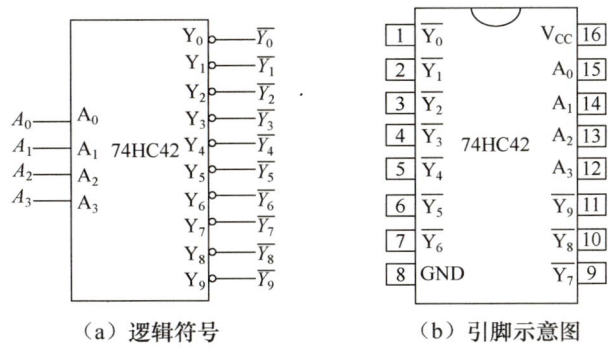

(a) 逻辑符号　　　　(b) 引脚示意图

图 4.30　74HC42 二-十进制译码器的逻辑符号与引脚示意图

1001 时，输出端 $\overline{Y_0} \sim \overline{Y_9}$ 输出均为无效电平高电平，超出范围的 6 个代码 1010~1111 称为伪码。74HC42 二-十进制译码器真值表见表 4.15，根据表 4.15 可写出如下逻辑函数表达式：

$$\overline{Y_i} = \overline{m_i}\,(i=0,1,\cdots,9)$$

式中，m_i 为四个输入变量 A_3、A_2、A_1、A_0 编号为 i 的最小项。

表 4.15　74HC42 二-十进制译码器真值表

输入变量				输出变量							
A_3	A_2	A_1	A_0	$\overline{Y_0}$	$\overline{Y_1}$	$\overline{Y_2}$	$\overline{Y_3}$	…	$\overline{Y_7}$	$\overline{Y_8}$	$\overline{Y_9}$
0	0	0	0	0	1	1	1	…	1	1	1
0	0	0	1	1	0	1	1	…	1	1	1
0	0	1	0	1	1	0	1	…	1	1	1
0	0	1	1	1	1	1	0	…	1	1	1
0	1	1	1	1	1	1	1	…	0	1	1
1	0	0	0	1	1	1	1	…	1	1	1
1	0	0	1	1	1	1	1	…	1	1	0
1	0	1	0	1	1	1	1	…	1	1	1
1	0	1	1	1	1	1	1	…	1	1	1
1	1	0	0	1	1	1	1	…	1	1	1
1	1	0	1	1	1	1	1	…	0	1	1
1	1	1	0	1	1	1	1	…	1	0	1
1	1	1	1	1	1	1	1	…	1	1	0

3. 显示译码器

在数字测量仪表和各种数字系统中，需要直观地显示数字量，数字显示电路通常由译码驱动器和显示器等组成。数码显示器就是用来显示数字、文字或符号的器件。七段式数字显示器是目前常用的显示器，其发光器件有发光二极管和液晶显示器。七段数字显示器又称数码管，图 4.31（a）所示为高为 0.56in（1in≈0.025m）的共阴极数码管，它的引脚间距为 0.1in 的倍数，有利于在面包板上使用。由于这类显示器采用发光二极管，因此能够在 2V 正向电压和 5mA 正向电流下工作，图 4.31（b）所示为共阴极数码管的二极管等效电路。图 4.31（c）所示为共阴极数码管的内部连接，其内部每个数码段都由发光二极管组成（七个数码段和一个小数点共八个发光二极管），发光二极管的阴极共接在一起，所以称为共阴极数码管。图 4.31（c）的中心为 3 脚和 8 脚，是共阴极数码管的公共端，应接地或接负极。当其他引脚接收到高电平时，相应的发光二极管发光，数码段 LED 亮起，显示相应的数码。在实际中也有共阳极数码管，如图 4.32 所示，发光二极管的阳极共接在一起。在实际使用中，共阴极数码管的应用更广泛。

（a）共阴极七段数码管

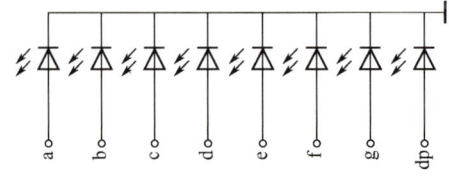
（b）共阴极数码管的二极管等效电路

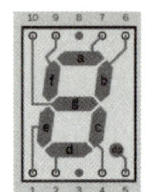
（c）共阴极数码管的内部连接

图 4.31 共阴极数码管

（a）共阳极七段数码管

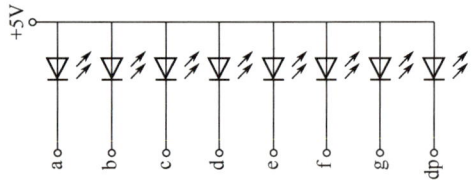
（b）共阳极数码管的二极管等效电路

图 4.32 共阳极数码管

数字逻辑电路采用二进制数表示，为了使数码管直接显示十进制数，必须用译码器译出十进制数的代码，然后经驱动器点亮相应的段。例如，对于 8421 BCD 码的 0011 状态，对应的十进制数为 3，驱动器应点亮 a、b、c、d、g 段。显示译码器的功能是输入某一组数码，对应的几个输出端有相应的有效信号输出。常用的显示译码器有两类：一类是输出高电平有效信号的显示译码器，用来驱动共阴极数码管；另一类是输出低电平有效信号的显示译码器，用来驱动共阳极数码管。

CD4543 显示译码器是常用的 CMOS 七段显示译码器，其逻辑符号和引脚示意图如图 4.33 所示。该显示译码器有三个辅助控制端：LE、BI 和 PH，以增强器件的功能。当 PH 端接交流脉冲信号时，它可以驱动液晶显示器；当 PH 端接 1 时，它可以驱动共阳极数码管；当 PH 端接 0 时，它可以驱动共阴极数码管。CD4543 显示译码器驱动共阴极数码管的真值表见表 4.16。

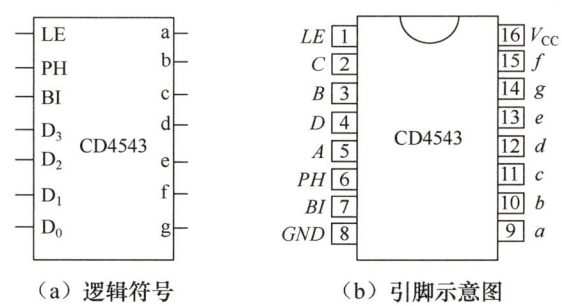

(a) 逻辑符号　　　　(b) 引脚示意图

图 4.33　CD4543 显示译码器的逻辑符号和引脚示意图

表 4.16　CD4543 显示译码器驱动共阴极数码管的真值表

输入变量							输出变量							字形显示
PH	LE	BI	D	C	B	A	a	b	c	d	e	f	g	
×	×	1	×	×	×	×	0	0	0	0	0	0	0	消隐
0	1	0	0	0	0	0	1	1	1	1	1	1	0	0
0	1	0	0	0	0	1	0	1	1	0	0	0	0	1
0	1	0	0	0	1	0	1	1	0	1	1	0	1	2
0	1	0	0	0	1	1	1	1	1	1	0	0	1	3
0	1	0	0	1	0	0	0	1	1	0	0	1	1	4
0	1	0	0	1	0	1	1	0	1	1	0	1	1	5
0	1	0	0	1	1	0	1	0	1	1	1	1	1	6
0	1	0	0	1	1	1	1	1	1	0	0	0	0	7
0	1	0	1	0	0	0	1	1	1	1	1	1	1	8
0	1	0	1	0	0	1	1	1	1	1	0	1	1	9
0	1	0	1	0	1	0	0	0	0	0	0	0	0	消隐
0	1	0	1	0	1	1	0	0	0	0	0	0	0	消隐
0	1	0	1	1	0	0	0	0	0	0	0	0	0	消隐
0	1	0	1	1	0	1	0	0	0	0	0	0	0	消隐
0	1	0	1	1	1	0	0	0	0	0	0	0	0	消隐
0	1	0	1	1	1	1	0	0	0	0	0	0	0	消隐

当 CD4543 显示译码器驱动共阴极数码管时，将 PH 端接 0，当 $\overline{BI}=1$ 时，无论其他输入端是高电平还是低电平，所有段输出 $a\sim g$ 都为 0，字形消隐。该输入端可以用于将不必要显示的零消隐。当 $\overline{BI}=0$，$LE=1$ 时，输入 8421 BCD 码，输出高电平有效，显示相应的十进制数码；当输入为 1010～1111 这六个状态时，输出全为低电平，无显示。当 CD4543 显示译码器驱动共阳极数码管时，将 PH 端接 1，当 $\overline{BI}=0$，$LE=1$ 时，输入 8421 BCD 码，输出低电平有效，显示相应的十进制数码。CD4543 显示译码器与七段数码

管的连接方式如图 4.34 所示。

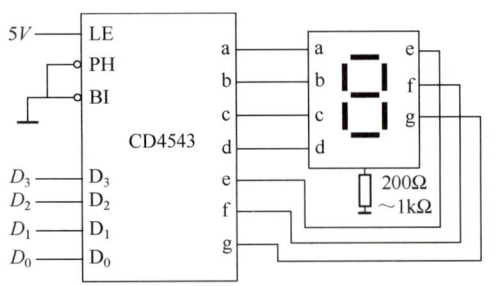
（a）驱动共阴极数码管

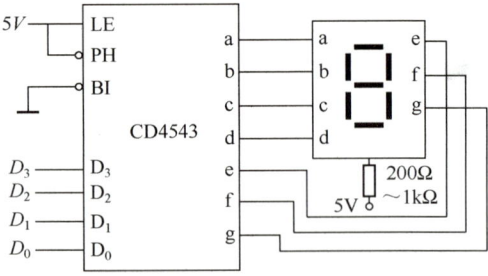
（b）驱动共阳极数码管

图 4.34　CD4543 显示译码器与七段数码管的连接方式

常用显示译码器还有 74X248 显示译码器、74X48 显示译码器、CD4558 显示译码器等，其功能与 CD4543 显示译码器类似，注意引脚排列可能会有不同，使用时需要查阅相关数据手册。

4.4.3　数据选择器

数据选择是指经过选择把多路数据中的某一路数据传送到唯一公共数据通道。实现数据选择功能的逻辑电路称为数据选择器。若数据选择器有 2^n 根输入线，则有 n 根地址控制线，因此这种数据选择器也称 2^n 选一数据选择器，如二选一数据选择器、四选一数据选择器等。其中，二选一数据选择器的逻辑符号如图 4.35 所示。

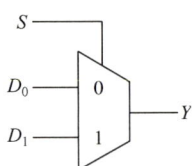

图 4.35　二选一数据选择器的逻辑符号

二选一数据选择器真值表见表 4.17。

表 4.17　二选一数据选择器真值表

输入地址 S	输出 Y
0	D_0
1	D_1

地址控制线也称选择输入线，由地址端选择输出的数据是来自 D_0 端还是来自 D_1 端。根据表 4.17 可以写出二选一数据选择器的输出逻辑函数表达式，即

$$Y = \overline{S}D_0 + SD_1$$

四选一数据选择器真值表见表 4.18。

表 4.18 四选一数据选择器真值表

输入地址		输出 Y
S_1	S_0	
0	0	D_0
0	1	D_1
1	0	D_2
1	1	D_3

根据表 4.18 可以写出四选一的数据选择器的输出逻辑函数表达式，即
$$Y = \overline{S_1} \cdot \overline{S_0} D_0 + \overline{S_1} S_0 D_1 + S_1 \overline{S_0} D_2 + S_1 S_2 D_3$$

四选一数据选择器可以用三个二选一数据选择器组成。第 1 级的两个数据选择器的输出分别为 $Y_0 = \overline{S_1}(\overline{S_0}D_0 + S_0 D_1)$、$Y_1 = S_1(\overline{S_0}D_2 + S_0 D_3)$；第 2 级数据选择器的输出为

$$Y = \overline{S_1}(\overline{S_0}D_0 + S_0 D_1) + S_1(\overline{S_0}D_0 + S_0 D_1)$$
$$= \overline{S_1} \cdot \overline{S_0} D_0 + \overline{S_1} S_0 D_1 + S_1 \overline{S_0} D_2 + S_1 S_2 D_3$$

由二选一数据选择器组成的四选一数据选择器如图 4.36（a）所示，四选一数据选择器的逻辑符号如图 4.36（b）所示。

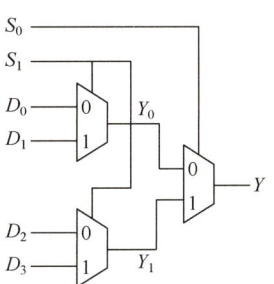
（a）由二选一数据选择器组成的四选一数据选择器

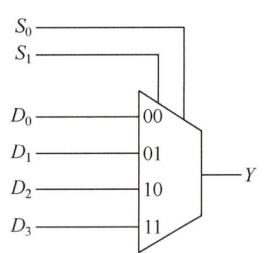
（b）逻辑符号

图 4.36 四选一数据选择器

同理可以组成更多地址端的数据选择器。74HC151 数据选择器是一种典型的 CMOS 门电路八选一数据选择器，它有一个使能控制端 E，三个地址输入端 S_2、S_1、S_0，可选择 $D_0 \sim D_7$ 共八个数据源，具有两个互补输出端，其逻辑符号和引脚示意图如图 4.37 所

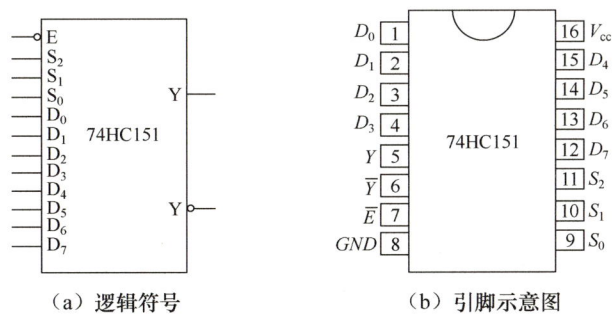

（a）逻辑符号　　　　　　（b）引脚示意图

图 4.37 74HC151 数据选择器的逻辑符号和引脚示意图

示,其真值表见表 4.19。74HC151 数据选择器的输出逻辑函数表达式为

$$Y = \sum_{i=0}^{7} m_i D_i$$

式中,m_i 为地址输入端 S_2、S_1、S_0 编号为 i 的最小项。

表 4.19　74HC151 数据选择器真值表

输入地址				输出	
$\overline{E}$	S_2	S_1	S_0	Y	$\overline{Y}$
1	×	×	×	0	1
0	0	0	0	D_0	$\overline{D_0}$
0	0	0	1	D_1	$\overline{D_1}$
0	0	1	0	D_2	$\overline{D_2}$
0	0	1	1	D_3	$\overline{D_3}$
0	1	0	0	D_4	$\overline{D_4}$
0	1	0	1	D_5	$\overline{D_5}$
0	1	1	0	D_6	$\overline{D_6}$
0	1	1	1	D_7	$\overline{D_7}$

常用的数据选择器还有 74X150（十六选一反相）、74X152（八选一）、74X153（双四选一）等,其功能与 74HC151 数据选择器类似,注意引脚排列可能不同,在使用中需要查阅相关数据手册。还有一些数据选择器具有三态输出功能,除输出高电平和低电平外,当使能控制端为无效电平时,还能输出高阻态。利用这一特点,可以将多个数据选择器的输出端线与在一起,共用一根数据传输线,而不会出现相互干扰的问题。数据选择器的应用非常广泛,它是构成现场可编程门阵列的基本单元。在数字系统中,用于移位运算的移位器也是由数据选择器组成的。

例 4.8　用数据选择器实现三人表决电路。

(1) 用 74HC151 数据选择器实现。

(2) 用四选一数据选择器和必要的门电路实现。

(3) 只用二选一数据选择器实现。

解:设 A、B、C 代表三人表决的情况,L 代表三人表决的结果,若输入变量 A、B、C 中有两个或两个以上为 1,则 L 输出为 1,否则 L 输出为 0。三人表决电路逻辑函数表达式为

$$L = \overline{A}BC + A\overline{B}C + AB\overline{C} + ABC = m_3 + m_5 + m_6 + m_7$$

其真值表见表 4.20。

表 4.20　例 4.8 的真值表

输入地址			输出 L	
A	B	C		
0	0	0	0	$L_0=0$
0	0	1	0	
0	1	0	0	$L_1=C$
0	1	1	1	
1	0	0	0	$L_2=C$
1	0	1	1	
1	1	0	1	$L_3=1$
1	1	1	1	

(1) 74HC151 数据选择器的输出逻辑函数表达式为

$$Y=\sum_{i=0}^{7}m_iD_i$$

式中，m_i 为地址输入端 S_2、S_1、S_0 编号为 i 的最小项。

令数据选择器的地址控制端 $S_2=A$，$S_1=B$，$S_0=C$，数据端 $D_0 \sim D_7$ 分别为 00010111，数据选择器的输出端 Y 即三人表决电路的逻辑功能。由此可以画出对应的逻辑图，如图 4.38（a）所示。

(2) 四选一数据选择器的输出逻辑函数表达式为

$$Y=\sum_{i=0}^{3}m_iD_i$$

式中，m_i 为地址输入端 S_2、S_1、S_0 编号为 i 的最小项。

根据表 4.20 令数据选择器的地址控制端 $S_1=A$，$S_0=B$，数据端 $D_0=0$，$D_1=C$，$D_2=C$，$D_3=1$，数据选择器的输出端 Y 即三人表决电路的逻辑功能。由此可画出对应的逻辑图，如图 4.38（b）所示。

(3) 只用二选一数据选择器的输出逻辑函数表达式为

$$Y=\overline{S}D_0+SD_1$$

令数据选择器的地址控制端 $S=A$，有

$$Y=\overline{S} \cdot BC+S(\overline{B}C+B\overline{C}+BC)=\overline{S} \cdot BC+S(B+C)$$

令 $X=BC$，$Y=B+C$，有

$$X=\overline{B} \cdot 0+B \cdot C$$
$$Y=\overline{B} \cdot C+B \cdot 1$$

由此可以画出对应的逻辑图，如图 4.38（c）所示。

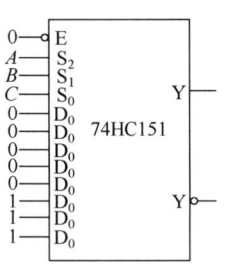 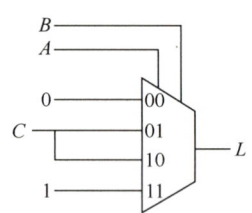 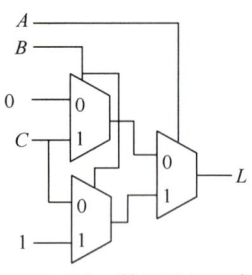

（a）74HC151数据选择器实现　　（b）用四选一数据选择器实现　　（c）只用二选一数据选择器实现

图 4.38　例 4.8 的逻辑图

4.4.4　加法器

数字系统的基本功能就是控制与运算，这些功能依赖逻辑运算和算术运算，加法运算是运算电路的核心，其中半加器和全加器是实现加法运算的基本电路单元，它们可以完成一位二进制数的加法运算。半加器的逻辑符号和全加器的逻辑符号如图 4.39 所示。

【拓展视频】

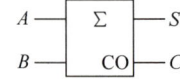　　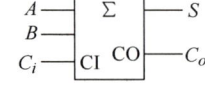

（a）半加器的逻辑符号　　（b）全加器的逻辑符号

图 4.39　半加器的逻辑符号和全加器的逻辑符号

1. 半加器和全加器

半加运算只考虑两个加数本身，而不考虑来自相邻低位的进位。实现半加运算的逻辑电路称为半加器。能实现两个一位二进制数的半加运算的半加器真值表见表 4.21。其中 A 和 B 表示两个一位二进制加数，C 表示向高位的进位，S 表示加法运算的和。在多位数的加法运算中，最低位的运算就是半加运算。

表 4.21　半加器真值表

输入		输出	
A	B	C	S
0	0	0	0
0	1	0	1
1	0	0	1
1	1	1	0

由表 4.21 可以得到半加器的逻辑函数表达式，即

$$S=\overline{A}B+A\overline{B}$$
$$C=AB$$

全加运算不仅考虑两个加数的本身，还考虑来自相邻低位的进位。实现全加运算的逻

辑电路称为全加器。根据全加器的功能，可以列出全加器真值表，见表 4.22。

表 4.22 全加器真值表

输入			输出	
A	B	C_i	C_o	S
0	0	0	0	0
0	0	1	0	1
0	1	0	0	1
0	1	1	1	0
1	0	0	0	1
1	0	1	1	0
1	1	0	1	0
1	1	1	1	1

由表 4.22 可以得到全加器的逻辑函数表达，即

$$S = \overline{A}\,\overline{B}C_i + \overline{A}B\,\overline{C_i} + A\overline{B}\,\overline{C_i} + ABC = A \oplus B \oplus C_i$$

$$C_o = AB + A\overline{B}C_i + \overline{A}BC_i = AB + (A \oplus B)C_i$$

全加器可以由半加器实现，其逻辑图如图 4.40 所示。

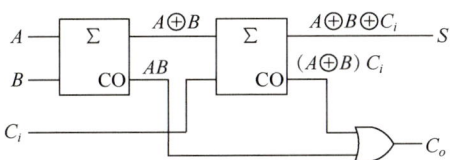

图 4.40 半加器实现全加器的逻辑图

2. 多位加法

若多位数相加，则可以采用多个全加器实现，将低位产生的进位结果 C_o 串行接入高位的低位进位端 C_i，这种连接方式称为串行进位。四位二进制四串行进位加法运算的逻辑电路如图 4.41 所示。串行进位加法运算电路连接简单，但在运算过程中高位数只有等低位数完成运算后才能进行本位的运算，运算速度不高。

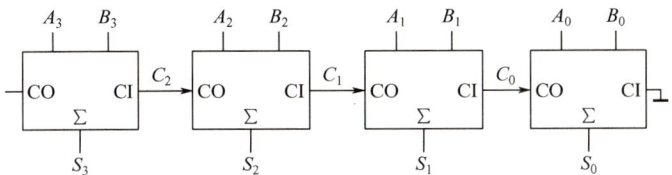

图 4.41 四位二进制数串行进位加法运算的逻辑电路

多位加法运算的进位逻辑函数表达式为

$$S_i = A_i \oplus B_i \oplus C_{i-1}$$
$$C_i = A_i B_i + (A_i \oplus B_i) C_{i-1}$$

令 $P_i = A_i \oplus B_i$，$G_i = A_i B_i$，则可将多位加法运算的进位逻辑函数表达式改写为

$$\begin{aligned}
C_i &= G_i + P_i C_{i-1} \\
&= G_i + P_i (G_{i-1} + P_{i-1} C_{i-2}) \\
&= G_i + P_i G_{i-1} + P_i P_{i-1} C_{i-2} \\
&= G_i + P_i G_{i-1} + P_i P_{i-1} (G_{i-2} + P_{i-2} C_{i-3}) \\
&= G_i + P_i G_{i-1} + P_i P_{i-1} G_{i-2} + P_i P_{i-1} P_{i-2} C_{i-3} \\
&= G_i + P_i G_{i-1} + P_i P_{i-1} G_{i-2} + P_i P_{i-1} P_{i-2} G_{i-3} + \ldots + P_i P_{i-1} P_{i-2} \ldots P_0 C_{-1}
\end{aligned}$$

显然，进位 C_i 只与 $A_i \oplus B_i$、$A_i B_i$ 及 C_{-1} 有关，因为 C_{-1} 为 0，所以每位的进位信号只与加数有关。加数的异或运算和与运算可以并行产生，本位的进位运算无须等到低位的运算完成后进行，可以提前利用异或运算和与运算产生每一位的进位结果，这种加法运算器称为超前进位加法器，它比串行进位运算器的速度高。74HC283 超前进位加法器就是一种典型的集成四位超前进位加法器，其逻辑符号和引脚示意图如图 4.42 所示，其中 $A_3 A_2 A_1 A_0$ 和 $B_3 B_2 B_1 B_0$ 是两个四位二进制数的输入端，$S_3 S_2 S_1 S_0$ 是和输出端，C_{OUT} 为进位输出端。

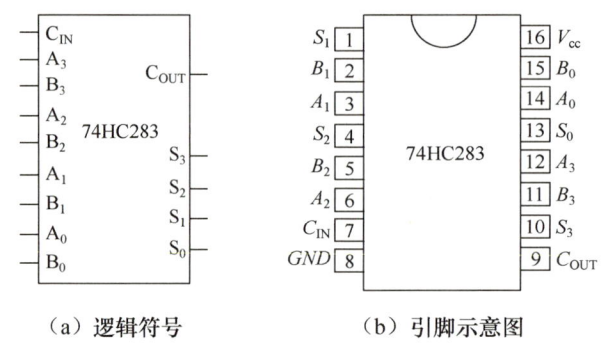

（a）逻辑符号　　　　（b）引脚示意图

图 4.42　74HC283 超前进位加法器的逻辑符号和引脚示意图

常用的加法器还有 74X82 加法器、74X83 加法器、74X183 加法器等，其功能与 74HC283 加法器类似，注意引脚排列可能会有所不同，在使用中需要查阅相关数据手册。

例 4.9　用 74HC283 加法器构成码转换逻辑电路，将余 3 码转换成 8421 BCD 码。

解：该逻辑电路真值表见表 4.23。

表 4.23　例 4.9 真值表

输入 8421 BCD 码				输出余 3 码				差值
A_3	A_2	A_1	A_0	S_3	S_2	S_1	S_0	
0	0	1	1	0	0	0	0	1101
0	1	0	0	0	0	0	1	1101
0	1	0	1	0	0	1	0	1101
0	1	1	0	0	0	1	1	1101

续表

输入 8421 BCD 码				输出余 3 码				差值
A_3	A_2	A_1	A_0	S_3	S_2	S_1	S_0	
0	1	1	1	0	1	0	0	1101
1	0	0	0	0	1	0	1	1101
1	0	0	1	0	1	1	0	1101
1	0	1	0	0	1	1	1	1101
1	0	1	1	1	0	0	0	1101
1	1	0	0	1	0	0	1	1101

从表 4.23 中可以看出，8421 BCD 码可以用余 3 码和加上 1101 实现，即

$$S_3S_2S_1S_0 = A_3A_2A_1A_0 + 1101$$

因此，可以利用 74HC283 加法器将余 3 码转换为 8421 BCD 码，其逻辑电路图如图 4.43 所示。

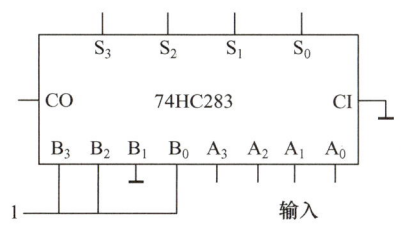

图 4.43 例 4.9 逻辑电路图

4.4.5 数值比较器

能够实现两个二进制数比较的逻辑电路称为数值比较器。在数字系统中，可以利用数值比较器判断两个数的值。一位数值比较器可以完成对两个一位二进制数的比较。设 A 和 B 是两个一位二进制数，显然它们比较出的结果有三种，分别为 $A>B$、$A<B$、$A=B$。A 和 B 的取值只能为 0 和 1，以 A、B 为输入变量，$F_{A>B}$、$F_{A<B}$、$F_{A=B}$ 为输出变量，分别代表 $A>B$、$A<B$、$A=B$。当相应的比较结果成立时，输出变量取值为 1；当比较结果不成立时，取值为 0。一位数值比较器的真值表见表 4.24。

表 4.24 一位数值比较器的真值表

输入		输出		
A	B	$F_{A>B}$	$F_{A<B}$	$F_{A=B}$
0	0	0	0	1
0	1	0	1	0
1	0	1	0	0
1	1	0	0	1

由表 4.24 可得到一位数值比较器的逻辑函数表达式，即

$$F_{A>B}=A\bar{B}$$
$$F_{A<B}=\bar{A}B$$
$$F_{A=B}=A\odot B$$

用多位数值比较器比较两个数的值时，除考虑各个位上的数值外，还需要考虑位与位之间的关系。只有在高位数值相等的情况下，才需要比较低位数值。四位数值比较器的真值表见表 4.25。

表 4.25 四位数值比较器的真值表

输入				输出					
$A_3\ B_3$	$A_2\ B_2$	$A_1\ B_1$	$A_0\ B_0$	$I_{A>B}$	$I_{A<B}$	$I_{A=B}$	$F_{A>B}$	$F_{A<B}$	$F_{A=B}$
$A_3>B_3$	×	×	×	×	×	×	1	0	0
$A_3<B_3$	×	×	×	×	×	×	0	1	0
$A_3=B_3$	$A_2>B_2$	×	×	×	×	×	1	0	0
$A_3=B_3$	$A_2<B_2$	×	×	×	×	×	0	1	0
$A_3=B_3$	$A_2=B_2$	$A_1>B_1$	×	×	×	×	1	0	0
$A_3=B_3$	$A_2=B_2$	$A_1<B_1$	×	×	×	×	0	1	0
$A_3=B_3$	$A_2=B_2$	$A_1=B_1$	$A_0>B_0$	×	×	×	1	0	0
$A_3=B_3$	$A_2=B_2$	$A_1=B_1$	$A_0<B_0$	×	×	×	0	1	0
$A_3=B_3$	$A_2=B_2$	$A_1=B_1$	$A_0=B_0$	1	0	0	1	0	0
$A_3=B_3$	$A_2=B_2$	$A_1=B_1$	$A_0=B_0$	0	1	0	0	1	0
$A_3=B_3$	$A_2=B_2$	$A_1=B_1$	$A_0=B_0$	×	×	1	0	0	1

常用的四位数值比较器为 74HC85 四位数值比较器，其逻辑符号和引脚示意图如图 4.44 所示。

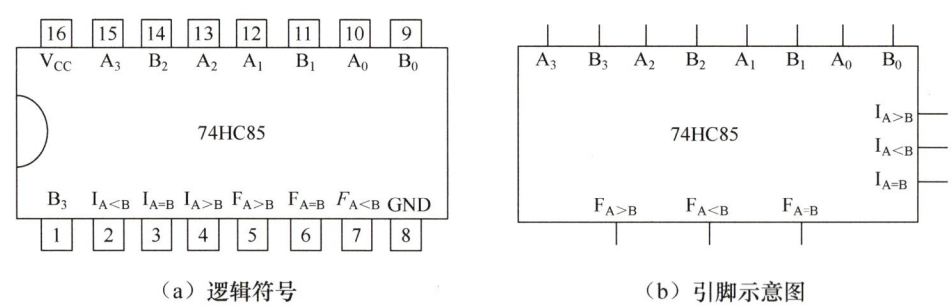

（a）逻辑符号　　　　　　　　　　　　（b）引脚示意图

图 4.44　74HC85 数值比较器的逻辑符号和引脚示意图

数值比较器在使用时经常碰到位数比较多的情况，这时可以采用串行或并行的方式进行扩展。图 4.45 所示为 74HC85 数值比较器采用串行连接方式组成的十六位数值比较器，其中低位比较器的输出 $F_{A>B}$、$F_{A<B}$、$F_{A=B}$ 分别接高位比较器的输出 $I_{A>B}$、$I_{A<B}$、

$I_{A=B}$。显然,最高位比较器的四位不相等,则直接得到结果;若最高位比较器的四位相等,则根据相邻次高位比较器的比较结果得出,依次类推,直到最低位比较器得到最终比较结果。当位数比较多时,串行连接方式的数值比较器运行速度较低。

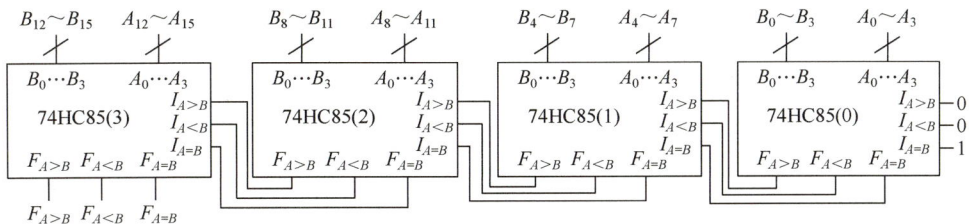

图 4.45 74HC85 数值比较器采用串行连接方式组成的十六位数值比较器

如果需要更高的运行速度,可以采用并行连接方式,图 4.46 所示为 74HC85 数值比较器采用并行连接方式组成的十六位数值比较器,由图可以看出其采用了两级比较,将十六位按高低位次序分成四组,每组四位,先并行进行第一级的四位数值比较,然后将每组的比较结果送入第二级进行比较,得出最终的结果。显然,若扩展相同位数的数值比较器,并行连接方式要比串行连接方式多用一片数值比较器。在并行连接方式中,数据从输入到输出只需要经过两级数值比较器;而在串行连接方式中数据从输入到输出需要经过四级数值比较器,因此,并行连接方式中的传输延迟时间较少,运行速度更高。当位数较多并且对运行速度要求较高时,可以考虑采用并行连接方式进行位数的扩展。

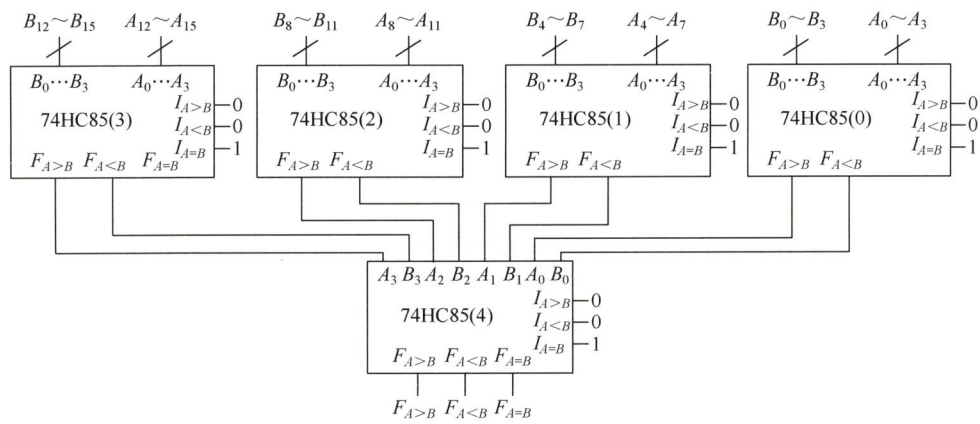

图 4.46 74HC85 数值比较器采用并行连接方式组成的十六位数值比较器

本 章 小 结

组合逻辑电路的特点如下:任意时刻的输出仅取决于该时刻的输入,与输入信号作用之前的电路状态无关。组合逻辑电路在电路结构上的特点是:其由门电路构成,不含记忆单元,没有反馈通路。组合逻辑电路在形式和功能上种类繁多,但分析方法和设计方法具有共同特点,本章重点学习并要求掌握的是一般的分析方法和设计方法。

1. 分析组合逻辑电路时,应根据给定的逻辑电路分析逻辑关系,从而得出电路实现的逻辑功能。分析步骤大致如下：给定逻辑电路→写出逻辑函数表达式→列出真值表→确定逻辑功能。

2. 设计组合逻辑电路时，应根据提出的实际问题使用门电路或常用的组合逻辑电路来实现。设计步骤大致如下：给定逻辑电路→列出真值表→写出逻辑函数表达式→画出逻辑图。

3. 常用的组合逻辑电路包括编码器、译码器、数据选择器、加法器、数值比较器等。这些组合逻辑电路除具有基本功能外，通常还带有输入使能控制端和输出扩展端，功能更强，便于构成较复杂的逻辑系统。

4. 设计组合逻辑电路时，应优先考虑选用中规模集成电路，以降低成本，提高电路的可靠性。

习　题

4.1　分析图 4.47 所示电路的逻辑功能。

图 4.47　题 4.1 图

4.2　分析图 4.48 所示电路的逻辑功能。

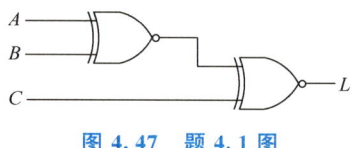

图 4.48　题 4.2 图

4.3　分析图 4.49 所示电路的逻辑功能。

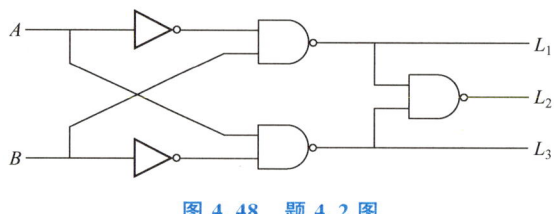

图 4.49　题 4.3 图

4.4　分析图 4.50 所示电路的逻辑功能。

4.5　设计一个交通信号灯故障检测电路，使其能判断交通信号灯是否正常工作。交通信号灯正常工作时，只有一个灯亮；如果都不亮或两个及两个以上同时亮，则说明交通信号灯发生故障。

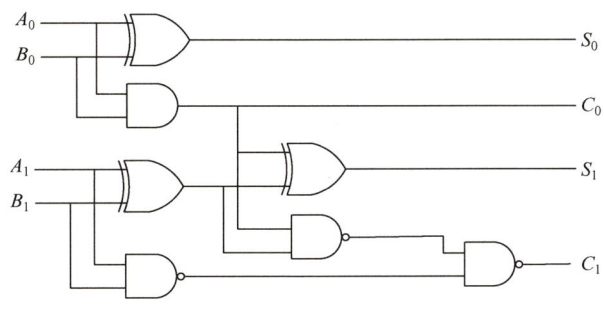

图 4.50 题 4.4 图

4.6 设计一个三变量奇偶判别电路，试用两输入与非门电路进行设计。

4.7 设有三台用电设备 A、B、C，A 和 B 的额定功率相同，C 的额定功率是 A 的 2 倍。这些用电设备由两台发电机 L 和 F 供电，发电机 L 的最大输出功率是 A 额定功率的 3 倍，发电机 F 的最大输出功率等于 A 的额定功率。采用最节能的方式设计一个逻辑电路，并根据各用电设备是否使用来启动和停止发电机。

4.8 某培训班进行结业考试，有 A、B、C 三名评判员，其中 A 为主评判员，B、C 为副评判员。评判时，以少数服从多数的原则通过，但主评判员认为合格时也可以通过，设计该逻辑电路。

4.9 用基本门电路设计一个组合逻辑电路，该电路能够计算两位二进制数的加法运算。

4.10 判断下列逻辑函数是否有可能产生竞争-冒险现象，如果可能，应如何消除？

(1) $L_1(A,B,C,D)=\overline{A}B\overline{C}D+\overline{A}BCD+A\overline{B}CD+ABCD$。

(2) $L_1(A,B,C,D)=BD+A\overline{B}$。

(3) $L_3=\sum m(0,2,4,6,8,10,12,14)$。

(4) $L_4=\sum m(0,2,4,6,12,13,14,15)$。

4.11 74HC139 译码器的输入为高电平有效，使能控制输入及输出均为低电平有效。试用 74HC139 译码器构成 3 线-8 线译码器。

4.12 分析图 4.51 所示电路的逻辑功能。

4.13 试用一片 74HC138 译码器和适当的门电路实现如下逻辑函数。

(1) $L_1=\overline{A}\overline{B}C+A\overline{B}\overline{C}+BC$。

(2) $L_2=ABC+\overline{B}\overline{C}$。

4.14 试用四选一数据选择器设计一个一位全加器。

4.15 试用以下数据选择器来实现逻辑函数 $L=AB+AC+BC$。

(1) 用 74HC151 数据选择器实现。

(2) 用四选一数据选择器实现。

(3) 只用二选一数据选择器实现。

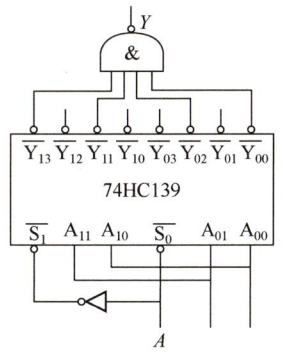

图 4.51 题 4.12 图

【在线答题】

第 5 章 触发器

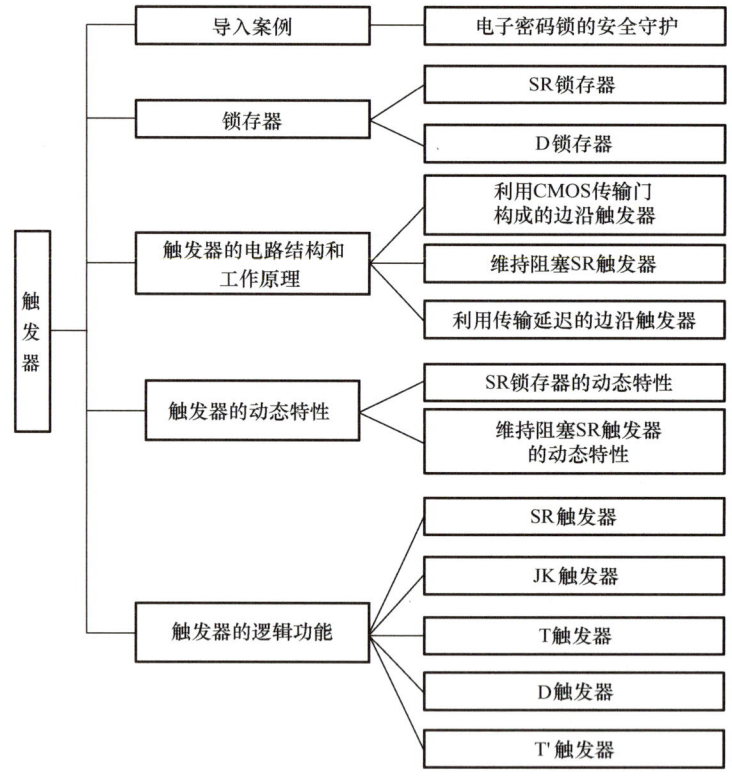

触发器 第5章

知识目标	1. 掌握 SR 锁存器和 D 锁存器的特点
	2. 了解锁存器与触发器在触发电平上的区别，熟悉各种触发器路的电路结构及特点
	3. 掌握各种触发器的功能
能力和 素质目标	1. 能运用 SR 触发器、JK 触发器、T 触发器、D 触发器及 T' 触发器表达时序逻辑电路
	2. 培养动态系统设计思维，理解时序逻辑控制的关键性

电子密码锁的安全守护

在数字化时代，无论是家庭、办公室还是金融机构，都需要可靠的安全系统来保护贵重物品和重要信息。电子密码锁（图5.0）作为一种高效、便捷的安全装置，正逐渐取代传统机械锁，成为守护安全的新选择。而在这背后，触发器作为数字电子技术中的重要组成部分，扮演着至关重要的角色。

电子密码锁的工作原理并不复杂。用户通过键盘输入预设的密码，系统验证密码正确后，触发锁具开启。然而，这个看似简单的过程，实则蕴含着触发器精妙的逻辑控制。

触发器是一种具有记忆功能的逻辑门电路，它能够在特定输入信号（如时钟脉冲信号）的作用下，根据当前的输入状态和自身的记忆状态决定输出状态。在电子密码锁中，触发器被用来存储和比较用户输入的密码。

图 5.0　电子密码锁

当用户通过键盘输入密码时，每一个数字键的按下都会产生一个输入信号。这些信号被送入由触发器构成的密码比较电路中。密码比较电路会根据预设的正确密码，对输入的每一个数字进行逐位比较。如果输入的数字与预设密码匹配，触发器会维持一个特定的状态；一旦出现不匹配的情况，触发器就会改变状态，触发报警或锁定机制。

特别地，在时钟脉冲信号的驱动下，触发器能够确保密码比较的过程是同步进行的，从而避免了因信号不同步而导致的误判。此外，触发器具有保持状态的功能，即使输入信号消失，它也能继续保持之前的输出状态，确保电子密码锁在验证密码过程中的稳定性和可靠性。

党的二十大报告指出，我们要推进国家安全体系和能力现代化，坚决维护国家安全和社会稳定。通过这个案例，我们可以深刻体会到触发器在电子密码锁等安全系统中的重要作用。它不仅实现了对输入信号的精确处理和存储，还确保了安全系统的稳定、可靠运行。本章我们将深入学习触发器的基本原理、类型及工作方式，为理解并掌握这一关键技术打下坚实的基础。

在复杂的数字电路中，不但需要对二值信号进行算术运算和逻辑运算，而且经常需要保存这些信号和运算结果。为此，需要使用具有记忆功能的基本逻辑单元。锁存器（latch）和触发器（flip - flop）是数字电路中的存储单元，它们都具有两个稳定状态，即"1"和"0"。它们是构成数字电路的基本逻辑单元，也是数字电路中的基本记忆元件。由不同锁存器构成的触发器是一种对脉冲边沿敏感的存储单元电路，只有在作为触发脉冲信号的时钟脉冲上升沿或下降沿的变化瞬间才能改变状态。

本章主要学习 SR 锁存器、D 锁存器及常用触发器的电路结构、工作原理、逻辑功能等。

5.1 锁 存 器

【拓展视频】

锁存器是一种对脉冲电平敏感的存储单元电路，可以在特定输入脉冲电平作用下改变状态。锁存是把信号暂存以维持某种电平状态。锁存器利用电平控制数据的输入，它包括不带使能控制的锁存器和带使能控制的锁存器。锁存器的主要作用是缓存，其次是解决高速的控制器与慢速的外部设备不同步的问题，再次是解决驱动的问题，最后是解决一个 I/O 口既能输出又能输入的问题。在某些运算器电路中，有时采用锁存器作为数据暂存器。

5.1.1 SR 锁存器

1. 基本 SR 锁存器

【拓展视频】

基本 SR 锁存器（set - reset latch）又称基本 SR 触发器，它不仅是结构最简单的双稳态存储电路，还是其他各种结构复杂触发器的一个基本组成部分。图 5.1（a）所示为用或非门构成的基本 SR 锁存器，图 5.1（b）所示为其逻辑符号。基本 SR 锁存器有两个输入端，其中 S 端称为置位端或置 1 输入端，R 端称为复位端或置 0 输入端；其中的变量名 S、R 分别来自英文单词 set、reset 的首字母。按照电路结构，两个输出端 Q、$\overline{Q}$ 的逻辑函数表达式分别为

$$Q=\overline{R+\overline{Q}} \tag{5-1}$$

$$\overline{Q}=\overline{S+Q} \tag{5-2}$$

根据式（5-1）和式（5-2），可得该基本 SR 锁存器真值表，见表 5.1。

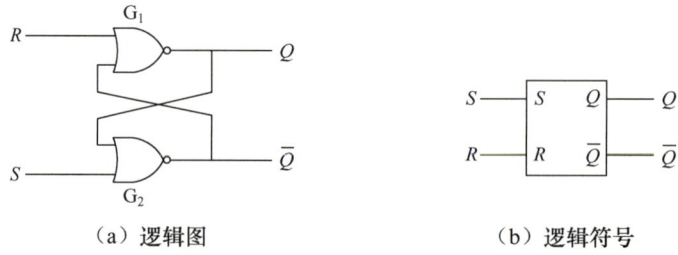

（a）逻辑图　　　　　　　　　　（b）逻辑符号

图 5.1　用或非门构成的基本 SR 锁存器

当 $S=R=0$ 时，电路保持原来的状态不变。

当 $S=0$、$R=1$ 时，$Q=0$、$\overline{Q}=1$。当 $R=1$ 信号消失后，电路保持 0 状态不变。

表 5.1 用或非门构成的基本 SR 锁存器真值表

S	R	Q	$\overline{Q}$	锁存器状态
0	0	不变	不变	保持
0	1	0	1	0
1	0	1	0	1
1	1	0	0	不确定

当 $S=1$、$R=0$ 时，$Q=1$、$\overline{Q}=0$。当 $S=1$ 信号消失后，由于 Q 端的高电平接回 G_2 的另一个输入端，因此电路的 1 状态保持不变。

对于输出端 Q、$\overline{Q}$，为了表述方便，通常用 Q 的状态表示整个电路的状态，定义 $Q=1$、$\overline{Q}=0$ 为电路的 1 状态；$Q=0$、$\overline{Q}=1$ 为电路的 0 状态。

当 $S=R=1$ 时，$Q=\overline{Q}=0$，这既不是定义的 1 状态，又不是定义的 0 状态。在 S 和 R 同时回到 0 后，无法确定电路回到 1 状态还是 0 状态。因此，正常工作时的输入端信号应遵守 $SR=0$ 的约束条件，即不允许输入 $S=R=1$ 的信号。

该基本 SR 锁存器具有保持、置 1、置 0 等功能，这是一个存储单元应具备的基本功能，其典型工作波形如图 5.2 所示。

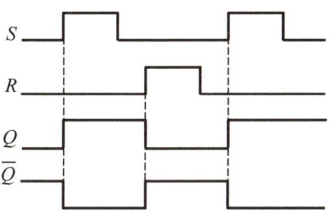

图 5.2 用或非门构成的基本 SR 锁存器的典型工作波形

例 5.1 已知图 5.1（a）所示的基本 SR 锁存器的 S、R 端的输入波形如图 5.3 所示，试根据表 5.1 画出输出端 Q、$\overline{Q}$ 的波形。

解：根据该基本 SR 锁存器的功能，当 $S=1$，$R=0$ 时，其输出端 Q 置 1；当 $S=R=1$ 时，$Q=\overline{Q}=0$（此输入信号违反了基本 SR 锁存器 $SR=0$ 的约束条件，但是输出的状态是确定的；如果 S 和 R 的高电平不同时变成低电平，则此后的输出状态仍然是确定的；如果 S 和 R 的高电平同时变成低电平，则电路中可能出现竞争-冒险现象，导致基本 SR 锁存器的输出状态无法确定，致使对其失控；在实际使用中应避免这种情况的出现）。当 $S=R=0$ 时，输出保持原来的状态；当 $S=0$，$R=1$ 时，其输出端 Q 置 0。该基本 SR 锁存器的输出波形如图 5.3 所示。

基本 SR 锁存器可用或非门构成，也可用与非门构成，用与非门构成的基本 SR 锁存器如图 5.4 所示。

由图 5.4（a）可知，将两个与非门 G_1 和 G_2 的输入端和输出端交叉连接，便可构成基本 SR 锁存器。其电路有两个互补输出端 Q 和 $\overline{Q}$，两个输入端 $\overline{S}$ 和 $\overline{R}$。输出与输入的逻辑函数表达式为

$$Q=\overline{\overline{S}\cdot \overline{Q}} \tag{5-3}$$

$$\overline{Q}=\overline{Q\cdot \overline{R}} \tag{5-4}$$

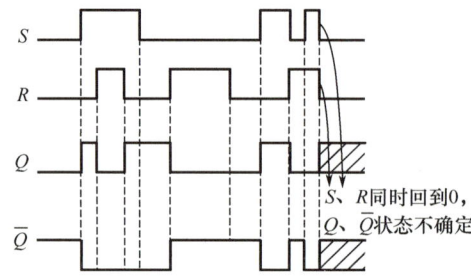

图 5.3 例 5.1 基本 SR 锁存器的输入波形及输出波形

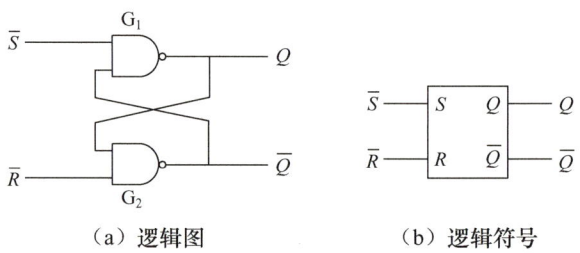

图 5.4 用与非门构成的基本 SR 锁存器

下面根据式（5-3）和式（5-4），在不同的输入情况下，分析该锁存器的逻辑功能。输入变量 $\overline{S}$（$\overline{R}$）是一个整体，其中字母 S（R）上面的横线不表示对变量 S（R）取非运算，而是表示该输入操作为低电平有效。

当 $\overline{S}=0$、$\overline{R}=1$ 时，$Q=1$、$\overline{Q}=0$。在 $\overline{S}=0$ 信号消失后（$\overline{S}$ 回到 1），由于有 Q 端的高电平接回 G_2 的另一个输入端，因此电路的 1 状态得以保持。

当 $\overline{S}=1$、$\overline{R}=0$ 时，$Q=0$、$\overline{Q}=1$。在 $\overline{R}=0$ 信号消失后，电路的 0 状态保持不变。

当 $\overline{S}=1$、$\overline{R}=1$ 时，电路保持原来的状态不变。

当 $\overline{S}=0$、$\overline{R}=0$ 时，$Q=\overline{Q}=1$，这既不是定义的 1 状态，又不是定义的 0 状态。在 $\overline{S}$ 和 $\overline{R}$ 同时回到 1 后，无法判定基本 SR 锁存器将回到 1 状态还是 0 状态。因此，此状态称为不确定状态，应避免这种情况发生。在正常工作时，输入信号应遵守 $\overline{S}+\overline{R}=1$ 的约束条件，即不允许 $\overline{S}=\overline{R}=0$。根据式（5-3）和式（5-4）可得用与非门构成的基本 SR 锁存器真值表，见表 5.2。

由图 5.4（a）可见，在基本 SR 锁存器中，因为输入信号直接加在输出门上，所以输入信号在全部作用时间（$\overline{S}$、$\overline{R}$ 为 0 的全部时间）内，都能直接改变输出端 Q 的状态，因此 $\overline{S}$ 也称直接置位端，$\overline{R}$ 也称直接复位端，这个电路称为直接置位、直接复位基本 SR 锁存器。

表 5.2　用与非门构成的基本 SR 锁存器真值表

$\overline{S}$	$\overline{R}$	Q	$\overline{Q}$	锁存器状态
1	1	不变	不变	保持
1	0	0	1	0
0	1	1	0	1
0	0	1	1	不确定

例 5.2　在图 5.5（a）中，用与非门构成的基本 SR 锁存器中，已知 $\overline{S}$、$\overline{R}$ 的输入波形如图 5.5（b）所示，试画出 Q 和 $\overline{Q}$ 端对应的输出波形。

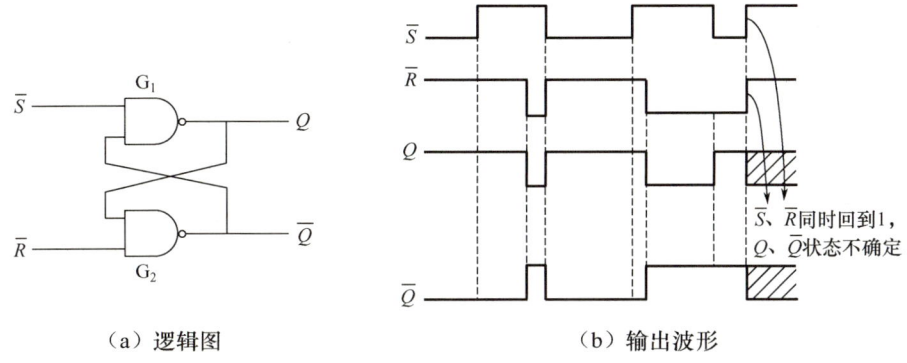

（a）逻辑图　　　　　　　　　　（b）输出波形

图 5.5　例 5.2 基本 SR 锁存器的逻辑图、输入波形和输出波形

解：由表 5.2 不难画出输出端 Q 和 $\overline{Q}$ 对应的输出波形。如果 $\overline{S}$ 和 $\overline{R}$ 同时由低电平变成高电平，则该基本 SR 锁存器的输出状态无法确定，致使对其失控。在实际使用中，应避免这种情况出现。具体输出端 Q 和 $\overline{Q}$ 对应的输出波形如图 5.5（b）所示。

2. 逻辑门控 SR 锁存器

前面讨论的基本 SR 锁存器，其输出状态是由输入端 S、R 的信号直接控制的。对于图 5.6（a）所示的电路，其是在与非门构成的基本 SR 锁存器前面增加了一对逻辑与门 G_3、G_4，用使能控制端 E 的信号控制锁存器在某指定时刻根据输入端 S、R 的信号确定输出状态。此类结构的 SR 锁存器常称为逻辑门控 SR 锁存器，如图 5.6 所示。与基本 SR 锁存器相比，逻辑门控 SR 锁存器增加了使能控制端 E。控制锁存使能控制端 E 的电平，可以使多个锁存器同步进行数据锁存操作。

由图 5.6（a）可知，输入信号 S、R 经过逻辑与门 G_4、G_3 传递，这两个逻辑与门各有一个输入信号受到使能控制端 E 的信号控制。当 E=0 时，G_3、G_4 被封锁，S、R 端的信号电平不会影响该 SR 锁存器的状态；当 E=1 时，G_3、G_4 被打开，S、R 端的信号被传送到后续的输入端，从而确定输出端 Q 和 $\overline{Q}$ 的状态。显然，当 E=1 时，逻辑门控 SR 锁存器的功能与表 5.1 描述的一致。

由图 5.6（b）可知，其方框内用 C1、1R、1S 表达内部逻辑之间的关系。C 表示这种关联属于控制类型，其后缀标识序号"1"表示该控制端的逻辑状态对所有前缀是"1"的输入起控制作用。因输入 R、S 受到 C1 端信号的控制，故 R、S 的前缀分别以"1"作为标识序号。

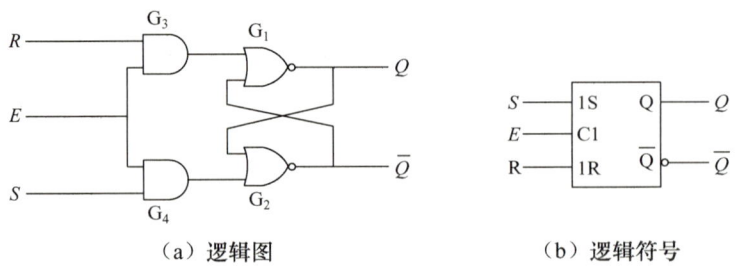

（a）逻辑图　　　　　　　　（b）逻辑符号

图 5.6　逻辑门控 SR 锁存器

例 5.3　图 5.6 所示的逻辑门控 SR 锁存器的输入端 E、S、R 的信号波形如图 5.7 中虚线上方所示。若该 SR 锁存器的初始状态 $Q=0$、$\overline{Q}=1$，试画出输出端 Q 和 $\overline{Q}$ 的波形。

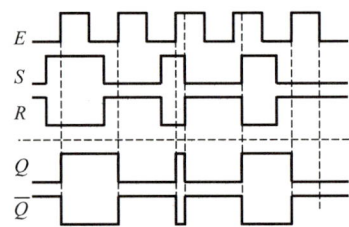

图 5.7　例 5.3 逻辑门控 SR 锁存器的输入波形和输出波形

解：当 $E=0$ 时，G_3、G_4 被封锁，S、R 端的信号电平不会影响输出端 Q 和 $\overline{Q}$ 的状态。当 $E=1$ 时，G_3、G_4 被打开，该 SR 锁存器的功能与或非门基本 SR 锁存器的一致，同时由于 S 和 R 的状态相反，当 $S=1$、$R=0$ 时，SR 锁存器处于置 1 功能；当 $S=0$、$R=1$ 时，SR 锁存器处于置 0 功能，因此输出端 Q 和 $\overline{Q}$ 的波形如图 5.7 中虚线下方所示。

由于逻辑门控 SR 锁存器存在约束条件 $SR=0$ 的限制，因此实际上很少直接应用逻辑门控 SR 锁存器。但是，许多集成锁存器和触发器都是由逻辑门控 SR 锁存器构成的，所以它仍是重要的基本时序逻辑电路。

5.1.2　D 锁存器

1. 逻辑门控 D 锁存器

消除图 5.6 逻辑门控 SR 锁存器不确定状态的简单方法是保证输入端 S 和 R 的信号状态互为反相。只需在输入 S 和 R 之间连接一个非门，即可实现 S 和 R 不会出现同时为 1 的条件。

通过一个非门将逻辑门控 SR 锁存器的两个输入端 S、R 合并成一个输入端 D，该电路称为逻辑门控 D 锁存器（图 5.8），其有两个输入端——信号输入端 D 和使能控制端 E。当 $E=0$ 时，G_3、G_4 输出均为 0，D 端信号不能通过，输出端 Q、$\overline{Q}$ 的状态均保持不变。

当需要更新状态时,将使能控制端 E 信号状态置 1。当 $E=1$ 时,输出端 Q、$\overline{Q}$ 的状态由输入端 D 的状态决定。如果 $D=0$,则输出 $Q=0$、$\overline{Q}=1$;如果 $D=1$,则输出 $Q=1$、$\overline{Q}=0$。在 E 由 1 跳变为 0 后,逻辑门控 D 锁存器将锁存跳变前瞬间 D 端的逻辑状态(0 或 1),即锁存了一位二进制数据。逻辑门控 D 锁存器真值表见表 5.3。在 $E=1$ 期间,Q 的状态随 D 的状态变化,但由于门电路存在延时,Q 的状态变化要比 D 的状态变化延后一点,因此其又称延时锁存器(其中变量名 D 是单词 delay 的首字母)。

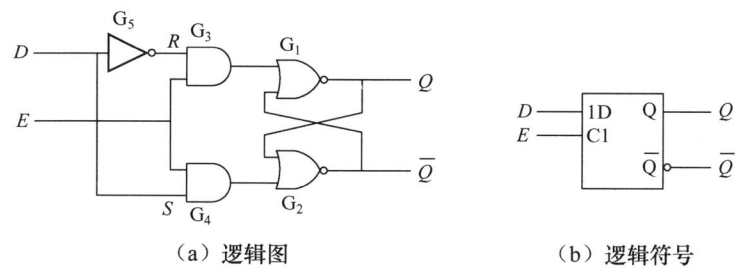

(a)逻辑图　　　　　　　　　(b)逻辑符号

图 5.8　逻辑门控 D 锁存器

表 5.3　逻辑门控 D 锁存器真值表

E	D	Q	$\overline{Q}$	锁存器状态
0	×	不变	不变	保持
1	0	0	1	置 0
1	1	1	0	置 1

2. 传输门控 D 锁存器

传输门控 D 锁存器如图 5.9 所示,其多见于 CMOS 门电路中,它与逻辑门控 D 锁存器的逻辑功能完全相同,但数据锁存不使用逻辑门控,而是在双稳态电路的基础上增加两个传输门 TG_1 和 TG_2 实现的。当 $E=1$ 时,$C=1$、$\overline{C}=0$,TG_1 导通、TG_2 截止,输入信号经非门 G_1、G_2,使 $Q=D$、$\overline{Q}=\overline{D}$。当 $E=0$ 时,$C=0$、$\overline{C}=1$,TG_1 截止、TG_2 导通,此时电路将被锁定在 E 信号由 1 跳变为 0 前一瞬间 D 信号的状态。

【拓展视频】

例 5.4　由图 5.9(a)可知,其输入端 D、E 的波形如图 5.10 虚线上方所示,试画出输出端 Q、$\overline{Q}$ 的波形。

解:根据表 5.3 可知,当 $E=1$ 时,输出端 Q 的波形随 D 变化;当 E 跳变为 0 时,该锁存器保持在跳变前瞬间的状态,为此可以画出输出端 Q、$\overline{Q}$ 的波形,如图 5.10 中虚线下方所示。

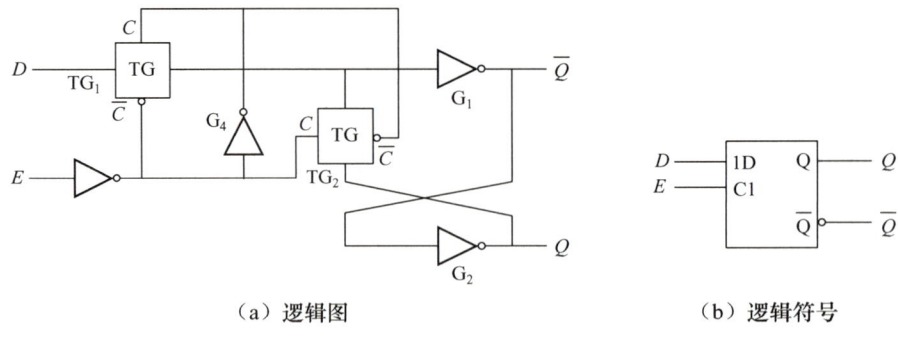

(a) 逻辑图　　　　　　　　　　　　(b) 逻辑符号

图 5.9　传输门控 D 锁存器

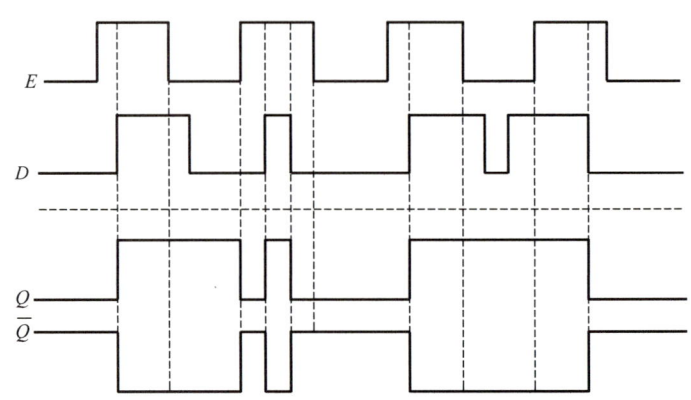

图 5.10　例 5.4 的输入波形和输出波形

5.2　触发器的电路结构和工作原理

如前所述，D 锁存器在使能控制信号 $E=1$ 期间更新状态，在图 5.11（a）所示的波形图中，粗黑部分表示状态更新时段。在此期间，它的输出会随输入信号变化，从而使很多时序逻辑功能不能实现。事实上，实现这些功能要求存储电路对时钟脉冲信号的某边沿敏感，而在其他时刻保持状态不变，不受输入信号变化的影响。这种对时钟脉冲信号的某边沿敏感的特性提高了存储电路的可靠性和抗干扰能力，同时克服了存储状态空翻现象。这种在时钟脉冲信号边沿作用下的状态更新称为触发，具有这种特性的存储单元电路称为触发器。有的触发器对时钟脉冲信号的上升沿敏感，则称为上升沿触发；有的触发器对时钟脉冲信号的下降沿敏感，称为下降沿触发。上升沿触发和下降沿触发的标记符分别为 CP 和 $\overline{CP}$，具体如图 5.11（b）、图 5.11（c）中箭头所示。

常用的触发器主要有三种电路结构：利用 CMOS 传输门构成的边沿触发器、维持阻塞 SR 触发器及利用传输延迟的边沿触发器。

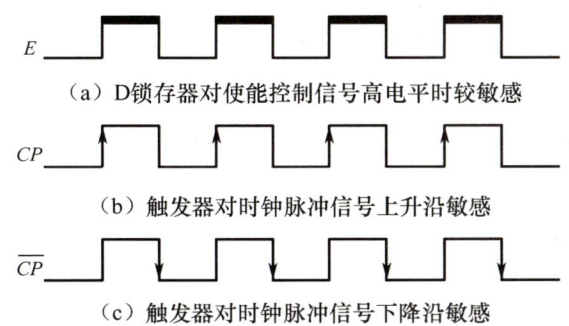

(a) D锁存器对使能控制信号高电平时较敏感

(b) 触发器对时钟脉冲信号上升沿敏感

(c) 触发器对时钟脉冲信号下降沿敏感

图 5.11　D 锁存器与触发器对使能控制信号及时钟脉冲信号的响应

5.2.1　利用 CMOS 传输门构成的边沿触发器

利用 CMOS 传输门构成的边沿触发器实质为两个 D 锁存器,其电路结构如图 5.12 所示。

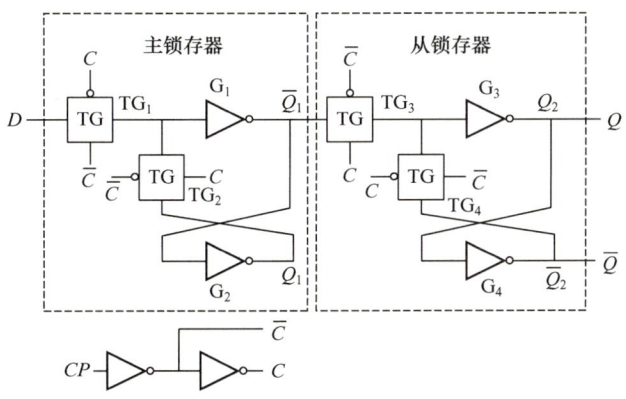

图 5.12　利用 CMOS 传输门构成的边沿触发器的电路结构

根据图 5.12 可知,主锁存器和从锁存器是两个利用 CMOS 传输门构成的 D 锁存器。当 $CP=0$ 时,$\overline{C}=1$、$C=0$,TG_1 导通、TG_2 截止,输入信号 D 送入主锁存器,$Q_1=D$、$\overline{Q_1}=\overline{D}$。在 $CP=0$ 期间,Q_1 的状态一直随 D 的状态变化。同时,TG_3 截止、TG_4 导通,从锁存器保持原来的状态不变。

当 CP 的上升沿到达时,$\overline{C}=0$、$C=1$,TG_1 截止、TG_2 导通。由于 G_2、TG_2 形成正反馈,Q_1 在 TG_1 变为截止的前一瞬间的状态被保存下来。同时,随着 TG_4 变为截止、TG_3 变为导通,$\overline{Q_1}$ 的状态通过 TG_3、G_3 送至输出端,使最终的输出 $Q^{n+1}=Q_2=D$,其中 D 的状态为 CP 由 0 变 1 瞬间(CP 上升沿)的对应状态。因此,这是一个上升沿触发的 D 触发器。

关于触发器的输出状态表示方法的说明:由于触发器的输出状态只有在 CP 的敏感边沿才可能发生变化,因此为了准确地表述触发器的逻辑功能,将触发器的输出状态分为触发前和触发后，用不同的变量表示。触发前的输出状态用 Q^n 表示，称为现态，也就是当前的状态；触发后的状态用 Q^{n+1} 表示，称为次态。对于时序逻辑电路的分析，人们总是用触发器当前的状态 Q^n 和当前的输入分析下一次触发过后触发器的状态 Q^{n+1}。因此，现态 Q^n 是可以测量的，次态 Q^{n+1} 是将来的输出状态，无法直接测量，只可通过分析、预测或计算得到。

为了增加触发器的异步置位和复位功能，引入 S_D 和 R_D 信号输入端。将图 5.12 中的四个反相器换成或非门，即可形成带异步置位和复位功能的 CMOS 传输门边沿触发的 D 触发器，如图 5.13 所示。S_D 和 R_D 信号高电平有效，采用原变量表示。这里所说的异步置位/复位是指置 1/置 0 操作不受时钟脉冲信号的限制，直接起作用；S_D 和 R_D 中的下角标 D 为单词 direct 的首字母。

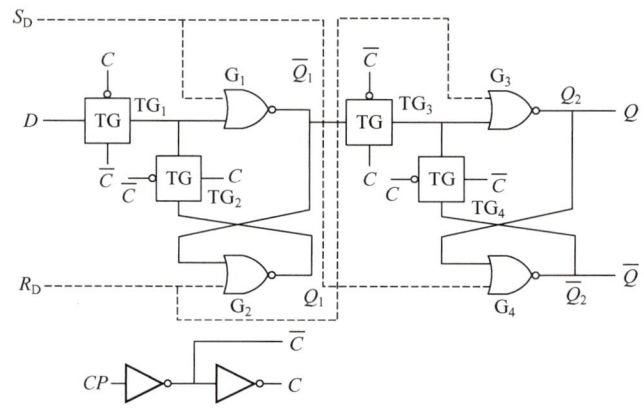

图 5.13　带异步置位和复位功能的 CMOS 传输门边沿触发的 D 触发器

上升沿触发的 D 触发器的逻辑符号如图 5.14 所示。逻辑符号中的时钟脉冲信号输入端 CP 内部的"＞"表示边沿触发方式，是区别于电平触发的锁存器的标志符号（若为下降沿触发，则在 CP 输入端加小圆圈，而上升沿不加小圆圈）。

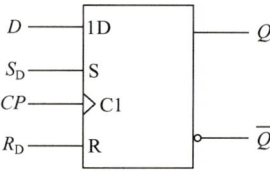

图 5.14　上升沿触发的 D 触发器的逻辑符号

上升沿触发的 D 触发器真值表见表 5.4。

根据表 5.4，当异步输入信号无效（$S_D R_D = 00$）时，触发器的次态 $Q^{n+1} = D$；当异步输入信号有效时，触发器的输出状态由异步信号确定，而与 CP 和 D 无关，即 S_D、R_D 的操作具有最高的优先级别。当异步输入信号同时有效（$S_D R_D = 11$）时，触发器的输出状态为不定态；因此，在使用触发器的异步输入信号时，两个异步输入信号不能同时有效，这个约束条件是与上一节中 SR 锁存器一样的。表中"↑"表示上升沿触发，"↓"表示下降沿触发。

表 5.4　上升沿触发的 D 触发器真值表

CP	S_D	R_D	D	Q^{n+1}
↑	0	0	0	0
↑	0	0	1	1
×	0	1	×	异步置 0
×	1	0	×	异步置 1
×	1	1	×	不定态

5.2.2　维持阻塞 SR 触发器

在 TTL 门电路中，维持阻塞 SR 触发器（图 5.15）用得较多，该电路是在 SR 锁存器的基础上演变得到的。

电平触发结构的锁存器存在空翻现象，这是因为在整个有效电平（如高电平）期间，锁存器均能接收信号、建立状态。克服空翻是指将电平触发缩短为边沿触发，将触发器接收信号、建立状态挪到 CP 的边沿，即只要在电路内部找一个封锁信号，封锁输入通道，并且在 $CP=1$ 期间一直起作用。

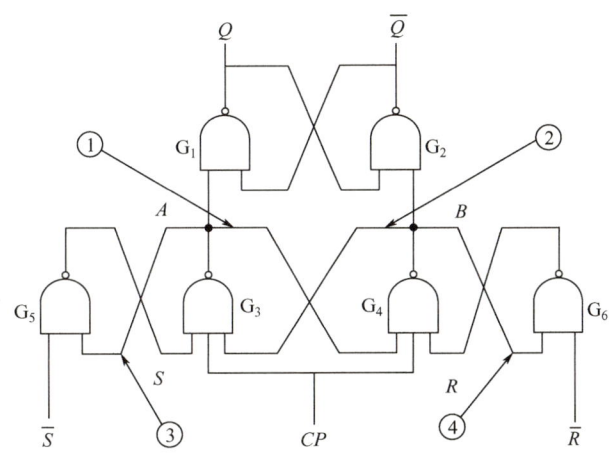

图 5.15　维持阻塞 SR 触发器

若图 5.15 所示的电路中没有 G_5、G_6 和①、②两根连线，则为 SR 锁存器，即在 $CP=1$ 期间均能接收输入信号 S、R 并建立输出状态。要构成边沿触发的 SR 触发器，A、B 可作为封锁信号。为此，电路增加了 G_5、G_6 两个与非门。

与非门 G_3、G_5 构成基本 SR 锁存器，当 $A=0$ 时，维持 $A=0$，同时封锁左通道（通过连线③封锁），称③为置 1 维持线。在 $CP=1$ 期间，输入信号 $\overline{S}$ 不能再次进入。

与非门 G_4、G_6 构成基本 SR 锁存器，当 $B=0$ 时，维持 $B=0$，同时封锁右通道（通过连线④封锁），称④为置 0 维持线。在 $CP=1$ 期间，输入信号 $\overline{R}$ 不能再次进入。

与非门 G_3、G_4 构成基本 SR 锁存器，当 $A=0$ 时，阻塞 $B=0$（通过连线①阻塞），同时封锁右通道（通过连线①封锁），称①为置 0 阻塞线；当 $B=0$ 时，阻塞 $A=0$（通过连线②阻塞），同时封锁左通道（通过连线②封锁），称②为置 1 阻塞线。阻塞的目的是防止 S、R 同时为 1，避免 A、B 同时为 0 而导致输出状态不定（Q、$\bar{Q}$ 都为 1）的情况出现。

当 CP 由高电平变为低电平后，$A=B=1$，输出端保持原来的状态不变。同时，左、右输入通道得到解除（G_5、G_6 两个与非门打开），为下一次输入信号做准备。

在每个 CP 周期内，只有在 CP 由低电平变为高电平的瞬间，输入信号才能进入一次，在之后的 CP 高电平期间，由于封锁信号的存在，输入信号不能再次进入。因此，该电路为上升沿触发的 SR 触发器。

维持阻塞 SR 触发器容易制成维持阻塞 D 触发器，如图 5.16 所示。

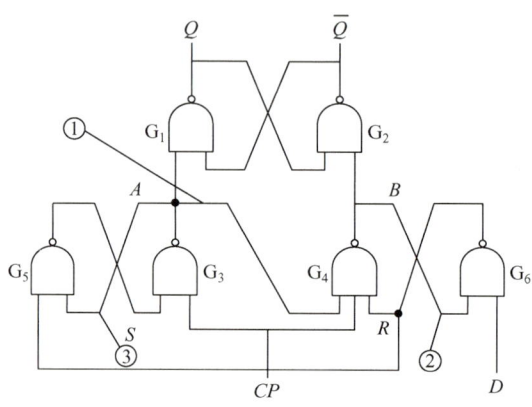

图 5.16　维持阻塞 D 触发器

在图 5.16 所示的电路中，D 为数据输入端，连线②兼有置 0 维持线和置 1 阻塞线的功能。

当 $D=1$ 时，CP 上升沿到达前，$S=1$、$R=0$，故 CP 上升沿到达后触发器置 1。

当 $D=0$ 时，CP 上升沿到达前，$S=0$、$R=1$，故 CP 上升沿到达后触发器置 0。

可见，该电路符合 D 触发器的逻辑关系，即

$$Q^{n+1}=D \tag{5-5}$$

式（5-5）为 D 触发器的特性方程。

例 5.5　已知图 5.13 所示的带异步置位和复位功能的 CMOS 传输门边沿触发的 D 触发器（$R_D=0$），其输入信号 CP、D、S_D 的波形如图 5.17 虚线上方所示。试画出输出端 Q 的波形。

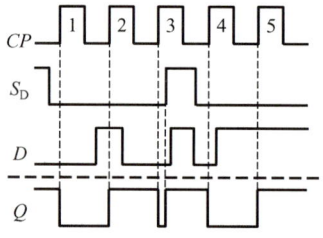

图 5.17　例 5.5 的输入波形和输出波形

解：由 D 触发器的功能可知，在异步输入信号有效的情况下，输出端 Q 取决于异步输入信号，所以输出端 Q 的初始状态为 1，在第 3 个 CP 高电平期间 $S_D=1$，则 $Q=1$；在异步输入信号无效的情况下，输出端 Q 取决于输入信号 D，触发器的次态由 CP 上升沿到达时 D 的状态确定。因此，输出端 Q 的波形如图 5.17 虚线下方所示。

5.2.3 利用传输延迟的边沿触发器

图 5.18 所示为利用传输延迟的边沿触发器。该电路分别由 G_{11}、G_{12}、G_{13} 和 G_{21}、G_{22}、G_{23} 构成两个与或非门，这两个与或非门构成 SR 锁存器，作为触发器的输出电路。而 G_3 和 G_4 两个与非门构成触发器的输入电路，接收输入信号 J、K。另外，在集成电路的工艺上，保证 G_3 和 G_4 两个与非门的传输延迟时间大于 SR 锁存器的翻转时间。该触发器的工作原理如下。

（1）当 $\overline{CP}=0$ 时，G_{12}、G_{22} 被 $\overline{CP}$ 信号封锁，G_3、G_4 也被 $\overline{CP}$ 封锁，无论 J、K 处于哪种状态，$\overline{S}$、$\overline{R}$ 都为 1，致使 G_{13}、G_{23} 打开，G_{11} 和 G_{21} 形成交叉耦合的保持状态，输出端 Q、$\overline{Q}$ 状态不变，触发器处于稳定状态。

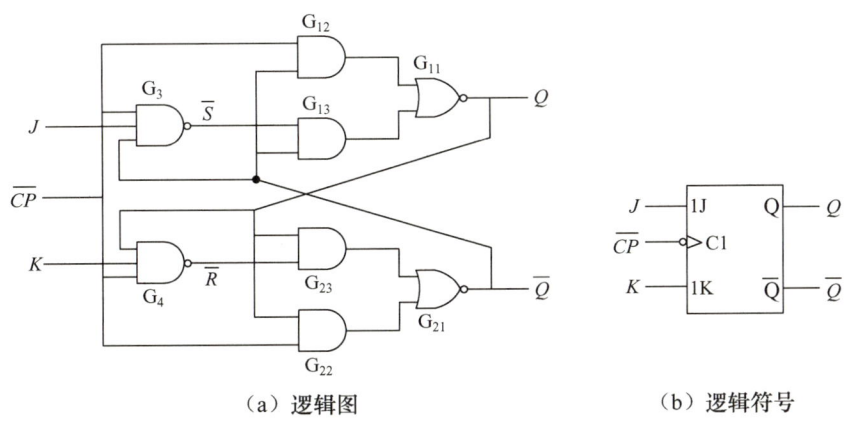

（a）逻辑图 （b）逻辑符号

图 5.18 利用传输延迟的边沿触发器

（2）$\overline{CP}$ 由 0 跳变为 1 的瞬间，G_{12}、G_{22} 传输延迟时间较短，抢先打开，使 G_{11} 和 G_{21} 继续处于锁定状态，输出仍保持不变。经过一段传输延迟后，$\overline{S}$、$\overline{R}$ 反映输入信号 J、K 的作用。设 $\overline{CP}$ 由 0 到 1 跳变前触发器的状态为 Q^n，根据图 5.18 所示的电路，在此后的 $\overline{CP}=1$ 期间，Q、$\overline{Q}$ 的状态与 $\overline{CP}$ 跳变前相同。

（3）$\overline{CP}$ 由 1 跳变为 0 的瞬间，G_{12}、G_{22} 抢先关闭，而 G_3、G_4 传输延迟，使得 $\overline{S}$、$\overline{R}$ 仍作用于 G_{13}、G_{23} 的输入端。在 $\overline{S}$、$\overline{R}$ 尚未来得及变化的期间，由于 G_{12}、G_{22} 均输出 0，因此触发器状态由前一状态转换为下一状态。随着 G_3、G_4 传输延迟的结束，$\overline{S}$、$\overline{R}$ 均为 1，触发器又处于上述（1）中的分析情况。

由于这种触发器的状态转换发生在时钟脉冲信号由 1 跳变为 0 的瞬间，即时钟脉冲信号的下降沿，因此在图 5.18 所示的电路中用 $\overline{CP}$ 表示。

根据以上利用传输延迟的边沿触发器的工作原理分析，不难得出触发器的下一状态

（次态）Q^{n+1} 与现态 Q^n 及当前输入 J、K 的逻辑关系，即

$$Q^{n+1}=J\overline{Q^n}+\overline{K}Q^n \tag{5-6}$$

式（5-6）为利用传输延迟的边沿触发器的特性方程。由此方程可以看出，Q^{n+1} 是 Q^n、J、K 的函数。

由以上介绍的三种边沿触发器的工作原理可知，边沿触发器的次态仅取决于时钟脉冲信号上升沿或下降沿到达时刻的输入信号状态，而与之前或之后输入信号的状态无关，这种特性保证了触发器的状态在每个 CP 周期只触发一次，有效提高了触发器的抗干扰能力，克服了触发器的空翻现象。

5.3　触发器的动态特性

5.3.1　SR 锁存器的动态特性

分析触发器的动态特性，即找出输入信号、时钟脉冲信号及其配合的关系，考虑 SR 锁存器是构成其他触发器的基础，有必要探讨 SR 锁存器的动态特性。

1. 输入信号宽度

输入信号宽度是指从输入信号有效的情况下至输出状态稳定建立所需要的时间。为方便起见，假定所有门电路的传输延迟时间都相等，用 t_{pd} 表示。用与非门构成的基本 SR 锁存器的输入波形和输出波形如图 5.19 所示。

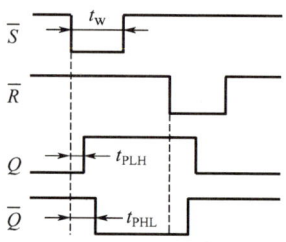

图 5.19　用与非门构成的基本 SR 锁存器的输入波形和输出波形

设 SR 锁存器的初始状态为 $Q=0$、$\overline{Q}=1$，当 $\overline{S}$ 信号的下降沿到达后，经过 G_1 的传输延迟时间为 t_{pd}，Q 端变为高电平。这个高电平加到 G_2 的输入端，再经过 G_2 的传输延迟时间 t_{pd}，使 $\overline{Q}$ 变为低电平。当 $\overline{Q}$ 的低电平反馈到 G_1 的输入端后，即使 $\overline{S}=0$ 的信号消失（$\overline{S}$ 回到高电平），锁存器被置 1 状态也可以保持。可见，为保证 SR 锁存器的可靠翻转，只有等到 $\overline{Q}=0$ 的状态反馈到 G_1 的输入端，才可以撤销 $\overline{S}=0$ 的信号。因此，$\overline{S}$ 的输入信号宽度应满足 $t_w \geqslant 2t_{pd}$。同理，$\overline{R}$ 的输入信号宽度也应满足 $t_w \geqslant 2t_{pd}$。

2. 传输延迟时间

传输延迟时间是指输入信号到达至 SR 锁存器的新状态稳定建立所需要的时间。从以上分析可以看出，SR 锁存器输出端 Q 从低电平到高电平的传输延迟时间 $t_{PLH}=t_{pd}$；SR 锁

存器输出端 $\overline{Q}$ 从高电平到低电平的传输延迟时间 $t_{PHL}=2t_{pd}$。

5.3.2 维持阻塞 SR 触发器的动态特性

1. 建立时间

由于维持阻塞 SR 触发器的 CP 信号是加到 G_3 和 G_4 上的，因此在 CP 上升沿到达之前，S 和 R 信号应稳定建立起来，输入信号 $\overline{S}$ 要经过 G_5 的传输延迟之后才能稳定建立 S 信号，输入信号 $\overline{R}$ 要经过 G_6 的传输延迟之后才能稳定建立 R 信号，故输入信号 $\overline{S}$ 和 $\overline{R}$ 要先于 CP 的上升沿到达，而且建立时间应满足 $t_{set} \geqslant 2t_{pd}$。维持阻塞 SR 触发器的输入波形和输出波形如图 5.20 所示。

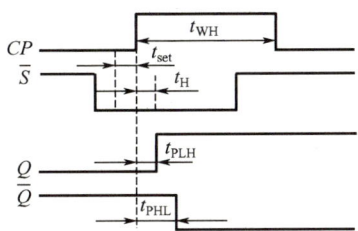

图 5.20 维持阻塞 SR 触发器的输入波形和输出波形

2. 保持时间

为实现边沿触发，应保证在 CP 为高电平期间 G_5（或 G_6）的输出始终保持不变，不受输入端 $\overline{S}$ 或 $\overline{R}$ 变化的影响。下面以 $\overline{R}=1$ 为例进行探讨。

在 $\overline{S}=0$ 的情况下，当 CP 的上升沿到达后，要等 G_3 的输出端反馈至 G_5 的输入端后，$\overline{S}$ 端的信号才允许变化，因此输入低电平的保持时间应满足 $t_{HL} \geqslant t_{pd}$。

在 $\overline{S}=1$ 的情况下，由于 CP 上升沿到达后，$\overline{R}=1$，G_4 输出为 0，G_4 输出的低电平反馈至 G_3 的输入端将 G_3 封锁，不要求输入信号 $\overline{S}$ 保持不变。因此输入高电平的保持时间 $t_{HH}=0$。

3. 传输延迟时间

由图 5.20 不难推算出，从 CP 上升沿到达后开始计算，维持阻塞 SR 触发器输出端 Q 从低电平到高电平的传输延迟时间 $t_{PLH}=2t_{pd}$；维持阻塞 SR 触发器输出端 $\overline{Q}$ 从高电平到低电平的传输延迟时间 $t_{PHL}=3t_{pd}$。

4. 最高时钟工作频率

为了保证由 $G_1 \sim G_4$ 构成的电平触发的触发器能可靠翻转，CP 高电平的持续时间应大于 t_{PHL}，即 $t_{WH} \geqslant t_{PHL}$。而为了在下一个 CP 上升沿到达之前确保 G_5、G_6 新的输出电平稳定建立，CP 低电平的持续时间不应小于 G_3 的传输延迟时间和 t_{set} 之和，即时钟脉冲信号低电平的宽度 $t_{WL} \geqslant t_{pd}+t_{set}$。由此可得最高时钟工作频率的计算公式为

$$f_{CP(max)}=\frac{1}{t_{WH}+t_{WL}}=\frac{1}{t_{set}+t_{pd}+t_{PHL}}=\frac{1}{6t_{pd}}$$

实际上，触发器的内部逻辑采用了各种形式的简化电路，每个门的传输延迟时间是不相等的，且其传输延迟时间比标准输入输出结构的门电路的传输延迟时间小得多。本节探讨的门电路动态特性是假设所有门电路的传输延迟时间都相等，得出的一些结果只是用来说明并理解有关的物理概念。

5.4 触发器的逻辑功能

由于复杂的数字电路都涉及二值信号的运算和存储，因此在数字电路中需要使用具有记忆特性的基本逻辑单元。能够存储一位二值信号的基本单元电路称为触发器，包括电平操作的锁存器和脉冲操作的触发器。它是数字电路中的基本记忆元件。从广义上分类，触发器可分为双稳态触发器、单稳态触发器和无稳态触发器三类，在时序逻辑电路中广泛使用的是双稳态触发器。

为了实现记忆一位二值信号的功能，双稳态触发器必须具备如下两个主要特点。

（1）具有两个能自行保持的稳定状态，可用来表示逻辑状态的 0 和 1 或二进制数的 0 和 1。

（2）在触发信号的作用下，根据不同的输入信号，触发器可以置 1 或 0，并能将该状态保持。

种类繁多的双稳态触发器有不同的分类方法。

根据触发器电路结构的不同，双稳态触发器可分为基本 SR 触发器和时钟触发器。其中，时钟触发器包括电平触发器、主从触发器和边沿触发器。不同电路结构的触发器有不同的触发方式。

根据触发器的逻辑功能不同，双稳态触发器可分为 SR 触发器、JK 触发器、D 触发器、T 触发器和 T′触发器。

此外，根据存储数据的原理不同，双稳态触发器可分为静态触发器和动态触发器两大类。静态触发器通过电路状态的自锁存储数据；而动态触发器通过在 MOS 管栅极输入电容上存储的电荷数据。例如，输入电容上存有电荷为 0 状态，没有存电荷为 1 状态。下面只介绍静态触发器。

对于使用者来说，最关键的是掌握各种触发器的逻辑功能。触发器的逻辑功能一般采用真值表、特性方程、状态转换图等描述。

5.4.1　SR 触发器

【拓展视频】

凡在时钟脉冲信号作用下逻辑功能符合表 5.5 中规定的逻辑功能者，无论触发方式如何都称为 SR 触发器。

如果把表 5.5 所规定的逻辑关系写成逻辑函数表达式，则得到

$$\begin{cases} Q^{n+1}=\overline{S}\,\overline{R}Q^n+S\overline{R}\,\overline{Q^n}+S\overline{R}Q^n \\ SR=0 \text{（约束条件）} \end{cases}$$

表 5.5 SR 触发器真值表

输入		现态	次态	功能
S	R	Q^n	Q^{n+1}	
0	0	0	0	保持
0	0	1	1	
0	1	0	0	置 0
0	1	1	0	
1	0	0	1	置 1
1	0	1	1	
1	1	0	不定	不允许
1	1	1	不定	

利用约束条件将上式化简，得

$$\begin{cases} Q^{n+1}=S+\overline{R}Q^n \\ SR=0 \text{（约束条件）} \end{cases} \quad (5-7)$$

式（5-7）称为 SR 触发器的特性方程。

此外，可以用图 5.21 所示的状态转换图形象地表示 SR 触发器的逻辑功能。图中用两个圆圈分别代表触发器的两个状态，用箭头表示状态转换的方向，同时在箭头的旁边注明状态转换的条件。

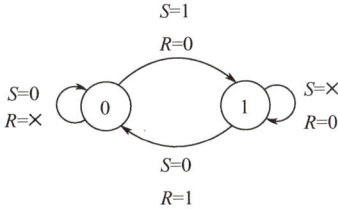

图 5.21 SR 触发器的状态转换图

5.4.2 JK 触发器

凡在时钟脉冲信号作用下逻辑功能符合表 5.6 中规定的逻辑功能者，无论触发方式如何都称为 JK 触发器。

表 5.6 JK 触发器真值表

输入		现态	次态	功能
J	K	Q^n	Q^{n+1}	
0	0	0	0	保持
0	0	1	1	

续表

输入		现态	次态	功能
J	K	Q^n	Q^{n+1}	
0	1	0	0	置0
0	1	1	0	
1	0	0	1	置1
1	0	1	1	
1	1	0	1	翻转
1	1	1	0	

根据表 5.6，可以写出 JK 触发器的特性方程，化简后为

$$Q^{n+1} = J\overline{Q^n} + \overline{K}Q^n \tag{5-8}$$

JK 触发器的状态转换图如图 5.22 所示。

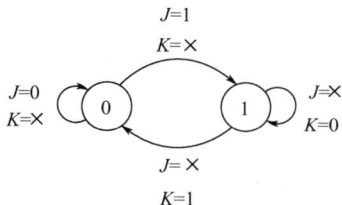

图 5.22　JK 触发器的状态转换图

5.4.3　T 触发器

【拓展视频】

在某些应用场合下，需要一种逻辑功能的触发器，当控制信号 $T=1$ 时，每输入一个时钟脉冲信号，它的状态就翻转一次；当 $T=0$ 时，时钟脉冲信号到达后，其状态保持不变。具备这种逻辑功能的触发器称为 T 触发器。其真值表见表 5.7。

表 5.7　T 触发器真值表

输入	现态	次态	功能
T	Q^n	Q^{n+1}	
0	0	0	保持
0	1	1	
1	0	1	翻转
1	1	0	

根据表 5.7，可以写出 T 触发器的特性方程，即
$$Q^{n+1}=T\overline{Q^n}+\overline{T}Q^n \tag{5-9}$$
T 触发器的状态转换图如图 5.23 所示。

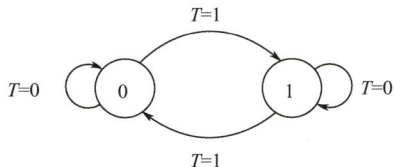

图 5.23　T 触发器的状态转换图

事实上，只要将 JK 触发器的两个输入端连在一起作为 T 端，就可以构成 T 触发器。因此，在触发器的定型产品中通常没有专门的 T 触发器。

当 T 触发器的控制端接至固定的高电平时（T 恒等于 1），式（5-9）变为
$$Q^{n+1}=\overline{Q^n} \tag{5-10}$$
即每次 CP 信号作用后触发器必然翻转成与现态相反的状态。

5.4.4　D 触发器

在时钟脉冲信号作用下逻辑功能符合表 5.8 中规定的逻辑功能者，无论触发方式如何都称为 D 触发器。

根据表 5.8，可以写出 D 触发器的特性方程，即
$$Q^{n+1}=D \tag{5-11}$$
D 触发器真值表见表 5.8。

表 5.8　D 触发器真值表

输入	现态	次态	功能
D	Q^n	Q^{n+1}	
0	0	0	置 0
0	1	0	
1	0	1	置 1
1	1	1	

D 触发器的状态转换图如图 5.24 所示。

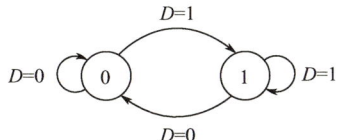

图 5.24　D 触发器的状态转换图

【拓展视频】

5.4.5 T′触发器

T′触发器没有输入端,每输入一个时钟脉冲信号 CP,该触发器的状态就翻转一次,其次态仅与现态有关。

T′触发器真值表见表 5.9。

表 5.9 T′触发器真值表

现态	次态	功能
Q^n	Q^{n+1}	
0	1	翻转
1	0	

T′触发器的状态转换图如图 5.25 所示。

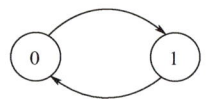

图 5.25 T′触发器的状态转换图

同理,可以推导出 T′触发器的特性方程,即

$$Q^{n+1} = \overline{Q^n} \tag{5-12}$$

将 JK 触发器、D 触发器、T 触发器、T′触发器真值表比较后不难看出,JK 触发器的逻辑功能最强,它包含了 D 触发器、T 触发器和 T′触发器的所有逻辑功能。因此,在需要使用 D 触发器、T 触发器和 T′触发器的场合,完全可以用 JK 触发器来取代。例如,在需要 D 触发器时,只要将 D 端作为 JK 触发器的 J 端,D 端经反相器后作为 JK 触发器的 K 端使用,就可以实现 D 触发器的逻辑功能;在需要 T 触发器时,只要将 J、K 端连在一起当作 T 端使用,就可以实现 T 触发器的逻辑功能;在需要 T′触发器时,只要将 J、K 端连在一起接高电平使用,就可以实现 T′触发器的逻辑功能。因此,在目前生产的触发器定型产品中只有 JK 触发器和 D 触发器两大类。

另外,每种触发器都设置了异步置位 S_D($\overline{S_D}$,低电平有效)和异步复位 R_D($\overline{R_D}$)输入端。

本 章 小 结

具有记忆或存储一位二进制信息功能的逻辑电路单元称为触发器。

1. 触发器按电路结构的不同分为基本 SR 触发器和时钟触发器。其中,时钟触发器包括电平触发器、主从触发器和边沿触发器。不同电路结构的触发器有不同的触发方式。

2. 时钟触发器按逻辑功能可分为 SR 触发器、JK 触发器、D 触发器、T 触发器和 T′触发器。这些逻辑功能可用真值表、特性方程或状态转换图来描述。

3. 为了保证触发器能可靠翻转,输入信号、时钟脉冲信号及其在时间上的相互配合应满足一定的要求。这些要求表现在对建立时间、保持时间、输入信号宽度和最高时钟工作频率上。对于具体型号的触发器，可从数据手册上查阅其动态参数。

5.1 为什么 SR 锁存器的输入信号需要遵守 $SR=0$ 的约束条件？

5.2 已知在 SR 锁存器电路中，输入端 $\overline{S}$、$\overline{R}$ 的波形如图 5.26 所示，试画出图中电路输出端 Q 和 $\overline{Q}$ 的波形。

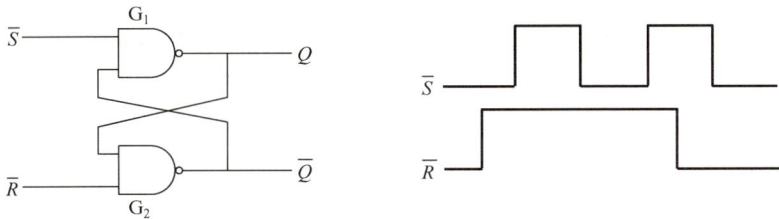

图 5.26 题 5.2 图

5.3 图 5.27（a）所示为防抖动输出的开关电路。当拨动开关 S 时，开关触点接通瞬间发生振颤，$\overline{S}$ 和 $\overline{R}$ 的输入波形如图 5.27（b）所示，试画出输出端 Q 和 $\overline{Q}$ 的波形。

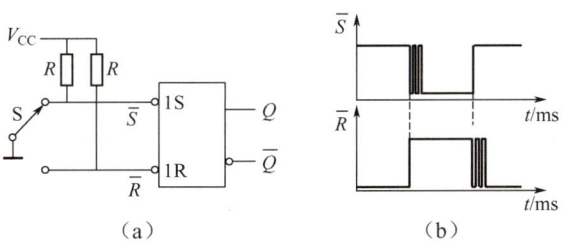

图 5.27 题 5.3 图

5.4 已知逻辑门控 SR 触发器，若 E、S、R 的输入波形如图 5.28 所示，试画出输出端 Q 和 $\overline{Q}$ 的波形。设触发器的初始状态 $Q=0$。

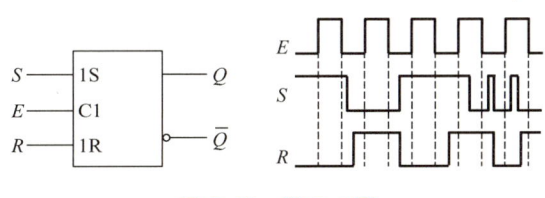

图 5.28 题 5.4 图

5.5 在逻辑门控 SR 触发器中，各输入端的波形如图 5.29 所示，试画出输出端 Q、$\overline{Q}$ 的波形。设触发器的初始状态为 $Q=0$。

5.6 已知逻辑门控 D 触发器，若 E、D 的输入波形如图 5.30 所示，试画出输出端 Q 和 $\overline{Q}$ 的波形。设触发器的初始状态为 $Q=0$。

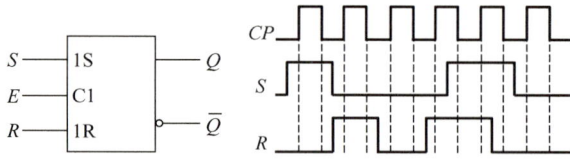

图 5.29　题 5.5 图

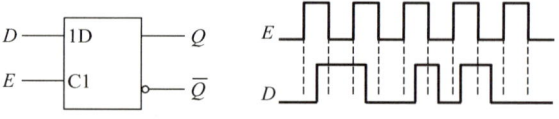

图 5.30　题 5.6 图

5.7　在带异步置位和复位功能的边沿触发的 SR 触发器中，已知异步输入信号 $S_D=0$。各输入端的波形如图 5.31 所示，试画出输出端 Q、$\overline{Q}$ 的波形。设触发器的初始状态为 $Q=0$。

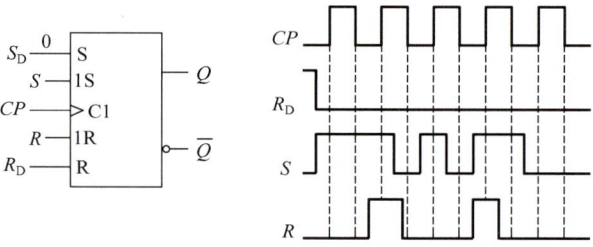

图 5.31　题 5.7 图

5.8　在边沿触发的 JK 触发器中，各输入端的波形如图 5.32 所示，试画出输出端 Q、$\overline{Q}$ 的波形。设触发器的初始状态为 $Q=0$。

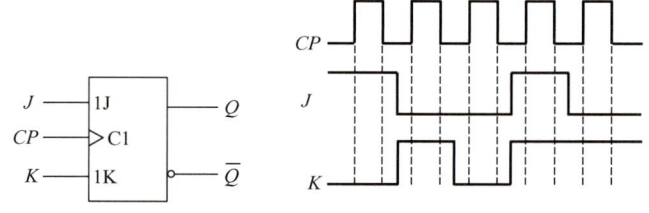

图 5.32　题 5.8 图

5.9　图 5.33 所示电路中各触发器的初始状态均为 $Q=0$，试画出在 CP 信号连续作用下各触发器输出端的波形。

5.10　在边沿触发的 T 触发器中，各输入端的波形如图 5.34 所示，试画出输出端 Q、$\overline{Q}$ 的波形。设触发器的初始状态为 $Q=0$。

5.11　在边沿触发的 D 触发器中，各输入端的波形如图 5.35 所示，试画出输出端 Q、$\overline{Q}$ 的波形。设触发器的初始状态为 $Q=0$。

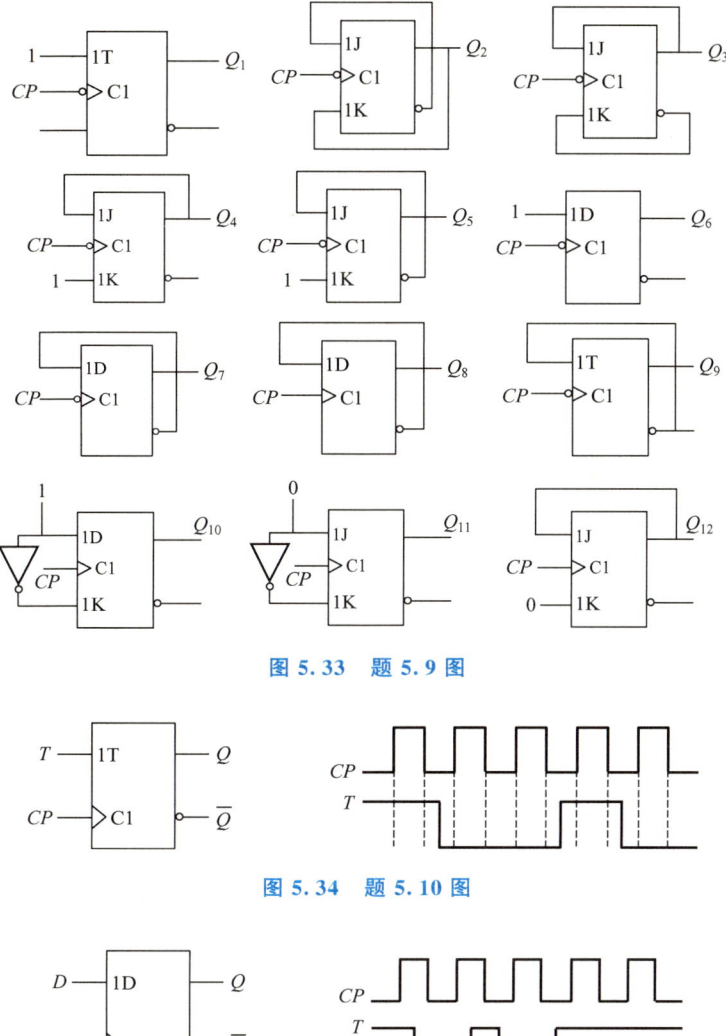

图 5.33 题 5.9 图

图 5.34 题 5.10 图

图 5.35 题 5.11 图

5.12 在边沿触发的 D 触发器中,各输入端的波形如图 5.36 所示,试画出输出端 Q、$\overline{Q}$ 的波形。设触发器的初始状态为 $Q=0$。

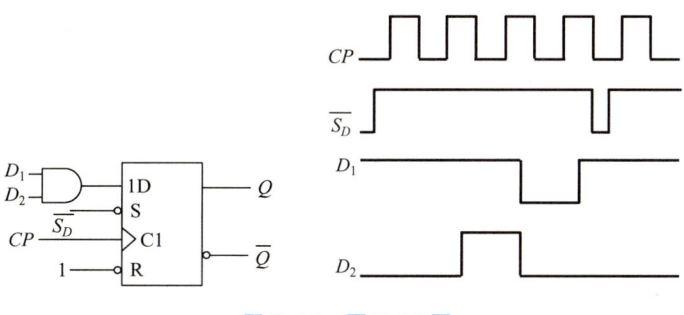

图 5.36 题 5.12 图

5.13 在边沿触发的 T 触发器中，各输入端的波形如图 5.37 所示，试画出输出端 Q、$\bar{Q}$ 的波形。设触发器的初始状态为 $Q=0$。

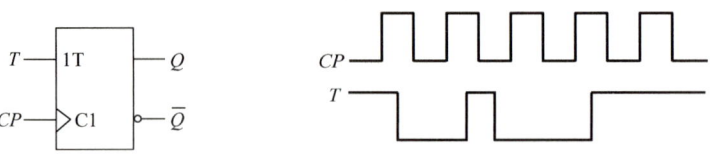

图 5.37 题 5.13 图

5.14 在带异步输入信号的边沿触发的 JK 触发器中，各输入端的波形如图 5.38 所示，试画出输出端 Q、$\bar{Q}$ 的波形。设触发器的初始状态为 $Q=0$。

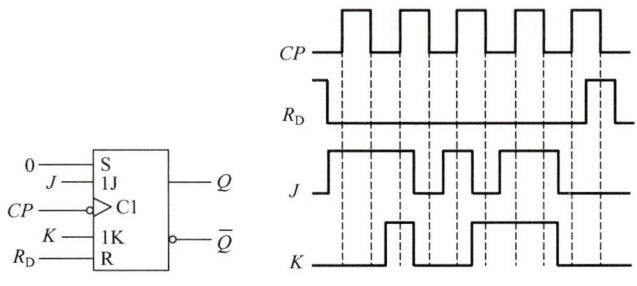

图 5.38 题 5.14 图

5.15 由触发器构成的电路如图 5.39 所示，已知输入端 CP 的波形，试画出输出端 Q_1、Q_2 的波形。设触发器 Q_1、Q_2 的初始状态均为 0。

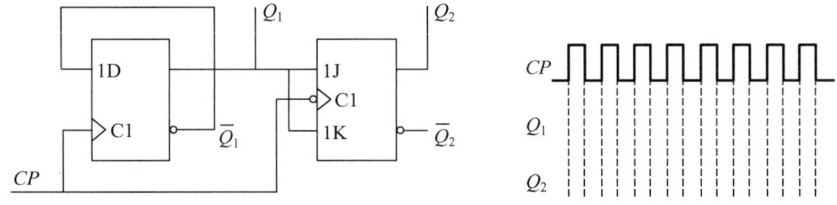

图 5.39 题 5.15 图

5.16 由触发器构成的电路如图 5.40 所示，已知输入端 CP 的波形，试画出输出端 Q_1、Q_2 的波形。设触发器 Q_1、Q_2 的初始状态均为 0。

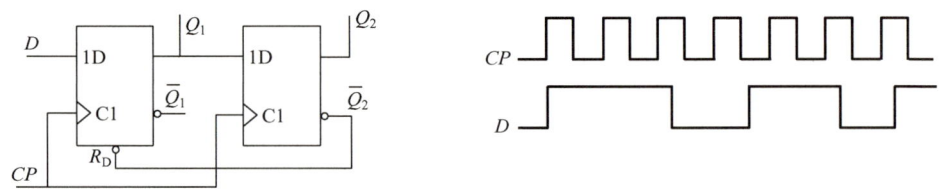

图 5.40 题 5.16 图

5.17 边沿触发的 D 触发器构成的脉冲分频电路如图 5.41 所示，已知输入端 CP 的波形，试画出输出端 Y 的波形。设触发器 Q_1、Q_2 的初始状态均为 0。

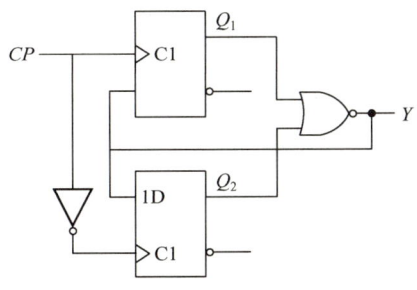

图 5.41 题 5.17 图

5.18 门电路与触发器构成的电路如图 5.42 所示，写出次态（Q_1^{n+1}、Q_2^{n+1}）与现态及输入变量的逻辑函数表达式；画出在给定输入信号 CP、A、B 下的 Q_1、Q_2 输出波形。设各触发器的初始状态均为 0。

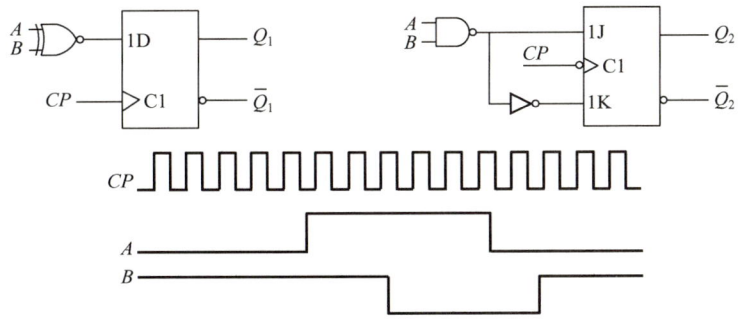

图 5.42 题 5.18 图

【在线答题】

第 6 章 时序逻辑电路

本章知识框架

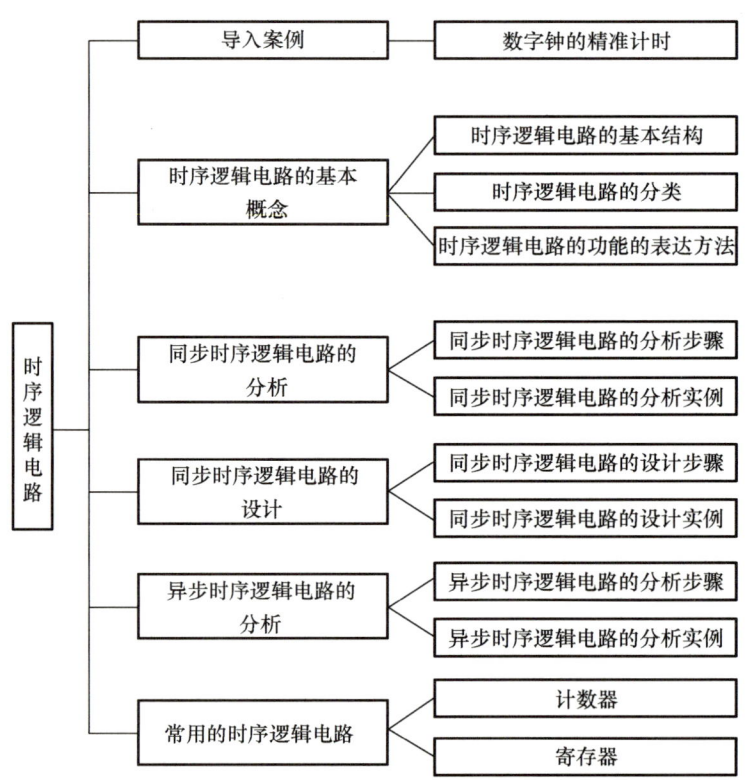

学习目标

知识目标	1. 了解时序逻辑电路的相关概念
	2. 掌握如何分析和设计时序逻辑电路
	3. 熟悉常用的时序逻辑电路，掌握时序逻辑电路的应用
能力和素质目标	1. 学会辨别实际生活中的时序逻辑电路，将理论联系实际，加深对时序逻辑电路的了解
	2. 培养系统级设计能力，理解时序逻辑电路在复杂系统中的核心地位

数字钟的精准计时

在日常生活中，无论是早晨起床、工作学习还是休闲娱乐，我们都离不开时间的指引。而数字钟（图 6.0）作为现代生活中常见的计时工具，成为人们把握时间的好帮手。

图 6.0 数字钟

数字钟之所以能够精准计时，是因为其中时序逻辑电路的巧妙应用。时序逻辑电路是一种特殊的数字电路，它不仅能够处理当前的输入信号，还能够根据电路的历史状态来决定输出。在数字钟中，时序逻辑电路通过一系列精心设计的触发器、计数器，实现了对时间的精确计量和显示。

当数字钟接通电源时，内部的时序逻辑电路开始工作。时钟脉冲信号作为驱动源，不断地触发电路中的触发器进行状态转换。这些触发器按照一定的逻辑规则，将时间信息逐步累积起来，并通过显示器以数字的形式呈现出来。

例如，在常见的秒表功能中，时序逻辑电路会精确地记录每一秒的流逝。当秒数达到 60 时，电路会自动进位到分钟位，实现时间的连续计量。这种进位机制正是通过触发器之间的级联和逻辑运算来实现的。

此外，数字钟通常具备闹钟、计时器等附加功能。这些功能的实现同样离不开时序逻辑电路的支持。例如，在设定闹钟时，用户通过按键输入目标时间，时序逻辑电路会将这些信息存储起来，并在达到设定时间时触发闹钟响铃。

通过这个案例，我们可以看到时序逻辑电路在数字钟精准计时中的关键作用。它不仅实现了对时间信息的精确处理和显示，还赋予了数字钟丰富的功能和高度的可靠性。

时序逻辑电路中不仅有逻辑运算功能的组合电路，还有能够记忆电路状态的锁存器或触发器。因此，时序逻辑电路的输出不仅与当前的输入有关，而且与其输出状态的原始状态有关，相当于在组合逻辑电路的输入端加上了一个反馈输入。

时序逻辑电路分为同步时序逻辑电路和异步时序逻辑电路。在同步时序逻辑电路中，所有存储元件都由同一时钟脉冲信号驱动，状态变化同步发生。异步时序逻辑电路无同一时钟脉冲信号驱动，状态变化由输入信号直接触发（如事件驱动）。

本章将主要讲解同步时序逻辑电路和异步时序逻辑电路的工作原理、分析方法和设计方法，以及逻辑设计中常用的典型时序逻辑电路。

6.1 时序逻辑电路的基本概念

时序逻辑电路是数字电路中的一大类，它不仅依赖当前的输入信号，还依赖电路过去的状态（历史输入）来产生输出。这种电路通常包含存储元件（如触发器、锁存器等），用于记忆电路的状态。比如，常见的数字钟系统通常由多个计数器、分频器、译码器和显示器组成。计数器记录时间的流逝；分频器将高频时钟脉冲信号转换为适合计数的低频时钟脉冲信号；译码器将计数器的输出转换为适合显示器显示的形式，最终通过显示器呈现给用户。

【拓展视频】

通过这个例子不难看出，时序逻辑电路在电路结构上有以下两个显著的特点。

（1）时序逻辑电路包含存储电路，存储电路是必不可少的。

（2）存储电路的输出状态必须反馈到组合逻辑电路的输入端，与输入信号一起决定组合逻辑电路的输出。

6.1.1　时序逻辑电路的基本结构

时序逻辑电路是在组合逻辑电路的基础上加入存储单元，其基本结构如图 6.1 所示。

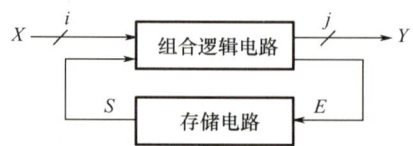

图 6.1　时序逻辑电路的基本结构

时序逻辑电路一般包含组合逻辑电路、存储电路和反馈电路,其中反馈电路可以将存储电路的输出状态反馈到组合逻辑电路的输入端,与输入信号共同决定整个电路的输出;存储电路是时序逻辑电路的重要组成部分,将组合逻辑电路的输出状态作为输入信号存储到存储元件中。

在图 6.1 中,X 为输入信号,可以有一个或多个输入信号,$X=(X_1,X_2,\cdots,X_i)$;Y 为输出信号,可以有一个或多个输出信号,$Y=(Y_1,Y_2,\cdots,Y_j)$;E 为激励信号,用以驱动存储电路转换到下一个状态,$E=(E_1,E_2,\cdots,E_k)$;S 为状态信号,它是存储电路的状态,也是时序逻辑电路的当前状态,$S=(S_1,S_2,\cdots,S_m)$。

输入信号 X 与反馈回来的状态信号 S 一起作用于组合逻辑电路的输入端,产生时序逻辑电路的输出信号 Y,并产生作用到存储电路的激励信号 E,从而确定逻辑电路的次态。上述四组变量之间的逻辑关系可用下列三个方程表达。

(1) 输出方程。
$$Y=f_1(X,S) \tag{6-1}$$
它表达了输出信号 Y 与输入信号 X、状态变量 S 的关系。

(2) 激励方程。
$$E=f_2(X,S) \tag{6-2}$$
它表达了激励信号 E 与输入信号 X、状态变量 S 的关系。

(3) 状态转换方程。
$$S^{n+1}=f_3(E,S^n) \tag{6-3}$$
它表达了存储电路在激励信号 E 的作用下从现态 S^n 到次态 S^{n+1} 的转换关系。

6.1.2 时序逻辑电路的分类

时序逻辑电路有如下不同的分类方式。

(1) 按逻辑功能分类。

按逻辑功能不同,时序逻辑电路可分为计数器、寄存器、存储器、顺序脉冲发生器等。

① 计数器。计数器是一种特殊的时序逻辑电路,用于跟踪事件发生的次数。根据计数方式和用途的不同,计数器可分为二进制计数器、十进制计数器、上计数器(递增)、下计数器(递减)及可逆计数器(既能递增又能递减)。计数器通常由多个触发器级联而成,通过适当的逻辑连接实现计数功能。

② 寄存器。寄存器是存储数字信息的时序逻辑电路,通常由多个触发器组成,每个触发器存储一位二进制数据。并行寄存器允许同时加载所有位的数据,而串行寄存器逐位处理数据。移位寄存器是一种特殊的寄存器,它能在时钟脉冲信号的驱动下,将数据位沿一个方向(左移或右移)依次传递。移位寄存器广泛应用于数据串行化/解串行化、延迟线、循环计数器等场合。

③ 存储器。存储器通常指随机存取存储器(random access memory,RAM),是计算机系统中的一种重要存储设备。在单片机系统中,RAM 用于存放可随时修改的数据。

④ 顺序脉冲发生器。顺序脉冲发生器是一种在数控装置和数字计算机中广泛应用的时序逻辑电路,它能够按照人们事先规定的顺序发出控制信号,并确保这些信号在时间上

有一定的顺序。

(2) 按照储存电路中触发器的动作特点分类。

按照存储电路中触发器的动作特点不同，时序逻辑电路可分为同步时序逻辑电路和异步时序逻辑电路。

① 同步时序逻辑电路。在同步时序逻辑电路中，所有状态变量的变化都与一个公共的时钟脉冲信号同步，即电路中的存储元件（如触发器）只在时钟脉冲信号的边沿（如上升沿或下降沿）改变状态，从而引发电路的输出变化。

② 异步时序逻辑电路。在异步时序逻辑电路中，没有统一的时钟脉冲信号来控制状态变量的变化。电路状态的改变可能由外部输入信号的变化直接引起，也可能由电路内部的某种逻辑条件满足触发。

同步时序逻辑电路和异步时序逻辑电路各有其特点和应用场合。同步时序逻辑电路因设计简单、时序逻辑关系明确和可靠性高等优点而在需要严格控制时序逻辑的场合得到广泛应用。异步时序逻辑电路因灵活性高、能够迅速响应输入信号的变化等优点而在需要快速响应和灵活控制的场合具有一定的优势。然而，异步时序逻辑电路的分析和设计难度相对较大。

(3) 按照输出信号的特点分类。

按照输出信号的特点不同，时序逻辑电路可分为米利型时序逻辑电路和穆尔型时序逻辑电路。

① 米利型时序逻辑电路。在米利型时序逻辑电路中，输出信号不仅取决于存储电路的状态，而且取决于输入变量。其结构示意图如图 6.2 所示。

在图 6.2 中，电路的输出是输入变量 X 及存储电路的输出 S 的函数。

② 穆尔型时序逻辑电路。在穆尔型时序逻辑电路中，输出信号仅取决于存储电路的状态，不受电路当时的输入信号影响或没有输入变量。其结构示意图如图 6.3 所示。

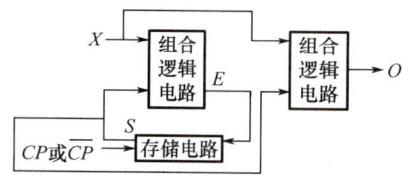

图 6.2 米利型时序逻辑电路的结构示意图

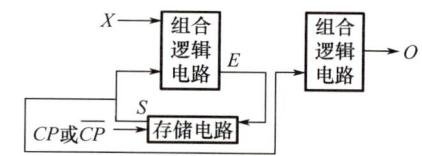

图 6.3 穆尔型时序逻辑电路的结构示意图

在图 6.3 中，电路的输出仅由存储电路的输出状态 S 决定。

6.1.3 时序逻辑电路功能的表达方法

时序逻辑电路的功能有多种表达方法，主要有逻辑方程组、状态转换表、状态转换图、波形图、有限状态机与特性方程。

下面以图 6.4 所示的电路为例，介绍时序逻辑电路功能的前四种表达方法。

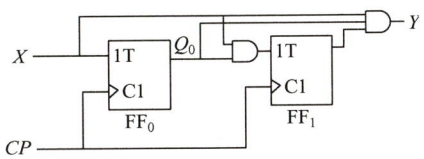

图 6.4 时序逻辑电路实例一

(1) 逻辑方程组。

逻辑方程组是描述时序逻辑电路行为的数学基础。它包含激励方程、状态转换方程和输出方程。激励方程用以描述存储电路的驱动状态,状态转换方程用以描述电路状态(通常是触发器或寄存器的值)如何根据时钟脉冲信号和输入信号变化,而输出方程用以描述电路的输出如何依赖当前的输入和状态。

图 6.4 所示的激励方程为

$$\begin{cases} T_0 = X \\ T_1 = XQ_0 \end{cases} \quad (6-4)$$

将激励方程代入 T 触发器的特性方程,得状态转换方程,即

$$\begin{cases} Q^{n+1} = T \oplus Q^n = T\overline{Q^n} + \overline{T}Q^n \\ Q_0^{n+1} = X \oplus Q_0^n \\ Q_1^{n+1} = (XQ_0^n) \oplus Q_1^n \end{cases} \quad (6-5)$$

输出方程为

$$Y = XQ_1Q_0 \quad (6-6)$$

【拓展视频】

在上述三组方程中,激励方程和输出方程表达组合逻辑电路的特性,而状态转换方程表达存储电路从现态到次态的状态转换特性。

(2) 状态转换表。

状态转换表是一种直观表示时序逻辑电路状态变化的表达方法。状态转换表类似于组合逻辑电路的真值表,它是将时序逻辑电路的输入变量、现态变量、次态变量和输出变量写入表格而形成的,因此也称状态转换真值表。

【拓展视频】

表中列出所有可能的状态、输入条件及对应的下一个状态和输出。每一行代表一个具体的状态转换过程,包括当前状态、输入变量、下一个状态和输出变量。状态转换表易于理解和构建,是初步分析和设计时序逻辑电路的有效工具。

根据式 (6-4)~式 (6-6) 可以列出状态转换表,见表 6.1。

(3) 状态转换图。

状态转换图是对状态转换表的图形化表示,是用来描述时序逻辑电路的输入变量、现态变量、次态变量和输出变量之间关系的图形。它用节点表示状态,用箭头表示状态之间的转换,并在箭头线旁边标注触发转换的输入条件或时钟脉冲信号。状态转换图能够清晰地展示电路状态随时间和输入变化的过程,便于发现循环、死锁等特殊情况,并辅助设计复杂的时序逻辑电路。

表 6.1　图 6.4 电路的状态转换表

$Q_1^n Q_0^n$	$Q_1^{n+1} Q_0^{n+1}/Y$	
	X=0	X=1
00	00/0	01/0
01	01/0	10/0
10	10/0	11/0
11	11/0	00/1

将表 6.1 转换为图 6.5 所示的状态转换图，可以更直观、形象地表示出时序逻辑电路运行中的全部状态、各状态间相互转换的关系及转换的条件和结果。

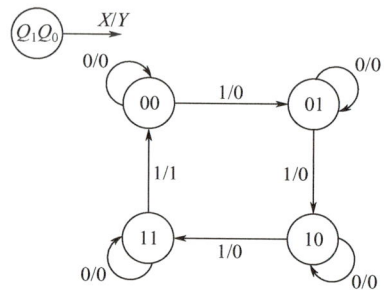

图 6.5　图 6.4 电路的状态转换图

在图 6.5 中，每个状态都用一个圆圈表示。箭头线表示状态转换方向，并在箭头线旁边标注状态转换的输入变量和当前状态输入下的米利型输出值，而穆尔型输出值标注在圆圈内的状态名斜线后。设计时序逻辑电路时，需要先画出这种形式的状态转换图，再进行后续设计工作。状态转换是由时钟脉冲信号触发的。

（4）波形图。

波形图是时序逻辑电路动态行为的时间域表示，它展示了电路中各信号（包括输入、输出和内部状态）随时间变化的波形。波形图直观且具体，能够清楚地显示信号的相位关系、延迟时间和逻辑关系，是验证时序逻辑电路功能的重要手段。图 6.4 所示电路的波形图如图 6.6 所示。

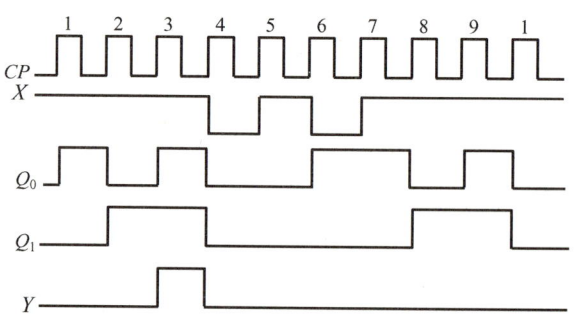

图 6.6　图 6.4 电路的波形图

6.2 同步时序逻辑电路的分析

在同步时序逻辑电路中，所有触发器都是在同一个时钟脉冲信号作用下工作的，因此分析起来较为简单。分析同步时序逻辑电路就是要找出给定时序逻辑电路的逻辑功能，其实是一个读图、识图的过程：根据给定的时序逻辑电路，写出其逻辑方程组，分析其状态和输出信号在输入变量和时钟脉冲信号作用下的转换规律，得到电路的逻辑功能和工作特性。

6.2.1 同步时序逻辑电路的分析步骤

分析同步时序逻辑电路时一般按如下步骤进行。

(1) 写出逻辑方程组。

在分析同步时序逻辑电路时，首先需要识别并列出所有相关的逻辑函数表达式。根据同步时序逻辑电路确定输入信号和输出信号，写出逻辑方程组，即激励方程、状态转换方程和输出方程。

【拓展视频】

① 激励方程：根据给定的逻辑电路写出每个触发器的激励方程（存储电路中每个触发器输入信号的逻辑函数表达式）。

② 状态转换方程：将得到的这些激励方程代入相应触发器的特性方程，得出每个触发器的状态转换方程，从而得到由这些状态转换方程组成的整个时序逻辑电路的状态转换方程。

③ 输出方程：根据逻辑电路写出输出方程，输出方程一般为触发器的现态函数。

(2) 列出状态转换表。

将触发器的现态和外部输入信号的取值组合代入状态转换方程、输出方程，求出相应的次态和输出，并将外部输入信号、现态、次态和输出填入状态转换表。

(3) 画出状态转换图。

状态转换图以图形方式表示了状态转换表的内容，使状态转换更加直观。状态转换图有助于理解时序逻辑电路的动态转换行为。根据状态转换表，可画出状态转换图。

(4) 绘制波形图。

波形图展示了时序逻辑电路在给定输入序列下，各信号（包括时钟脉冲信号、输入信号、触发器状态等）随时间变化的波形。波形图可以直观地看出逻辑电路的时序行为，包括延迟、稳定性等。根据输入信号、输出信号及各触发器状态取值在时间上的对应关系，即可画出波形图。

(5) 自启动能力检查。

自启动能力是指时序逻辑电路在任意初始状态下，仅依靠输入信号和时钟脉冲信号的作用，最终能够进入有效循环（有效状态集）的能力。检查自启动能力通常借助状态转换图或状态转换表，确保不存在无法到达有效状态的"死循环"或"死状态"。

(6) 说明逻辑功能。

最后，根据以上分析，对电路的逻辑功能进行总结和说明。这包括描述时序逻辑电路的主要功能、输入与输出之间的关系、能够处理的信号类型及范围等。逻辑功能说明应清晰、准确,以便设计者理解和应用该时序逻辑电路。

通过以上步骤,我们可以系统地分析和理解同步时序逻辑电路的工作原理,为后续的设计和优化提供坚实的基础。

6.2.2 同步时序逻辑电路的分析实例

例 6.1 分析图 6.7 所示的时序逻辑电路的逻辑功能。

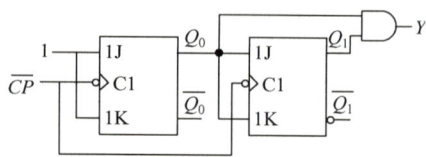

图 6.7 例 6.1 的时序逻辑电路

解:(1) 写出逻辑方程组。

① 写出激励方程。

$$J_0 = K_0 = 1$$
$$J_1 = K_1 = Q_0^n$$

② 写出状态转换方程。

JK 触发器的特性方程为

$$Q^{n+1} = J\overline{Q^n} + \overline{K}Q^n$$

将对应的激励方程分别代入特性方程,进行化简变换可得状态转换方程。

$$Q_0^{n+1} = 1 \cdot \overline{Q_0^n} + 0 \cdot Q_0^n = \overline{Q_0^n}$$
$$Q_1^{n+1} = J_1\overline{Q_1^n} + \overline{K_1}Q_1^n = Q_0^n\overline{Q_1^n} + \overline{Q_0^n}Q_1^n$$

③ 写出输出方程。

$$Y = Q_1 Q_0$$

(2) 列出状态转换表,画出状态转换图。

① 列出状态转换表。

列出电路输入信号和触发器原态的所有取值组合,代入相应的状态转换方程,求得相应的触发器次态及输出,得到例 6.1 的状态转换表,见表 6.2。

表 6.2 例 6.1 的状态转换表

$\overline{CP}$	Q_1^n	Q_0^n	Q_1^{n+1}	Q_0^{n+1}	Y
↓	0	0	0	1	0
↓	0	1	1	0	0
↓	1	0	1	1	1
↓	1	1	0	0	0

② 画出状态转换图。

由表 6.2 可得状态转换图，如图 6.8 所示。

（3）画出波形图。

该电路的波形图如图 6.9 所示。

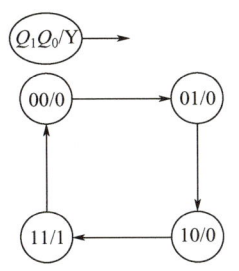

图 6.8　例 6.1 的状态转换图

图 6.9　例 6.1 的波形图

（4）说明逻辑功能。

该电路是同步时序逻辑电路。

从图 6.8 所示的状态转换图可知，随着脉冲信号 $\overline{CP}$ 的递增，无论从电路输出的哪个状态开始，触发器输出 Q_1Q_0 的变化都会进入同一个循环过程，而且此循环过程包括四个状态，并且状态之间是递增变化的。

当 $Q_1Q_0=11$ 时，输出 $Y=1$；当 Q_1Q_0 取其他值时，输出 $Y=0$；在 Q_1Q_0 变化的一个循环过程中，$Y=1$ 只出现一次，故 Y 为进位输出信号。

综上所述，此电路是带进位输出的同步四进制加法计数器电路。

从图 6.9 所示的波形图可知，Q_0 输出矩形信号的周期是 $\overline{CP}$ 输入信号周期的 2 倍，所以 Q_0 输出信号的频率是 $\overline{CP}$ 输入信号频率的 1/2，对应 Q_1 输出信号的频率是 $\overline{CP}$ 输入信号频率的 1/4，因此 N 进制计数器也是一个 N 分频器，所谓分频就是降低频率，N 分频器输出信号频率是其输入信号频率的 $1/N$。

例 6.2　分析图 6.10 所示的时序逻辑电路的逻辑功能。

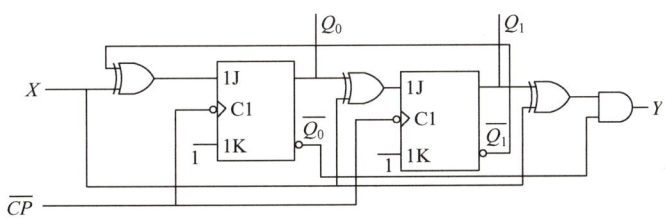

图 6.10　例 6.2 的时序逻辑电路

解：（1）写出逻辑方程组。

① 写出激励方程。

$$J_0 = X \oplus \overline{Q^n} \qquad K_0 = 1$$
$$J_1 = X \oplus Q^n \qquad K_1 = 1$$

② 写出状态转换方程。

将激励方程代入 JK 触发器的特性方程 $Q^{n+1} = J\overline{Q^n} + \overline{K}Q^n$，得到各触发器的次态方程。

$$Q_0^{n+1} = J_0 \overline{Q_0^n} + \overline{K_0} Q_0^n = (X \oplus \overline{Q_1^n}) \overline{Q_0^n}$$

$$Q_1^{n+1} = J_1 \overline{Q_1^n} + \overline{K_1} Q_1^n = (X \oplus Q_0^n) \overline{Q_1^n}$$

③ 写出输出方程。

$$Y = (X \oplus Q_1) \overline{Q_0}$$

（2）列出状态转换表。

由于输入控制信号 X 既可取 1，又可取 0，因此分两种情况进行分析。

将 $X = 0$ 代入电路的状态转换方程和输出方程，可得

$$Q_0^{n+1} = \overline{Q_1^n}\, \overline{Q_0^n}$$

$$Q_1^{n+1} = \overline{Q_1^n} Q_0^n$$

$$Y = Q_1 \overline{Q_0}$$

将电路现态的组合情况依次代入上述方程，得到电路的状态转换表，见表 6.3。

表 6.3 例 6.2 的状态转换表（$X = 0$）

现态 $Q_1^n Q_0^n$	次态 $Q_1^{n+1} Q_0^{n+1}$	输出 Y
00	01	0
01	10	0
10	00	1
11	00	0

将 $X = 1$ 代入电路的状态转换方程和输出方程，可得

$$Q_0^{n+1} = Q_1^n \overline{Q_0^n}$$

$$Q_1^{n+1} = \overline{Q_1^n}\, \overline{Q_0^n}$$

$$Y = \overline{Q_1 Q_0}$$

将电路现态 $Q_1^n Q_0^n$ 的组合情况依次代入上述方程，得到电路的状态转换表，见表 6.4。

表 6.4 例 6.2 的状态转换表（$X = 1$）

现态 $Q_1^n Q_0^n$	次态 $Q_1^{n+1} Q_0^{n+1}$	输出 Y
00	10	1
01	00	0
10	01	0
11	00	0

（3）画出波形图。

该电路的波形图如图 6.11 所示。

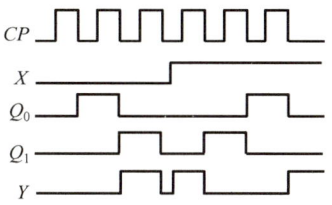

图 6.11　例 6.2 的波形图

(4) 说明逻辑功能。

电路稳定后，该电路有 00、01、10 共三个状态。当 $X=0$ 时，电路按照加 1 规律从 00→01→10→00 循环变化，且当转换为 10 状态（最大数）时，输出 $Y=1$；当 $X=1$ 时，电路按照减 1 规律从 10→01→00→10 循环变化，且当转换为 00 状态（最小数）时，输出 $Y=1$。因此，该电路是一个可控的三进制计数器，当 $X=0$ 时，做加法计数，Y 是进位信号；当 $X=1$ 时，做减法计数，Y 是借位信号。由于无效状态 11 可以回到有效的循环状态，因此电路具有自启动能力。

例 6.3　分析图 6.12 所示的时序逻辑电路的逻辑功能。

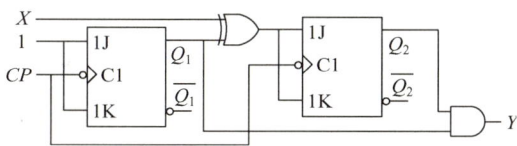

图 6.12　例 6.3 的时序逻辑电路

解：（1）列出逻辑方程组。

① 写出激励方程。

$$J_1 = K_1 = 1$$
$$J_2 = K_2 = X \oplus Q_1$$

② 写出状态转换方程。

将激励方程代入 JK 触发器的特性方程，可得状态转换方程为

$$Q_1^{n+1} = 1 \cdot \overline{Q_1^n} + \overline{1} \cdot Q_1^n = \overline{Q_1^n}$$
$$Q_2^{n+1} = X \oplus Q_1^n \cdot \overline{Q_2^n} + \overline{X \oplus Q_1^n} \cdot Q_2^n$$

整理得

$$Q_2^{n+1} = X \oplus Q_1^n \oplus Q_2^n$$

③ 写出输出方程。

$$Y = Q_2 Q_1$$

(2) 列出状态转换表。

将电路现态 $Q_1^n Q_0^n$ 的组合情况依次代入上述方程，得到电路的状态转换表，见表 6.5。

表 6.5　例 6.3 的状态转换表

$Q_2^n Q_1^n$	$Q_2^{n+1} Q_1^{n+1}/Y$	
	$X=0$	$X=1$
00	01/0	11/0
01	10/0	00/0
10	11/0	01/0
11	00/1	10/1

（3）画出状态转换图。

电路的状态转换图如图 6.13 所示。

（4）画出波形图。

根据状态转换表和状态转换图，画出波形图，如图 6.14 所示。

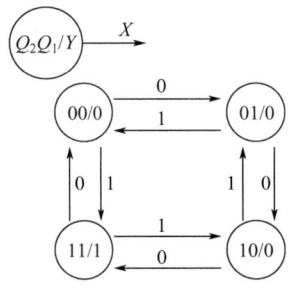

图 6.13　例 6.3 的状态转换图

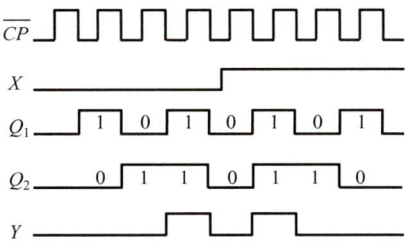

图 6.14　例 6.3 的波形图

（5）说明逻辑功能。

当 $X=0$ 时，电路按照加 1 规律从 00→01→10→11→00 循环变化；当 $X=1$ 时，电路按照减 1 规律从 00→11→10→01→00 循环变化。因此该电路是一个可逆计数器。Y 可理解为进位信号或借位信号。

6.3　同步时序逻辑电路的设计

6.3.1　同步时序逻辑电路的设计步骤

同步时序逻辑电路的设计是一个复杂但系统化的过程，旨在根据给定的逻辑功能要求构建出相应的电路结构。其设计步骤如下。

（1）确定输入变量、输出变量和电路状态数。

首先，确定电路的输入变量和输出变量，这通常根据问题的逻辑要求确定。输入变量可以是外部信号或控制信号，输出变量是电路处理这些信号后的结果。然后，根据逻辑功能的要求确定电路需要表示的状态数。这些状态代表电路在处理输入信号时可能处于的内部配置。

（2）定义输入变量、输出变量和电路状态含义。

对每个输入变量、输出变量及电路的每个状态进行明确定义，并赋予它们具体的含义，有助于后续的逻辑推理和电路设计。对电路状态进行编号，以便管理和引用。

（3）列出状态转换表，画出状态转换图。

根据逻辑功能要求，列出电路的状态转换表并画出状态转换图，用于描述电路在不同输入变量下的状态转换关系。在状态转换表及状态转换图中，应明确列出每个状态在特定输入下的输出及转换到的次状态。

（4）化简状态。

检查状态转换表及状态转换图中的等价状态（在相同输入变量下具有相同输出并转换到相同次态的状态），并将它们合并为一个状态，有助于化简电路并减少触发器。

（5）分配状态与选择触发器。

确定所需的触发器数量，其通常取决于电路的状态数及所选触发器的类型（如 JK 触发器、D 触发器等）。为每个电路状态分配一个触发器状态组合（一组二进制代码），以确保电路能够正确表示和处理所有状态。选择合适的触发器类型，并基于所选触发器的类型确定电路的激励方程、状态转换方程和输出方程。

（6）画出逻辑电路图。

根据确定的触发器类型、激励方程、状态转换方程和输出方程，画出同步时序逻辑电路的逻辑电路图。确保逻辑电路图清晰、准确，并包含所有必要的元件及其连接。

（7）检查自启动能力。

最后，检查电路是否具备自启动能力。如果电路不具备自启动能力，则需要进行修改，以确保其能够在任意初始状态下正常工作。

通过以上步骤，可以系统地设计出一个满足给定逻辑功能要求的同步时序逻辑电路。在设计过程中，应始终确保最终设计的电路既简单又可靠。

6.3.2　同步时序逻辑电路的设计实例

例 6.4　设计一个同步六进制加法计数器。

解：根据设计步骤，依次完成以下各项工作。

【拓展视频】

（1）根据设计要求，设定状态，画出状态转换图。

由于这是一个六进制计数器，因此应有六个不同的状态，分别用 S_0、S_1、S_2、S_3、S_4、S_5 表示；在计数脉冲的作用下，六个状态循环翻转；在状态从 S_5 变为 S_0 时，进位输出 $Y=1$。

画出同步六进制加法计数器的状态转换图，如图 6.15 所示。

（2）化简状态。六进制计数器应有六个状态，无须化简。

（3）分配状态，列出电路的状态转换表。由于采用三位二进制代码，因此该计数器选用三位自然二进制加法计数编码，即 $S_0=000$，$S_1=001$，…，$S_5=101$。

（4）选择触发器。本例选用功能比较灵活的 JK 触发器。

（5）求各触发器激励方程和输出方程。

① 列出状态转换表（表 6.6）和 JK 触发器驱动表（表 6.7）。

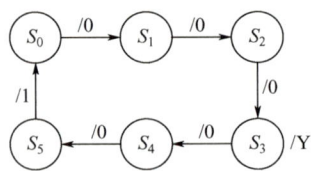

图 6.15 同步六进制加法计数器的状态转换图

表 6.6 例 6.4 的状态转换表

状态	现态 $Q_2^n Q_1^n Q_0^n$	次态 $Q_2^{n+1} Q_1^{n+1} Q_0^{n+1}$	进位输出 Y
S_0	000	001	0
S_1	001	010	0
S_2	010	011	0
S_3	011	100	0
S_4	100	101	0
S_5	101	000	1

表 6.7 JK 触发器驱动表

Q^n	Q^{n+1}	J	K
0	0	0	×
0	1	1	×
1	0	×	1
1	1	×	0

② 画出卡诺图（图 6.16），得到电路的输出方程，将各激励方程与输出方程进行归纳。

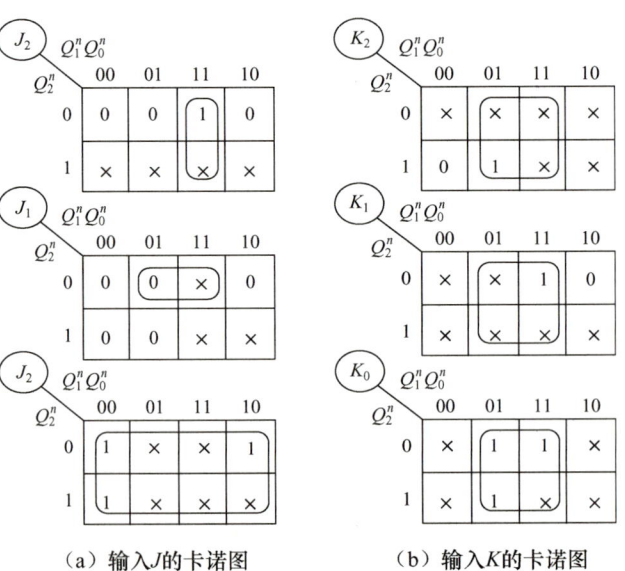

(a) 输入 J 的卡诺图　　(b) 输入 K 的卡诺图

图 6.16 例 6.4 的卡诺图

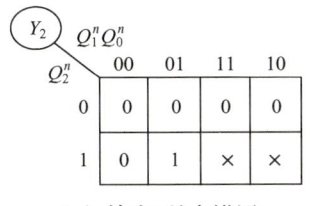

（c）输出Y的卡诺图

图 6.16　例 6.4 的卡诺图（续）

将各激励方程与输出方程归纳为

$$J_2 = Q_1^n Q_0^n \qquad K_2 = Q_0^n$$
$$J_1 = \overline{Q_2^n} Q_0^n \qquad K_1 = Q_0^n$$
$$J_0 = 1 \qquad K_0 = 1$$
$$Y = Q_2^n Q_0^n$$

（6）根据激励方程和输出方程，画出六进制计数器的电路结构（图 6.17）。

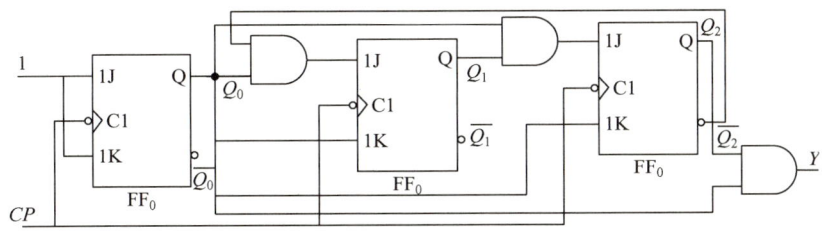

图 6.17　例 6.4 的电路结构

（7）画出状态转换图（图 6.18），检查电路能否自启动。

由图 6.18 分析可知，电路进入无效状态 110 和 111 时，在脉冲信号作用下可分别进入有效状态，所以电路能够自启动。

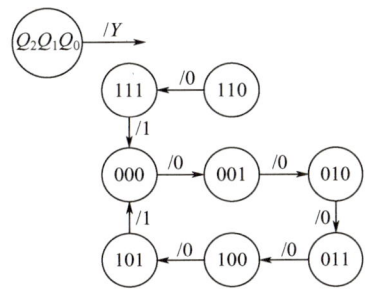

图 6.18　例 6.4 完整的状态转换图

例 6.5　设计一个由信号 X 控制的可控二进制计数器。当 $X=0$ 时，计数停止，电路状态保持不变；当 $X=1$ 时，在 CP 上升沿到来后电路状态值加 1，一旦计数到 11 状态，Y 就输出 1，且电路状态将在下一个 CP 上升沿回到 00。输出信号 Y 的下降沿可用于触发进位操作。

解：根据设计步骤，依次完成以下工作。

(1) 根据设计要求，设定状态，画出状态转换图。

当 $X=1$ 时，有四个不同的状态，在计数脉冲信号 CP 的作用下，四个状态循环翻转，计数到 11 状态，进位输出 $Y=1$；当 $X=0$ 时，电路状态保持不变。

画出状态转换图，如图 6.19 所示。

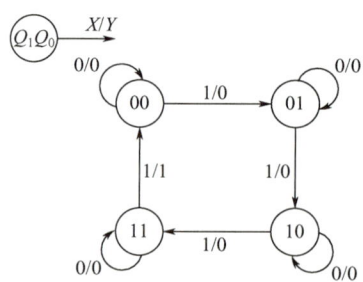

图 6.19　例 6.5 的状态转换图

(2) 列出状态转换表（表 6.8）。

表 6.8　例 6.5 的状态转换表

$Q_1^n Q_0^n$	$Q_1^{n+1} Q_0^{n+1}/Y$	
	$X=0$	$X=1$
00	00/0	01/0
01	01/0	10/0
10	10/0	11/0
11	11/0	00/1

(3) 写出激励方程、状态转换方程和输出方程。

本例选用 T 触发器。根据上面的状态转换表，写出以下方程。

① 激励方程：
$$T_0 = X \quad T_1 = XQ_0$$

② 状态转换方程：
$$Q_0^{n+1} = A \oplus Q_0^n$$
$$Q_1^{n+1} = (AQ_0^n) \oplus Q_1^n$$

③ 输出方程：
$$Y = XQ_1 Q_0$$

(4) 根据激励方程和输出方程画出电路结构，如图 6.20 所示。

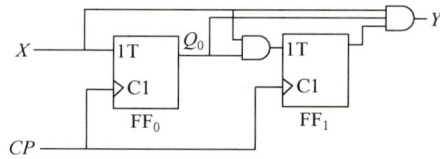

图 6.20　例 6.5 的电路结构

（5）检查电路能否自启动。

由上面分析可知，无论触发器输出什么状态，电路都能进入有效循环状态。

6.4 异步时序逻辑电路的分析

异步时序逻辑电路与同步时序逻辑电路的主要区别在于电路中没有同一时钟脉冲信号，因而各存储电路不是同时更新状态的。异步时序逻辑电路的分析和同步时序逻辑电路的分析类似，但又有所不同。在异步时序逻辑电路中，每次电路状态发生转换时并不是所有触发器都有时钟脉冲信号，只有有时钟脉冲信号的触发器才需要用特性方程计算次态，而没有时钟脉冲信号的触发器将保持原来的状态不变。

6.4.1 异步时序逻辑电路的分析步骤

异步时序逻辑电路的分析步骤如下。

（1）写出时钟方程、触发器的激励方程、状态转换方程和输出方程。
（2）列出状态转换表，画出状态转换图或波形图。
（3）说明电路的逻辑功能。

6.4.2 异步时序逻辑电路的分析实例

下面通过举例来具体分析异步时序逻辑电路。

例 6.6 分析图 6.21 所示的异步时序逻辑电路。

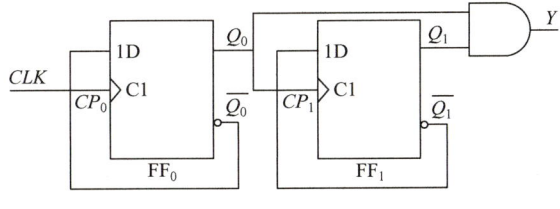

【拓展视频】

图 6.21 例 6.5 的逻辑电路

解：（1）列出逻辑方程组。

① 列出时钟方程。

$$CP_0 = CLK \qquad CP_1 = Q_0$$

② 列出激励方程。

$$D_0 = \overline{Q_0} \qquad D_1 = \overline{Q_1}$$

③ 列出状态转换方程。

由图 6.21 可知，D 触发器是上升沿触发的，当无时钟脉冲上升沿作用时，其状态不变。

当时钟脉冲 CP_0 上升沿作用时，FF_0 的输出为

$$Q_0^{n+1} = \overline{Q_0^n}$$

当时钟脉冲 CP_1 上升沿作用时，FF_1 的输出为

$$Q_1^{n+1} = \overline{Q_1^n}$$

④ 列出输出方程。

$$Y = Q_1 Q_0$$

(2) 列出状态转换表，画出状态转换图。

列出状态转换表的方法与同步时序逻辑电路分析过程基本相似，只是应注意各触发器是否存在 CP 上升沿。经分析可得电路的状态转换表，见表 6.9。

由表 6.9 可画出状态转换图，如图 6.22 所示。

表 6.9 例 6.6 的状态转换表

CLK	Q_1	Q_0	CP_1	CP_0	Q_1^{n+1}	Q_0^{n+1}
↑	0	0	↑	↑	1	1
↑	1	1	×	↑	1	0
↑	1	0	↑	↑	0	1
↑	0	1	×	↑	0	0
↑	0	0	↑	↑	1	1

注：表中"×"表示无触发沿，"↑"表示有触发沿。

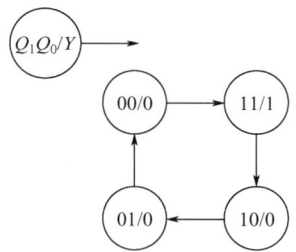

图 6.22 例 6.6 的状态转换图

(3) 说明逻辑功能。

根据状态转换图可知，该电路是一个异步二进制减计数器，输出信号 Y 的上升沿可触发借位操作。

6.5 常用的时序逻辑电路

6.5.1 计数器

计数器能够记录脉冲数目，是常用的时序逻辑电路。它主要对脉冲计数，以实现测量、计数和控制的功能，同时兼具分频功能。

计数器的种类繁多，其主要分类如下。

(1) 按触发器翻转是否与计数脉冲同步，计数器可分为同步计数器和异步计数器。

(2) 按计数进制的不同，计数器可分为二进制计数器和非二进制计数器。其中，典型的非二进制计数器是十进制计数器。

(3) 按数字增减趋势的不同,计数器可分为加法计数器、减法计数器和可逆计数器。

当计数器运行时,从某状态开始完整循环一次经历的状态数称为计数器的模,用 M 表示。计数器按照预定的逻辑(如二进制、十进制或其他进制)对输入脉冲计数,并在达到特定数量后重置为初始状态,这一过程的总状态数即计数器的模。若一个计数器的模为 n,则称为模 n 计数器,又称 $M=n$ 计数器或 n 进制计数器。

1. 二进制计数器

二进制计数器是一种按照二进制数运算规律计数的电路,n 位二进制计数器的模为 2^n,由 n 个触发器组成。

根据工作方式的不同,二进制计数器可分为同步二进制计数器和异步二进制计数器。

(1) 同步二进制计数器。

在同步二进制计数器中,所有触发器的时钟脉冲输入端连接,并接到输入的计数脉冲 CP 端。因此,各触发器在同一时钟脉冲的作用下同步翻转。这种计数器的工作速度较高,工作频率也较高。

图 6.23 所示为由 JK 触发器构成的四位同步二进制加法计数器的电路结构。

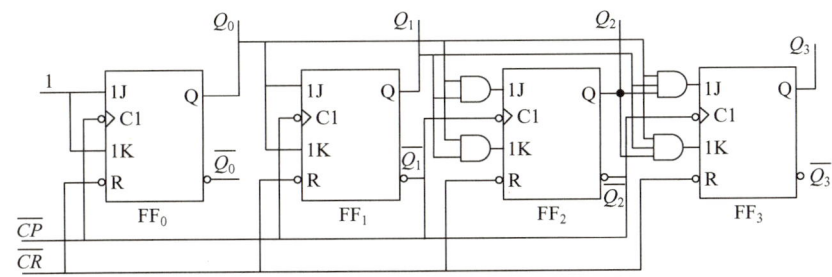

图 6.23 由 JK 触发器构成的四位同步二进制加法计数器的电路结构

由于各触发器的时钟脉冲输入端接同一计数脉冲 CP,因此该计数器是一个同步时序逻辑电路。各触发器的激励方程分别为

$$\begin{cases} J_0 = K_0 = 1 \\ J_1 = K_1 = Q_0 \\ J_2 = K_2 = Q_0 Q_1 \\ J_3 = K_3 = Q_0 Q_1 Q_2 \end{cases}$$

将上式代入 JK 触发器的特性方程,得到电路的状态转换方程,即

$$\begin{cases} Q_0^{n+1} = \overline{Q_0^n} \\ Q_1^{n+1} = Q_1^n \oplus Q_0^n \\ Q_2^{n+1} = Q_2^n \oplus (Q_1^n Q_0^n) \\ Q_3^{n+1} = Q_3^n \oplus (Q_2^n Q_1^n Q_0^n) \end{cases}$$

该电路的状态转换表见表 6.10。

表 6.10 图 6.23 所示电路的状态转换表

计数顺序	电路状态			
	Q_3	Q_2	Q_1	Q_0
0	0	0	0	0
1	0	0	0	1
2	0	0	1	0
3	0	0	1	1
4	0	1	0	0
5	0	1	0	1
6	0	1	1	0
7	0	1	1	1
8	1	0	0	0
9	1	0	0	1
10	1	0	1	0
11	1	0	1	1
12	1	1	0	0
13	1	1	0	1
14	1	1	1	0
15	1	1	1	1
16	0	0	0	0

从表 6.10 可看出，该电路可以从 0000 计数到 1111，然后回到 0000，开始下一轮计数。因此，它是一个四位同步二进制加法计数器。

由 JK 触发器构成的四位同步二进制减法计数器的电路结构如图 6.24 所示。

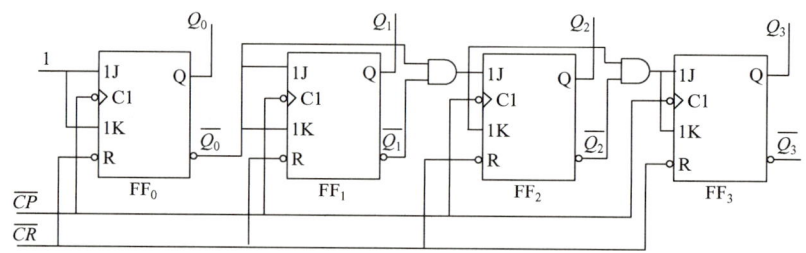

图 6.24 由 JK 触发器构成的四位同步二进制减法计数器的电路结构

由图 6.24 可知，JK 触发器的激励方程为

$$\begin{cases} J_0 = K_0 = 1 \\ J_1 = K_1 = \overline{Q_0} \\ J_2 = K_2 = \overline{Q_0}\,\overline{Q_1} \\ J_3 = K_3 = \overline{Q_0}\,\overline{Q_1}\,\overline{Q_2} \end{cases}$$

将上式代入 JK 触发器的特性方程，得到电路的状态转换方程，即

$$\begin{cases} Q_0^{n+1} = \overline{Q_0^n} \\ Q_1^{n+1} = Q_1^n \oplus \overline{Q_0^n} \\ Q_2^{n+1} = Q_2^n \oplus (\overline{Q_1^n}\,\overline{Q_0^n}) \\ Q_3^{n+1} = Q_3^n \oplus (\overline{Q_2^n}\,\overline{Q_1^n}\,\overline{Q_0^n}) \end{cases}$$

该电路的状态转换表见表 6.11。

表 6.11　图 6.24 所示电路的状态转换表

计数顺序	电路状态			
	Q_3	Q_2	Q_1	Q_0
0	1	1	1	1
1	1	1	1	0
2	1	1	0	1
3	1	1	0	0
4	1	0	1	1
5	1	0	1	0
6	1	0	0	1
7	1	0	0	0
8	0	1	1	1
9	0	1	1	0
10	0	1	0	1
11	0	1	0	0
12	0	0	1	1
13	0	0	1	0
14	0	0	0	1
15	0	0	0	0

从表 6.11 可以看出，该电路可以从 1111 计数到 0000，然后回到 1111，开始下一轮计数。因此，这是一个四位同步二进制减法计数器。

图 6.25 所示为四位同步二进制可逆计数器的电路结构。

由图 6.25 可知，各触发器的激励方程为

$$\begin{cases} J_0 = K_0 = 1 \\ J_1 = K_1 = XQ_0 + \overline{X}\,\overline{Q_0} \\ J_2 = K_2 = XQ_0Q_1 + \overline{X}\,\overline{Q_0}\,\overline{Q_1} \\ J_3 = K_3 = XQ_0Q_1Q_2 + \overline{X}\,\overline{Q_0}\,\overline{Q_1}\,\overline{Q_2} \end{cases}$$

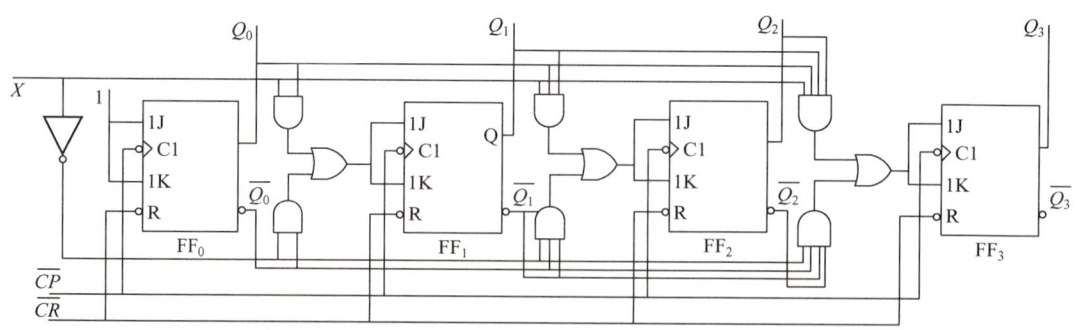

图 6.25　四位同步二进制可逆计数器的电路结构

从上式可知，当 $X=1$ 时，该电路为四位同步二进制加法计数器；当 $X=0$ 时，该电路为四位同步二进制减法计数器。

（2）异步二进制计数器。

异步二进制计数器中的各触发器不同步翻转，其在做"加 1"计数时采取从低位到高位逐位进位的方式。

图 6.26 所示为由 T 触发器构成的四位异步二进制加法计数器的电路结构。

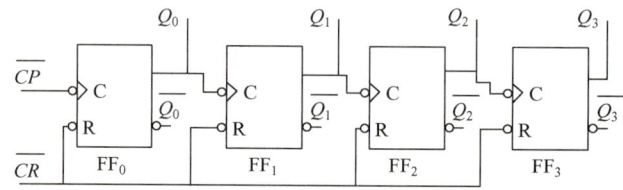

图 6.26　由 T 触发器构成的四位异步二进制加法计数器的电路结构

异步二进制计数器的结构简单，通过改变级联触发器的数目可以方便地改变二进制计数器的位数。在图 6.26 中，当低位的触发器由 1 变为 0 时，高位触发器被触发，使高位翻转，其波形图如图 6.27 所示。

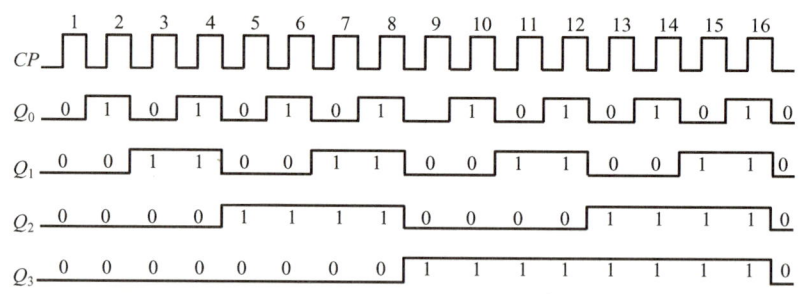

图 6.27　图 6.26 的波形图

由图 6.27 可看出，该计数器不仅可以计数，还可以进行分频。

用下降沿触发的 T 触发器同样可以构成异步二进制减法计数器。按照二进制减法运算规则，若低位触发器已经为 0，则再输入一个减法计数脉冲后应翻转成 1，同时向高位发出借位信号，使高位翻转。也就是说，当低位由 0 变 1 时，触发高位，使高位翻转。因此，只需将图 6.26 中每一级触发器的进位脉冲改由 $\overline{Q}$ 端输出即可，其电路图及分析在这里省略，读者可自行完成。

2. 环形计数器

环形计数器采用环形结构，通过循环移位的方式将计数信号传递给下一个触发器，从而达到连续计数的目的。其工作原理是基于触发器的状态转换和循环移位操作的。

（1）基本环形计数器。

基本环形计数器的电路结构如图 6.28 所示。其由多个触发器（通常是 D 触发器）组成，并通过环形连接的方式形成一个闭环结构。每个触发器负责存储一个二进制位，计数信号按照顺序从一个触发器传递到下一个触发器，以实现二进制计数的功能。

电路的有效状态为 0001/0010/0100/1000。假设电路的初始状态为 $Q_3Q_2Q_1Q_0=0100$，则在时钟脉冲信号的作用下，电路的状态将按 0100→1000→0001→0010→0100 的次序循环变化，也就是将状态中的 1 循环移动。其状态转换图如图 6.29 所示。

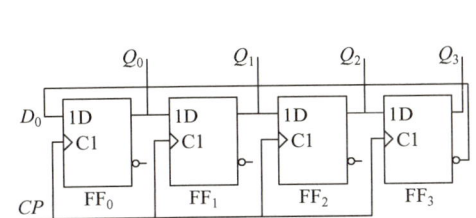

图 6.28 基本环形计数器的电路结构

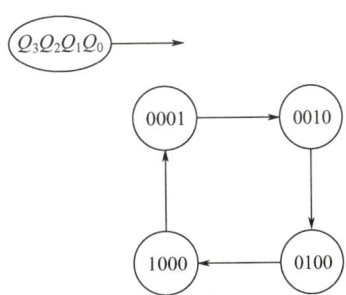

图 6.29 图 6.28 的状态转换图

由图 6.29 可知，电路的不同状态能够表示输入时钟脉冲信号的数目，因此可以把这个电路作为时钟脉冲信号的计数器。当电路进入其他无效状态时，将不会自动返回有效循环，所以该环形计数器是不能自启动的。为确保它能正常工作，必须首先通过串行输入端或并行输入端将电路置成有效循环中的某个状态，然后开始计数。

（2）扭环形计数器。

扭环形计数器又称约翰逊计数器，是一种利用 n 位触发器来表示 $2n$ 个状态的计数器。环形计数器用 n 位触发器仅能表示 n 个状态，扭环形计数器通过改变反馈函数，使得计数器在计数到某个值时能够改变计数方向或跳过某些数值，从而在较少的触发器数量下实现较大的计数范围。

若将图 6.28 的反馈端改加在 $\overline{Q_3}$ 端，则构成扭环形计数器，其电路结构如图 6.30 所示。

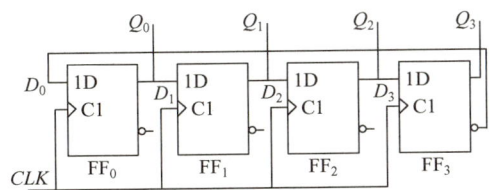

图 6.30 扭环形计数器的电路结构

在图 6.30 中，计数时触发器的状态按照预定的顺序进行转换，同时逻辑门根据当前状态和反馈函数控制下一个状态的产生，有效状态为 0000/0001/0011/0111/1111/1110/1100/1000。其状态转换图如图 6.31 所示。

由图 6.31 可知，电路的状态比环形计数器增加了一倍。与基本环形计数器相同，扭环形计数器进入无效状态后，无法进入有效循环。

3. 集成二进制计数器

（1）74LVC161 四位同步二进制计数器。

74LVC161 是一种高速、低功耗的四位同步二进制计数器，兼容低电压 TTL 逻辑电平（如 3.3V 或 5V）。74LVC161 四位同步二进制计数器广泛应用于需要精确计数的数字电路，如计数器、定时器、分频器等。图 6.32 所示为 74LVC161 四位同步二进制计数器的逻辑符号。

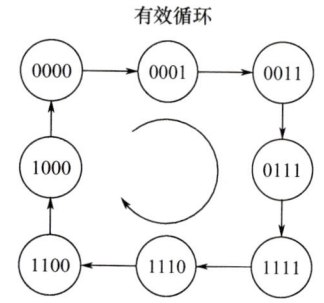

图 6.31 图 6.30 的状态转换图

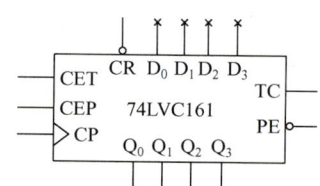

图 6.32 74LVC161 四位同步二进制计数器的逻辑符号

74LVC161 四位同步二进制计数器内部包含四个主从型 D 触发器，所有触发器的时钟脉冲输入都连接到同一个时钟源，实现同步操作。其真值表见表 6.12。

表 6.12 74LVC161 四位同步二进制计数器真值表

输入									输出				
清零	预置	使能		时钟脉冲	预置数据输入				计数				进位
$\overline{CR}$	$\overline{PE}$	CEP	CET	CP	D_3	D_2	D_1	D_0	Q_3	Q_2	Q_1	Q_0	TC
L	×	×	×	×	×	×	×	×	L	L	L	L	L
H	L	×	×	↑	D_3	D_2	D_1	D_0	D_3	D_2	D_1	D_0	*
H	H	L	×	×	×	×	×	×	保持				*
H	H	×	L	×	×	×	×	×	保持				L
H	H	H	H	↑	×	×	×	×	计数				*

由表 6.12 可知，74LVC161 四位同步二进制计数器具有以下功能。

① 异步清零。当异步清零端 $\overline{CR}$ 为低电平时，输出端 $Q_3 \sim Q_0$ 为零。

② 同步并行预置数。当同步预置数端 $\overline{PE}$ 为低电平，且时钟脉冲在上升沿时，输出端 $Q_3 \sim Q_0$ 为预置数据输入 $D_3 \sim D_0$。

③ 保持。当使能端 CEP 和 CET 有一个或两个为低电平时，输出端 $Q_3\sim Q_0$ 保持不变。

④ 计数。当清零端、预置端无效（都为高电平），使能端有效（都为高电平）时，计数器开始计数。

(2) 74LS290 异步二-五-十进制加法计数器。

74LS290 异步二-五-十进制加法计数器根据触发脉冲输入的不同可以构成二进制计数器、五进制计数器、十进制计数器。其逻辑符号如图 6.33 所示，其真值表见表 6.13。

由表 6.13 可知，74LS290 异步二-五-十进制加法计数器具有以下功能。

① 异步清零。当复位输入端 $R_{0(1)}=R_{0(2)}=1$，且置位输入 $S_{9(1)}=S_{9(2)}=0$ 时，无论有无时钟脉冲 CP，计数器输出都将被直接置零。

② 异步置数。当 $S_{9(1)}=S_{9(2)}=1$ 置位输入时，无论其他输入端状态如何，计数器输出都将被直接置 $9(Q_3Q_2Q_1Q_0=1001)$。

③ 加法计数。当 $R_{0(1)}R_{0(2)}=0$，且 $S_{9(1)}S_{9(2)}=0$ 时，在时钟脉冲（下降沿）的作用下，进行二-五-十进制加法计数。时钟脉冲由 $\overline{CP_0}$ 输入，Q_0 输出时，为二进制计数器；时钟脉冲由 $\overline{CP_1}$ 输入，$Q_3\sim Q_1$ 输出时，为五进制计数器；将 Q_0 与 $\overline{CP_1}$ 相连，时钟脉冲由 $\overline{CP_0}$ 输入，$Q_3\sim Q_0$ 输出时，为十进制计数器。

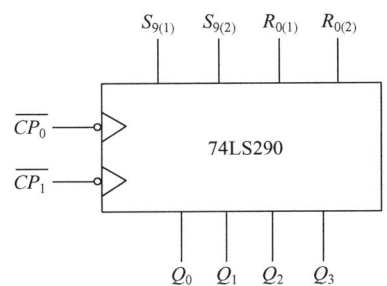

图 6.33 74LS290 异步二-五-十进制加法计数器的逻辑符号

表 6.13 74LS290 异步二-五-十进制加法计数器真值表

输入				输出			
$R_{0(1)} \cdot R_{0(2)}$	$S_{9(1)} \cdot S_{9(2)}$	$\overline{CP_0}$	$\overline{CP_1}$	Q_3	Q_2	Q_1	Q_0
1	0	×	×	0	0	0	0
×	1	×	×	1	0	0	1
0	0	$\overline{CP}$	0	二进制计数			
0	0	0	$\overline{CP}$	五进制计数			
0	0	$\overline{CP}$	Q_0	十进制计数			

(3) 74LS191 四位同步二进制可逆计数器。

74LS191 四位同步二进制可逆计数器具有同步清零、预置数及计数等功能。其逻辑符号如图 6.34 所示。

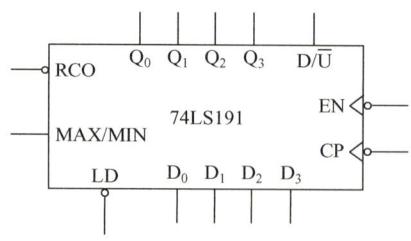

图 6.34 74LS191 四位同步二进制可逆计数器的逻辑符号

在图 6.34 中，RCO 为进位/借位输出端，MAX/MIN 为进位/借位输出端，LD 为异步并行置入端，$D/\overline{U}$ 为加/减控制端。74LS191 四位同步二进制可逆计数器真值表见表 6.14。

表 6.14 74LS191 四位同步二进制可逆计数器真值表

预置	使能	加/减控制	时钟脉冲	预置数据输入				输出				工作模式
LD	EN	$D/\overline{U}$	CP	D_3	D_2	D_1	D_0	Q_3	Q_2	Q_1	Q_0	
0	×	×	×	D_3	D_2	D_1	D_0	D_3	D_2	D_1	D_0	预置数
1	1	×	×	×	×	×	×	保持				保持
1	0	0	↑	×	×	×	×	计数				加法计数
1	0	1	↑	×	×	×	×	计数				减法计数

由表 6.14 可知，74LS191 四位同步二进制可逆计数器具有以下功能。

① 异步置数。当 LD 为低电平时，无论有无时钟脉冲及其他输入端的状态如何，输出端并行输入端 $Q_3Q_2Q_1Q_0$ 都为输入数据端。由于该操作不受时钟脉冲控制，因此称为异步置数。

② 保持。当 LD 为高电平、EN 也为高电平时，计数器保持原来的状态不变。

③ 计数。当 LD 为高电平、EN 为低电平时，在 CP 端输入时钟脉冲，计数器进行二进制计数。当 $D/\overline{U}$ 端为低电平时，进行加法计数；当 $D/\overline{U}$ 端为高电平时，进行减法计数。

4. 任意进制计数器

常见的计数器主要有十进制计数器、十六进制计数器、七位二进制计数器、十二位二进制计数器、十四位二进制计数器等。当需要任一种进制的计数器时，可以用已有计数器产品经过外电路的不同连接方式得到。

用模 N 的集成计数器构成模 M 计数器时，若 M<N，则只需一个模 N 集成计数器；若 M>N，则需由多个模 N 计数器构成。

（1）M>N 时的实现方法。

若 M 可以分解为两个 N 的因数相乘，即 M=N×N，则可将两个 N 进制计数器连接成 M 进制计数器。连接方式有串行进位和并行进位两种。

图 6.35 所示为 74LVC161 四位同步二进制计数器通过串行进位方式构成的八位二进制计数器。

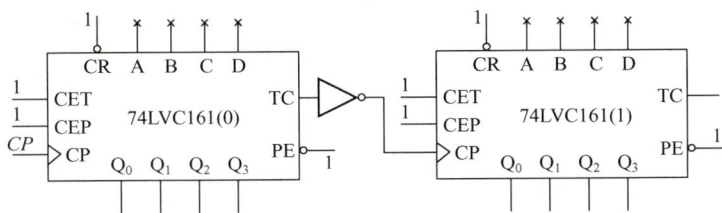

图 6.35　74LVC161 四位同步二进制计数器通过串行进位方式构成的八位二进制计数器

在串行进位方式中，以低位片的进位输出信号作为高位片的时钟脉冲输入信号。在图 6.35 中，当 74LVC161 片 0 计数到 1111 时，TC 为高电平，经反相器变为低电平。当下一个 CP 到来时，74LVC161 片 0 返回 0000，同时 TC 产生一个下降沿，经反相后相当于给 74LVC161 片 1 的 CP 输入端一个上升沿，触发 74LVC161 片 1 进行加 1 计数。所以，该电路构成 16×16 进制计数器。

图 6.36 所示为 74LVC161 四位同步二进制计数器通过并行进位方式构成的八位二进制计数器。

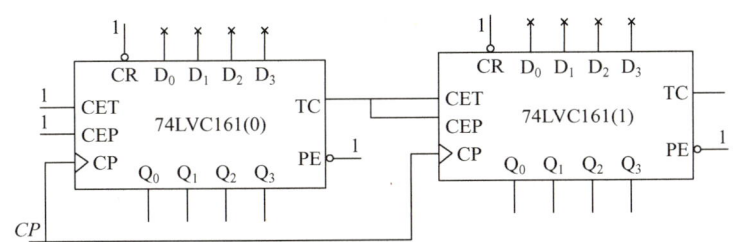

图 6.36　74LVC161 四位同步二进制计数器通过并行进位方式构成的八位二进制计数器

在并行进位方式中，共用时钟脉冲，同时以低位片的进位输出信号作为高位片的工作状态控制信号（计数的使能信号）。在图 6.36 中，74LVC161 片 0 的进位信号连接 74LVC161 片 1 的计数使能端，控制高位片的工作状态。每当 74LVC161 片 0 计满一个循环，TC 输出 1，此时 74LVC161 片 1 被使能，计数一次；当 74LVC161 片 0 的 TC 为 0 时，74LVC161 片 1 处于保持状态。

（2）M<N 时的实现方法。

当 M<N 时，设法跳过不需要的状态，即可实现 M 进制计数器。实现方法有反馈清零法和反馈置数法。

① 反馈清零法。

反馈清零法适用于有清零端的计数器。有的计数器是异步反馈清零计数器，有的是同步反馈清零计数器，因此有两种情况。

【拓展视频】

图 6.37 所示为利用异步反馈清零实现的九进制计数器。其工作原理为：电路在时钟脉冲 CP 的作用下计数，当计数到 1001 时，输出端 Q_3、Q_1 的信号通过与非门得到一个低电平，该信号使得计数器的清零端作用，输出置零。由于该计数器为异步反馈清零计数器，因此 1001 状态无法输出，电路从 0000 到 1000 循环，为九进制计数器。

图 6.38 所示为利用同步反馈清零实现的六进制计数器。

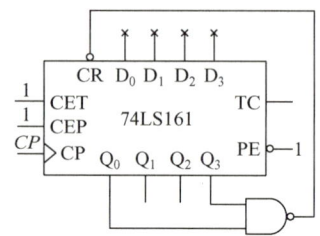

图 6.37 利用异步反馈清零实现的九进制计数器　　图 6.38 利用同步反馈清零实现的六进制计数器

74LVC163 为同步反馈清零计数器，其清零端 CR 等于 0 后，下一个时钟脉冲到来时，输出端清零。因此，图 6.38 中输出端的 0101 状态能够保留。该电路从 0000 到 0101 循环计数，是六进制计数器。

由上面例子可以看出，不管是异步反馈清零计数器还是同步反馈清零计数器，它们都是由计数器本身决定的。M 进制计数器，如果利用异步反馈清零实现，则其反馈信号应设置为计数状态 M；如果利用同步反馈清零实现，则反馈信号应设置为 $(M-1)$。

② 反馈置数法。

反馈置数法是利用计数器的置数端跳过不需要的计数状态来实现 M 进制计数器的。其包括异步反馈置数法和同步反馈置数法，异步反馈置数法适用于具有异步反馈置数端的集成计数器，同步反馈置数法适用于具有同步反馈置数端的集成计数器。

同步反馈置数与时钟脉冲有关，当同步反馈置数端出现有效电平时，不能立刻置数，只为置数创造条件，下一个时钟脉冲有效时才能进行置数。图 6.39 所示为利用同步反馈置数实现的十进制计数器。

【拓展视频】

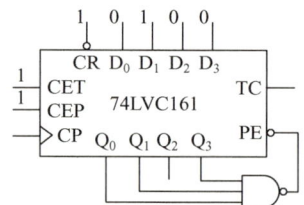

图 6.39 利用同步反馈置数实现的十进制计数器

在图 6.39 中，电路的输出为 1011 时，同步反馈置数端 $\overline{PE}$ 有效，置入输入端为 0010，然后计数器从 0010 开始计数。因此，该电路的计数循环从 0010 到 1011。由此可见，反馈置数法可以从任意状态开始计数，而反馈清零法必须从零开始计数。

异步反馈置数与时钟脉冲无关，只要异步反馈置数端出现有效电平，置数输入端的数据就立刻被置入计数器，因此无法停留其最后一个计数状态，其工作原理与异步反馈清零的工作原理类似，不再赘述。

6.5.2　寄存器

寄存器是由具有存储功能的触发器构成的时序逻辑电路，用于存储二进制代码，广泛用于数字电路和数字计算机中。

寄存器按功能不同，可分为数码寄存器（普通寄存器）和移位寄存器。

1. 数码寄存器

数码寄存器由多个触发器构成，每个触发器都可以存储一位二进制代码。因此，存放 n 位二进制代码的寄存器需要 n 个触发器。寄存器实际上是若干触发器的集合。

图 6.40 所示为由 D 触发器构成的 74LSl75 四位数码寄存器的电路结构。

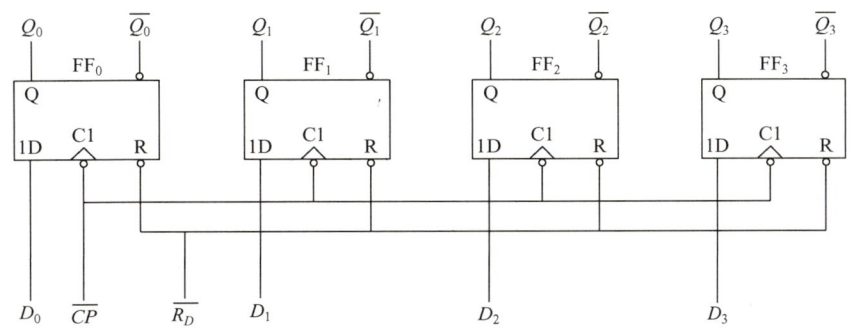

图 6.40　由 D 触发器构成的 74LSl75 四位数码寄存器的电路结构

图 6.41 所示为 74LSl75 的引脚示意图，其中 1 脚为 R_D 端，是异步清零控制端；4 脚、5 脚和 12 脚、13 脚为 $D_0 \sim D_3$ 端，是并行数据输入端；9 脚为 CP 端，为时钟脉冲端；2 脚、7 脚、10 脚、15 脚为 $Q_0 \sim Q_3$ 端，是并行数据输出端；3 脚、6 脚、11 脚、14 脚为 $\overline{Q_0} \sim \overline{Q_3}$ 端，是反码数据输出端。

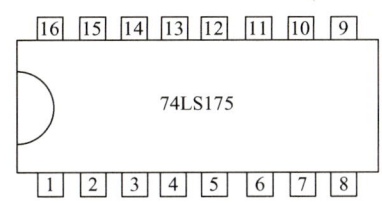

图 6.41　74LSl75 的引脚示意图

该电路的工作原理为：将需要存储的四位二进制代码送到数据输入端 $D_0 \sim D_3$，在 CP 时钟脉冲上升沿作用后，四位数码并行出现在四个触发器的 Q 端。

2. 移位寄存器

移位寄存器也是数字电路和计算机中应用很广泛的时序逻辑电路，由多个触发器串联或并联构成，每个触发器用于存储一个二进制数据位。它接收外部数据源的输入，并在时钟脉冲的作用下对数据位进行移位，最终通过输出端输出。

移位寄存器不但可以寄存数码，而且在时钟脉冲作用下，寄存器中的数码可以根据需要向左或向右有序移位。

移位寄存器根据移位方向不同可分为左移寄存器、右移寄存器、双向移位寄存器。移位寄存器根据输入与输出方式不同可分为串行输入-串行输出、串行输入-并行输出、并行输入-串行输出、并行输入-并行输出。

图 6.42 所示为右移寄存器的电路结构。

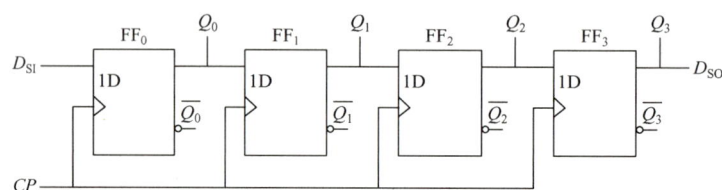

图 6.42 右移寄存器的电路结构

各触发器的激励方程为

$$D_0 = D_{SI} \quad D_1 = Q_0^n \quad D_2 = Q_1^n \quad D_3 = Q_2^n$$

各触发器的状态转换方程为

$$Q_0^{n+1} = D_{SI} \quad Q_1^{n+1} = D_1 = Q_0^n \quad Q_2^{n+1} = D_2 = Q_1^n \quad Q_3^{n+1} = D_3 = Q_2^n$$

该电路将串行数据从高位至低位按时钟脉冲 CP 间隔依次送到 D_{SO} 输出端。设串行输入数码 $D_{SI} = 1011$，电路初态为 $Q_3 Q_2 Q_1 Q_0 = 0000$。一个 CP 时钟脉冲后，输出 $Q_3 Q_2 Q_1 Q_0$ 为 0001；两个 CP 时钟脉冲后，输出 $Q_3 Q_2 Q_1 Q_0$ 为 0011。依次类推，在四个移位脉冲四位代码 1011 全部存入寄存器，并由 Q_3、Q_2、Q_1、Q_0 并行输出。

双向移位寄存器的电路结构如图 6.43 所示，它将寄存器与四选一数据选择器组合，利用数据选择器的输入端 S_1、S_0 控制移位寄存器既可左移又可右移。

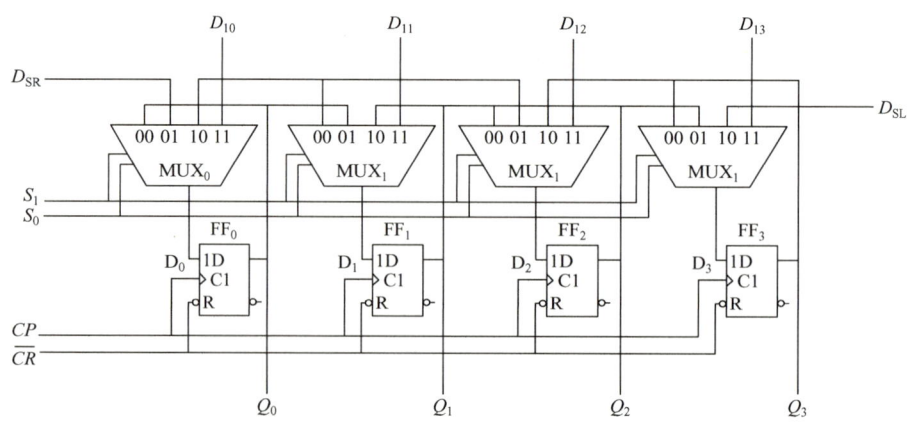

图 6.43 双向移位寄存器的电路结构

当 $S_1S_0=00$ 时，$Q_m^{n+1}=Q_m^n$，触发器处于保持状态；当 $S_1S_0=01$ 时，在 CP 时钟脉冲作用下实现右移；当 $S_1S_0=10$ 时，在 CP 时钟脉冲作用下实现左移；当 $S_1S_0=11$ 时，在 CP 时钟脉冲作用下输出等于输入，完成并行输出。

本章小结

时序逻辑电路是数字电路中的重要组成部分，具有广阔的应用场景和重要的应用价值。本章讲述了时序逻辑电路的概念、同步时序逻辑电路的分析与设计、异步时序逻辑电路的分析与设计，以及常用的时序逻辑电路。

1. 时序逻辑电路由完成逻辑运算的组合逻辑电路、起记忆作用的存储电路和反馈电路组成，具有记忆功能。输入信号和状态信号被反馈到组合逻辑电路的输入端，与输入信号一起决定时序逻辑电路的输出信号，并产生对存储电路的激励信号，从而确定电路的次状态。时序逻辑电路可分为同步时序逻辑电路和异步时序逻辑电路两大类。

2. 逻辑方程组、状态转换表、状态转换图和波形图从不同方面表达了时序逻辑电路的逻辑功能，是分析和设计时序逻辑电路的主要工具。

3. 时序逻辑电路的分析步骤：逻辑图→时钟方程（异步）、激励方程、状态转换方程、输出方程→状态转换表和状态转换图→波形图→逻辑功能。

4. 时序逻辑电路的设计步骤：设计要求→最简状态表→编码表→次态卡诺图→激励方程、输出方程→逻辑图。

5. 时序逻辑电路的种类繁多，本章仅对常用的计数器和寄存器进行了较详细的讨论。计数器是一种简单且常用的时序逻辑电路，不仅能用于统计输入时钟脉冲的个数，还能用于分频、定时等。寄存器也是一种常用的时序逻辑电路，主要分为数码寄存器和移位寄存器，移位寄存器又分为左移寄存器、右移寄存器和双向移位寄存器。

习 题

6.1 分析图 6.44 所示的时序逻辑电路的逻辑功能，写出电路的激励方程、状态转换方程和输出方程，画出电路的状态转换图和波形图。

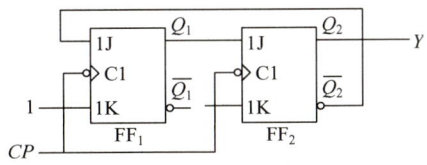

图 6.44 题 6.1 图

6.2 试分析图 6.45（a）所示的时序逻辑电路，列出状态转换表并画出状态转换图。设电路的初始状态为 0，画出在图 6.45（b）所示的波形作用下 Q 和 Z 的波形图。

6.3 图 6.46 所示为某时序逻辑电路，试分析该电路的逻辑功能。

6.4 图 6.47 所示为某时序逻辑电路，试分析该电路的逻辑功能。

(a) 电路   (b) 波形作用

图 6.45 题 6.2 图

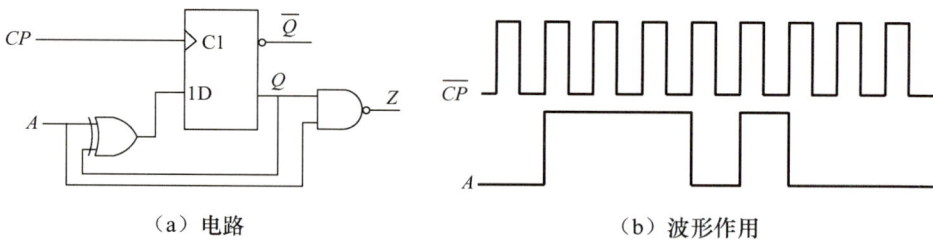

图 6.46 题 6.3 图

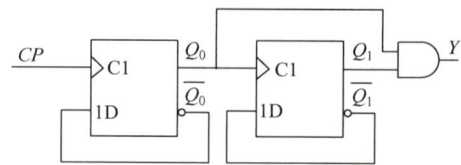

图 6.47 题 6.4 图

6.5 分析图 6.48 所示的同步时序逻辑电路的逻辑功能，设电路的初始状态为 00。①写出激励方程、状态转换方程、输出方程；②列出状态转换表；③画出状态转换图；④说明电路的逻辑功能。

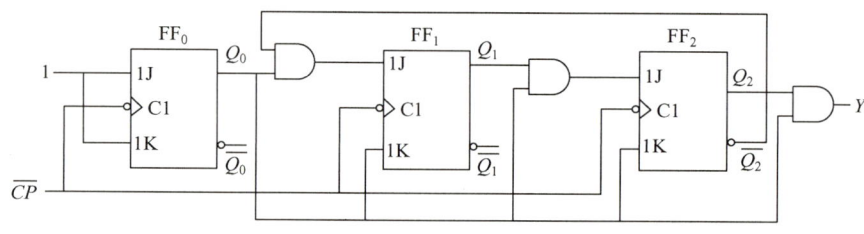

图 6.48 题 6.5 图

6.6 某同步时序逻辑电路的状态转换图如图 6.49 所示，试写出用 D 触发器设计时的最简激励方程（不考虑自校正问题）。

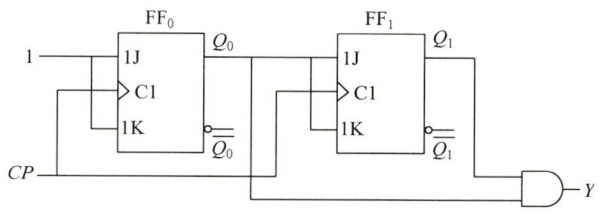

图 6.49 题 6.6 图

6.7 试用 JK 触发器设计一个同步五进制加法计数器。

6.8 试分析图 6.50 所示电路的逻辑功能,并画出其状态转换图和波形图。

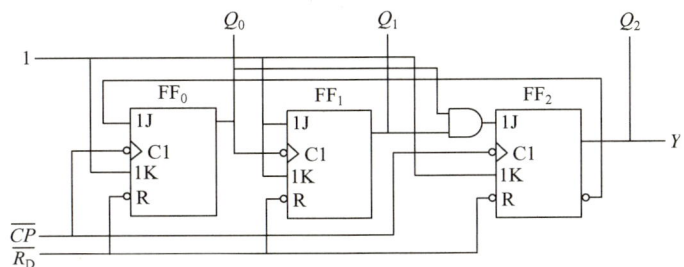

图 6.50　题 6.8 图

6.9 分析图 6.51 所示的时序逻辑电路,试画出其状态转换图和在 CP 时钟脉冲作用下 Q_3、Q_2、Q_1、Q_0 的波形图,并确定计数器的模。

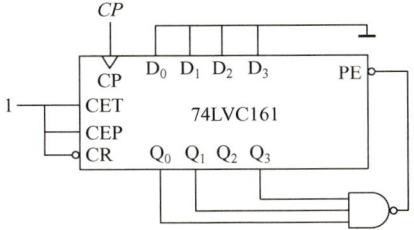

图 6.51　题 6.9 图

6.10 试确定图 6.52 所示的计数器的模,并说明理由。

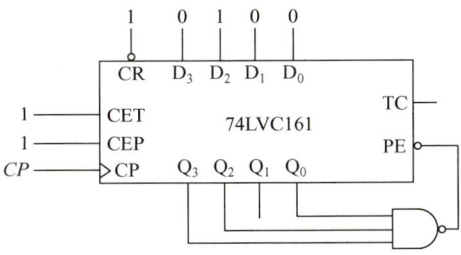

图 6.52　题 6.10 图

6.11 试分析图 6.53 所示的计数器,画出其状态转换图,并确定它的模。

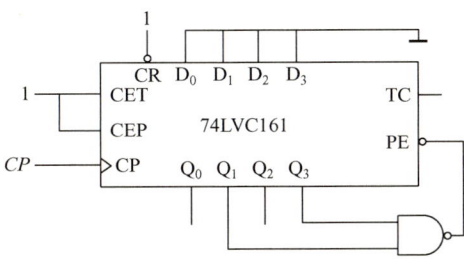

图 6.53　题 6.11 图

6.12 试分析图 6.54 所示的计数器，并确定它的模。

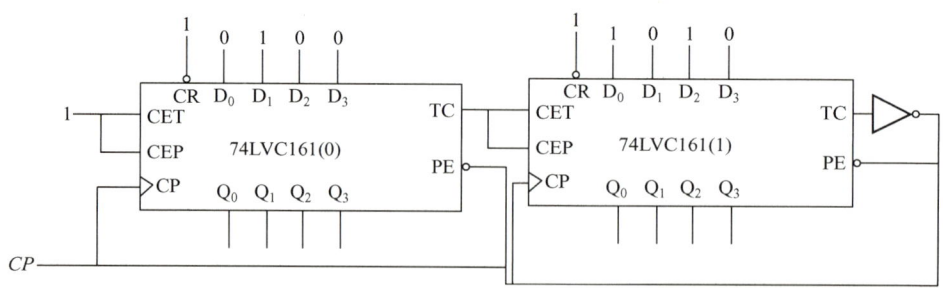

图 6.54 题 6.12 图

6.13 试用反馈清零法画出 74LVC161 十二进制加法计数器。

6.14 试用反馈置数法画出 74LVC161 十二进制加法计数器。

【在线答题】

第 7 章
脉冲信号的产生与变换电路

本章知识框架

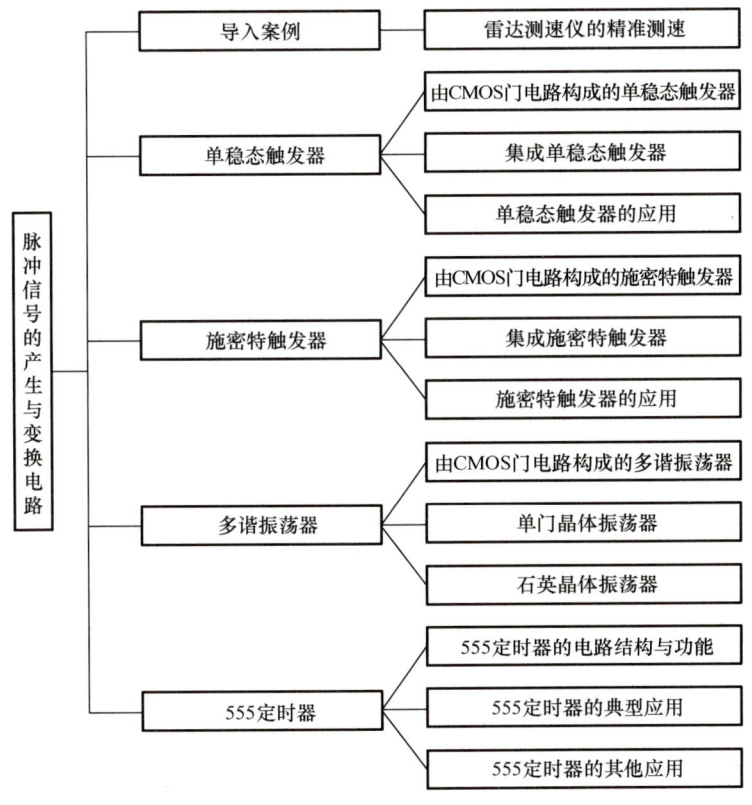

 学习目标

知识目标	1. 理解脉冲信号的定义、特点及其在数字电路中的重要性
	2. 熟悉单稳态触发器、施密特触发器、多谐振荡器等脉冲信号的产生与变换电路的基本结构和工作原理
	3. 了解555定时器的基本结构、功能特点及其在脉冲信号的产生与变换电路中的应用
能力和素质目标	1. 能够根据具体需求设计合适的脉冲信号的产生与变换电路
	2. 培养创新意识，探索脉冲信号的产生与变换电路更为广阔的应用场景（如传感器的信号调理等）

 导入案例

雷达测速仪的精准测速

在现代交通管理中，雷达测速仪（图 7.0）作为一种高效、非接触式的测速工具，扮演着至关重要的角色。它能够快速、准确地测量车辆的速度，为交通管理部门提供有力的执法依据。而雷达测速仪之所以能够实现精准测速，是因为其中脉冲信号的产生与变换电路的巧妙应用。

图 7.0 雷达测速仪

雷达测速仪的工作原理基于多普勒效应，即当雷达发射的电磁波遇到移动目标（如车辆）时，反射回来的电磁波频率会发生变化，这个频率的变化与目标的移动速度成正比。为了准确测量这个频率变化，雷达测速仪需要产生稳定的脉冲信号，并通过精确的脉冲信号变换电路对反射回来的脉冲信号进行处理。

脉冲信号的产生与变换电路 第 7 章

在雷达测速仪中，脉冲信号的产生电路负责生成周期性的脉冲信号。这些脉冲信号被发射出去，遇到车辆后反射回来，被接收电路捕获。接收电路中的脉冲信号变换电路负责对反射回来的脉冲信号进行整形、放大和滤波等处理，以便后续电路能够准确测量频率变化。

特别地，脉冲信号变换电路中的单稳态触发器、施密特触发器等能够对反射回来的脉冲信号进行精确的整形和判别，确保测速结果的准确性。例如，单稳态触发器可以将脉冲信号宽度不符合要求的脉冲信号变换成符合要求的脉冲信号；而施密特触发器能够将变化缓慢的脉冲信号变换成边沿陡峭的矩形脉冲信号，从而提高测速的精度和可靠性。

通过这个案例，我们可以深刻体会到脉冲信号的产生与变换电路在雷达测速仪中的重要作用。它不仅实现了对脉冲信号的精确产生和变换，还确保了测速结果的准确性和稳定性。本章我们将深入学习脉冲信号的产生与变换电路的基本原理、常用电路及应用实例，为理解并掌握这一关键技术打下坚实的基础。让我们一同探索脉冲信号的产生与变换电路的奥秘，为构建更加精准、高效的测速系统贡献力量。

在数字电路中，把瞬间变化、作用时间极短、具有一定宽度和幅值且边沿陡峭的电压或电流称为脉冲信号，如生产控制过程中的定时信号、时序逻辑电路中协调整个系统工作的时钟信号等。常见的脉冲信号波形如图 7.1 所示。这些信号可能是周期性重复的，也可能是非周期性的。

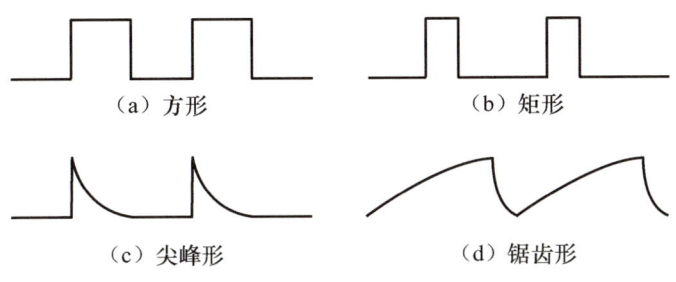

图 7.1 常见的脉冲信号波形

获取脉冲信号的方法主要有两种：一种是利用脉冲信号产生电路直接得到，另一种是通过脉冲信号整形电路对已有信号进行变换，得到符合要求的脉冲信号。其中，脉冲信号产生电路可以通过开关器件和延时电路直接产生矩形脉冲信号，多谐振荡器就是一种典型的矩形脉冲信号产生电路；而脉冲信号整形电路不能自行产生脉冲信号，只能把其他形状的脉冲信号（如锯齿波脉冲信号、三角波脉冲信号、正弦波脉冲信号等）变换成矩形脉冲信号，施密特触发器就是一种典型的脉冲信号整形电路。

本章主要介绍几种常用的脉冲信号产生与变换电路：单稳态触发器、施密特触发器、多谐振荡器等，最后介绍 555 定时器及其应用。

7.1 单稳态触发器

普通触发器都有"0"和"1"两种状态,并且这两种状态均可稳定存在,因此普通触发器也称双稳态触发器。本节介绍的单稳态触发器只有一个稳定状态,其具体工作特点如下。

【拓展视频】

(1) 未加触发脉冲信号时,电路处于稳定状态(简称稳态)。

(2) 触发脉冲信号到来时,电路由稳态翻转为暂稳态,暂稳态停留一段时间后,自动返回稳态。

(3) 暂稳态维持时间主要取决于电路中的时间常数 RC。

单稳态触发器实际上是通过整形电路获得矩形脉冲信号,常用于脉冲信号整形、定时、消噪、延时等,如银行的自助门禁系统、居民的门铃响应系统都由单稳态触发器控制。

7.1.1 由 CMOS 门电路构成的单稳态触发器

1. 工作原理

单稳态触发器一般由 CMOS 门电路和 RC 元件构成,根据 RC 电路的不同接法可分为 CMOS 微分型单稳态触发器(图 7.2)和 CMOS 积分型单稳态触发器两种。下面以 CMOS 微分型单稳态触发器为例分析其工作原理。为便于分析,本章将 CMOS 门电路的电压传输特性理想化,设 CMOS 反相器的阈值电压 $V_{TH} \approx V_{DD}/2$,电路中 CMOS 门的高电平和低电平分别为 $V_{OH} \approx V_{DD}$ 和 $V_{OL} \approx 0V$。

这里以图 7.2(a)为例来介绍单稳态触发器的工作原理,由图可知,构成单稳态触发器的两个门电路是由微分形式的 RC 电路耦合的,因此也称 CMOS 与非门微分型单稳态触发器。

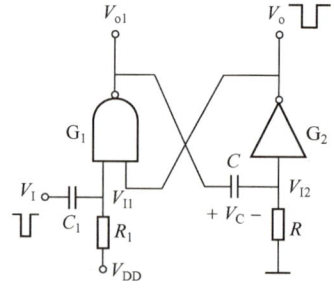 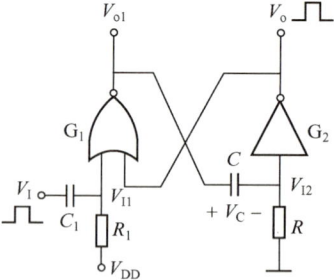

(a) CMOS 与非门微分型单稳态触发器　　(b) CMOS 或非门微分型单稳态触发器

图 7.2　CMOS 微分型单稳态触发器

(1) 无触发脉冲信号时($V_I =$ "1"),电路处于稳态。

电源接通后,在没有外来触发脉冲信号,即 V_I 为高电平时,电路处于稳态。此时 V_{I1}

为高电平（$V_{I1} = V_{DD}$）；反相器 G_2 的输入端 V_{I2} 经电阻 R 接地，因此 V_{I2} 为低电平（$V_{I2} = 0V$），反相器 G_2 的输出 V_O 为高电平（$V_O = V_{DD}$）。此时，与非门 G_1 的两个输入均为高电平，其输出 V_{O1} 为低电平（$V_{O1} = 0V$），即电容器 C 两端的电压接近 0V（V_{O1}、V_{I2} 均为低电平）。综上可知，在没有输入负触发脉冲信号时，电路将一直处于稳态，且 $V_C = 0V$、$V_{O1} = 0V$、$V_O = V_{DD}$。

（2）触发脉冲信号到来时，电路由稳态翻转为暂稳态。

当输入触发负脉冲信号，即 V_I 为低电平时，在 V_I 的下降沿 R_1C_1 微分电路将得到负的窄脉冲信号，当 V_{I1} 下降到 G_1 的阈值电压 V_{TH} 以下时，电路将产生如下正反馈过程：

$$V_I\downarrow \to V_{O1}\uparrow \to V_{O2}\uparrow \to V_O\downarrow$$

该正反馈过程使与非门 G_1 迅速翻转，V_{O1} 很快从低电平跳变为高电平，因为电容 C 两端的电压不能跳变，所以 V_{I2} 同时跳变为高电平，与非门 G_2 翻转，输出 V_O 跳变为低电平。此时即使触发脉冲信号 V_I 撤除（V_I 回复高电平），V_O 仍维持低电平不变，但电路的这种状态不能长久保持，所以此状态为暂稳态。暂稳态时电路有 $V_{O1} = V_{DD}$、$V_O = 0V$。

（3）电路从暂稳态自动恢复稳态。

由于在暂稳态期间 $V_{O1} = V_{DD}$，电源会通过电阻 R 对电容 C 充电，V_{I2} 将呈指数规律下降，当 V_{I2} 下降到 V_{TH} 时，电路将产生如下正反馈：

$$V_{I2}\downarrow \to V_O\uparrow \to V_{O1}\downarrow$$

该正反馈使 G_1、G_2 迅速翻转，当 V_{O1} 跳变到低电平时，由于电容 C 两端电压不能跳变，V_{I2} 也将跟随 V_{O1} 跳变为低电平，因此输出返回到 $V_O = V_{DD}$ 的稳态。此后，电容 C 通过电阻 R 放电，最终使电容 C 上的电压回复稳态时的初始值，电路从暂稳态恢复稳态。

2. 工作波形

CMOS 微分型单稳态触发器的工作波形如图 7.3 所示，在触发脉冲信号 V_I 下降沿处，电路由稳态进入暂稳态；暂稳态持续时间由 RC 电路的充电时间决定。另外，由于单稳态触发器的输入端有一个 R_1C_1 微分电路，因此暂稳态输出波形不受触发脉冲信号 V_I 的脉冲信号宽度影响，保证了输出脉冲信号波形的可靠性。

由于 CMOS 门几乎没有输入电流，图 7.2 所示电路中的电阻阻值基本没有限制；但如果采用 TTL 门，则要考虑开门与关门电阻，计算比较复杂。

此处介绍的是由 CMOS 与非门构成的单稳态触发器，对于不同逻辑门构成的单稳态触发器，电路的触发脉冲信号和输出脉冲信号极性不同。

3. 主要参数计算

单稳态触发器的主要参数包括输出脉冲信号宽度 t_w、回复时间 t_{re}、最高工作频率 f_{max} 等，下面分别介绍各主要参数的概念。

（1）输出脉冲信号宽度 t_w。

由图 7.3 可知，输出脉冲信号宽度 t_w 为电容 C 的充电时间，即 V_{I2} 从 V_{DD} 下降到 V_{TH}

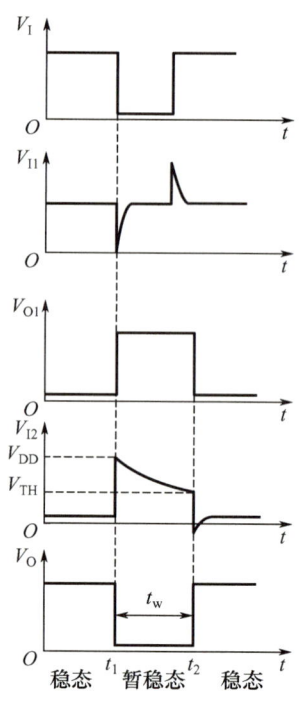

图 7.3　CMOS 微分型单稳态触发器的工作波形

的时间。根据对 RC 电路过渡过程的分析可知，在电容 C 充放电时，电容 C 上的电压 V_c 从充放电开始到变化至某数值 V_{TH} 的时间可以用下式计算：

$$t_w = RC \ln \frac{V_c(\infty) - V_c(0)}{V_c(\infty) - V_{TH}} \tag{7-1}$$

式中，$V_c(\infty)$ 为电容电压稳态值；$V_c(0)$ 为电容电压初始值。

将 $V_c(0)=0$，$V_c(\infty)=V_{DD}$，$\tau=RC$，$V_{TH} \approx \dfrac{V_{DD}}{2}$ 代入式（7-1），得

$$t_w = RC \ln \frac{V_{DD} - 0}{V_{DD} - V_{TH}} = RC \ln 2 \approx 0.7\tau \tag{7-2}$$

(2) 回复时间 t_{re}。

暂稳态结束后，电路还需要一段回复时间，以便将电容在暂稳态期间存储的电荷完全释放，使电路恢复初始的稳态。一般来说，回复时间

$$t_{re} \approx (3-5)\tau \tag{7-3}$$

(3) 最高工作频率 f_{max}。

要保证电路正常工作，两个相邻的输入触发脉冲信号之间必须具有一定的时间间隔，其允许的最小时间间隔即最短周期 T_{min}（$T_{min} = t_w + t_{re}$）。因此，单稳态触发器的最高工作频率

$$f_{max} = \frac{1}{T_{min}} \leqslant \frac{1}{t_w + t_{re}} \tag{7-4}$$

7.1.2 集成单稳态触发器

1. 集成单稳态触发器的触发方式

按照不同的触发方式,集成单稳态触发器分为不可重复触发单稳态触发器和可重复触发单稳态触发器。不可重复触发单稳态触发器就是在暂稳态期间,接收触发脉冲信号的再次作用不会对现有的暂稳态有任何影响,输出的脉冲信号宽度 t_w 仍由原先的 R、C 参数确定;可重复触发单稳态触发器在暂稳态期间,若再次加入触发脉冲信号,则单稳态触发器被重新触发,其暂稳态将以新的触发脉冲信号的触发沿作为计时起点,延长一个脉冲信号宽度 t_w 时间后,电路恢复稳态。所以,可重复触发单稳态触发器的输出脉冲信号宽度将根据触发脉冲信号输入情况的不同而改变。两种单稳态触发器的工作波形如图 7.4 所示。

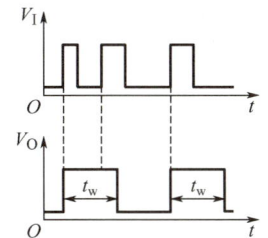
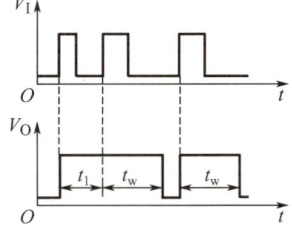

(a) 不可重复触发单稳态触发器　　　(b) 可重复触发单稳态触发器

图 7.4　两种单稳态触发器的工作波形

2. 常用的集成单稳态触发器

虽然用逻辑门构成的单稳态触发器电路结构简单,但仍存在触发方式单一、输出脉冲信号宽度稳定性较差等问题。因此,多数实际电路使用的是性能较高的集成单稳态触发器(包括 TTL 和 CMOS 系列产品)。集成单稳态触发器就是把内部电路集成于同一芯片,通常采用温漂补偿措施来提高电路的温度稳定性,还可以附加上升沿与下降沿触发的控制和置零等功能,以增强器件的整体性能。芯片外部一般只需连接很少的决定时间常数的元件,使用便捷且可靠。

(1) 74121 集成单稳态触发器。

74121 集成单稳态触发器是 TTL 集成器件,属于不可重复触发单稳态触发器。74121 集成单稳态触发器是在微分型单稳态触发器的基础上附加输入控制电路和输出缓冲电路构成的。输入控制电路主要实现上升沿触发或下降沿触发的控制,输出缓冲电路主要提高单稳态触发器的负载能力,其引脚示意图如图 7.5 所示。

74121 集成单稳态触发器的触发脉冲信号输入端为引脚 3、引脚 4、引脚 5,即 A_1、A_2、B 端;引脚 6 和引脚 1 分别为单稳态触发器的同相输出端 Q 和反相输出端 $\overline{Q}$;定时电容器 C_{ext} 接在引脚 10 与引脚 11 之间,如果采用电解电容,则其正极端接引脚 10,一般取定时电容 $C_{\text{ext}} = 10\text{pF} \sim 10\mu\text{F}$;定时电阻 R 可以根据输出脉冲信号宽度的要求来决定是采用外接电阻 R_{ext} 还是采用内部电阻 R_{int},使用内部电阻时只需将 R_{int} 与 V_{CC} 连接(74121 集成单稳态触发器内部有一个 2kΩ 的定时电阻),不用时将 R_{int} 开路即可,外接定时电阻 R

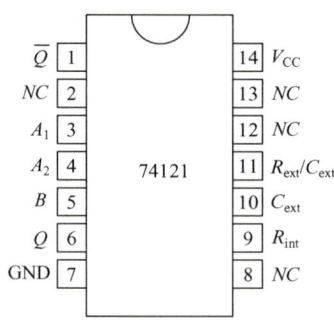

图 7.5　74121 集成单稳态触发器的引脚示意图

的取值范围为 1.4～40kΩ。74121 集成单稳态触发器使用内部电阻和外接电阻的两种连接方式如图 7.6 所示，输出脉冲信号宽度 $t_w \approx 0.7RC$，通过选择适当的电容、电阻值，可以使输出脉冲信号宽度 t_w 在 10ns～300ms 范围内改变。

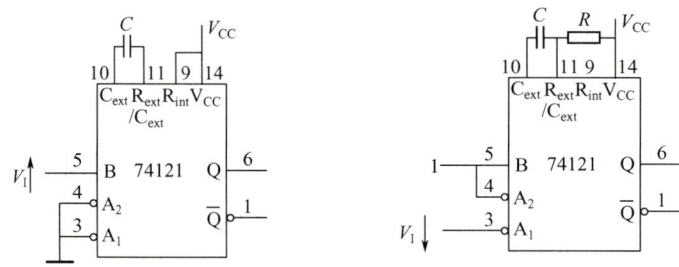

（a）使用内部电阻（上升沿触发）　　（b）使用外接电阻（下降沿触发）

图 7.6　74121 集成单稳态触发器使用内部电阻和外接电阻的两种连接方式

74121 集成单稳态触发器具有边沿触发的性质，在稳态下，单稳态触发器的输出 $Q=0$；当有触发脉冲信号作用时，电路进入暂稳态，$Q=1$。其真值表见表 7.1。

表 7.1　74121 集成单稳态触发器真值表

输入			输出	
A_1	A_2	B	Q	$\overline{Q}$
0	×	1	0	1
×	0	1	0	1
×	×	0	0	1
1	1	×	0	1
1	↓	1	⊓	⊔
↓	1	1	⊓	⊔

续表

输入			输出	
A_1	A_2	B	Q	$\overline{Q}$
↓	↓	1	⊓	⊔
0	×	↑	⊓	⊔
×	0	↑	⊓	⊔

表 7.1 的前四行为稳态，即非触发状态，条件是 B 为高电平 1，且 A_1、A_2 中至少一个为低电平 0；或者 B 为低电平 0，A_1、A_2 任意；再或 B 任意，而 A_1、A_2 同时为高电平 1，电路均不能翻转，此为稳态或禁止触发状态，Q 维持稳态低电平 0。表 7.1 的后五行为触发状态，电路在此条件下将由稳态翻转到暂稳态：当 B 为高电平 1，且 A_1、A_2 中一个或两个产生由 1 到 0 的负跳变，而另一个为高电平 1 时，电路达到暂稳态（$Q=1$）；或者当 B 产生由 0 到 1 的正跳变，A_1、A_2 两个输入中至少一个为低电平 0 时电路触发，有正脉冲信号输出（$Q=1$）。74121 集成单稳态触发器的工作波形如图 7.7 所示。

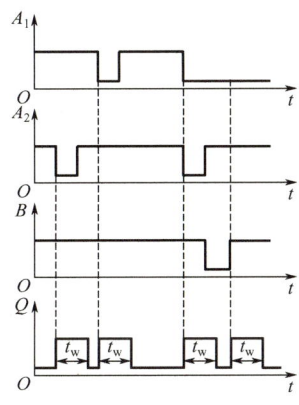

图 7.7　74121 集成单稳态触发器的工作波形

集成单稳态触发器除 74121 外还有很多其他产品，如 74LS221、74LS122、74LS123 等，其中 74LS221 属于不可重复触发单稳态触发器，74LS122、74LS123 属于可重复触发单稳态触发器，并且 74LS221、74LS123 内部都包含两个单稳态触发器。MC14528、CC4098 等是 CMOS 集成单稳态触发器的典型产品，属于可重复触发单稳态触发器。另外，有些集成单稳态触发器（如 74LS123、74LS221、MC14528）还设有清零端，通过在清零端输入低电平可以立即终止暂稳态过程，回复稳定状态。

（2）MC14528 可重复触发集成单稳态触发器。

MC14528 可重复触发集成单稳态触发器，广泛应用于定时电路、延时电路、多谐振荡器等电路中。图 7.8 所示为 MC14528 可重复触发集成单稳态触发器的引脚示意图，其中引脚 C_{ext} 和引脚 R_{ext} 为外接定时电容和电阻，TR_+ 为下降沿触发输入端，TR_- 为上升沿触发输入端，$\overline{R_D}$ 为清零输入端，Q 和 $\overline{Q}$ 为两个互补输出端。MC14528 可重复触发集成单稳态触发器真值表见表 7.2。

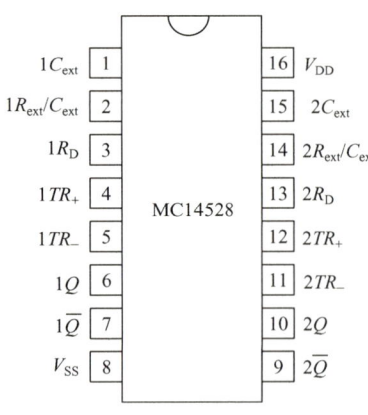

图 7.8　MC14528 可重复触发集成单稳态触发器引脚示意图

表 7.2　MC14528 可重复触发集成单稳态触发器真值表

输入			输出		功能
$\overline{R_D}$	TR_+	TR_-	Q	$\overline{Q}$	
L	×	×	L	H	清除
×	H	×	L	H	禁止
×	×	L	L	H	禁止
H	H	↑	⊓	⊔	单稳
H	↓	L	⊓	⊔	单稳

7.1.3　单稳态触发器的应用

单稳态触发器不能自行产生脉冲信号,但是能够将脉冲信号宽度不符合要求的脉冲信号变换成所需脉冲信号,广泛应用于电路的定时、延时和消除噪声等。

(1) 定时。

由于单稳态触发器能够触发产生一定脉冲信号宽度 t_w 的矩形脉冲信号,因此可以起到定时作用。如图 7.9 所示,如果把单稳态触发器的输出脉冲信号作为与门的一个控制输入,那么只有在单稳态触发器的输出脉冲信号为高电平的 t_w 期间,与门的另一个输入脉冲信号 V_A 才能顺利通过。暂稳态维持时间 t_w 与单稳态触发器的 RC 参数有关,RC 取值不同,输入脉冲信号 V_A 通过与门的时间长度、脉冲信号数也不同。如果把暂稳态维持时间 t_w 调整到 1s 并在与门的输出端加一个计数器,就可以测出输入脉冲信号 V_A 的工作频率,从而将该电路作为频率计使用。

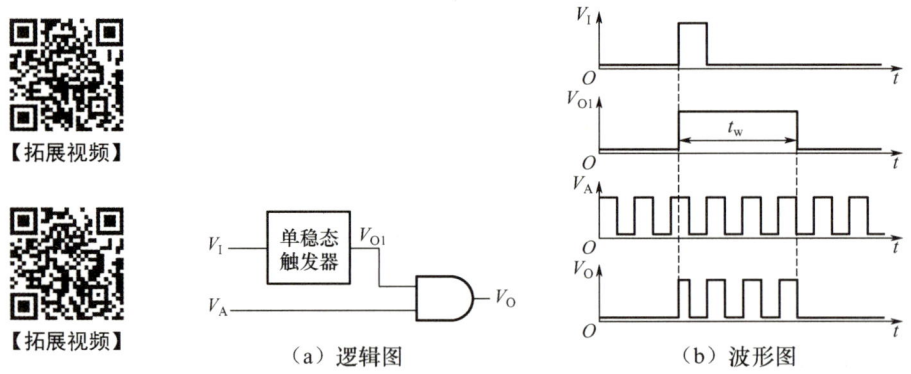

图 7.9　单稳态触发器定时电路

(2) 延时。

在数字电路中,如果需要延迟脉冲信号的触发时间,则可以通过控制单稳态触发器的暂稳态脉冲信号宽度实现。如图 7.10 所示，把两个 74121 单稳态触发器级联，第一级单稳态触发器（0）在输入脉冲信号 V_1 的下降沿触发，产生脉冲信号宽度为 t_{w1} 的输出脉冲信号 V_{O1}，然后把 V_{O1} 的下降沿送入第二级单稳态触发器（1），作为其触发输入脉冲信号，因此第二级单稳态触发器（1）在延迟 t_{w1} 时间后产生脉冲信号宽度为 t_{w2} 的脉冲信号输出。

（3）消除噪声。

脉冲信号在实际的传输处理过程中由于各种不稳定因素常常会受到噪声影响而发生畸变，一般来说，有用的脉冲信号都是具有一定宽度的脉冲信号，而干扰尖脉冲信号多为噪声。只要选择合适的 RC 参数，使单稳态触发器的暂稳态脉冲信号宽度大于干扰尖脉冲信号宽度并小于有用脉冲信号宽度就可以消除噪声，如图 7.11 所示。

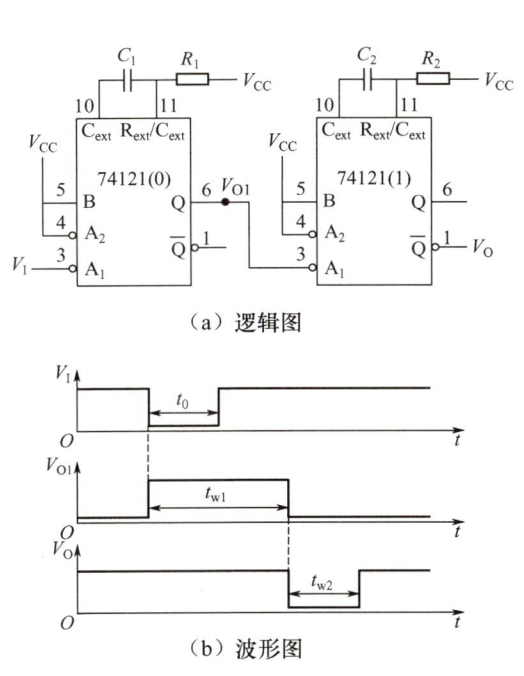

图 7.10 单稳态触发器延时电路

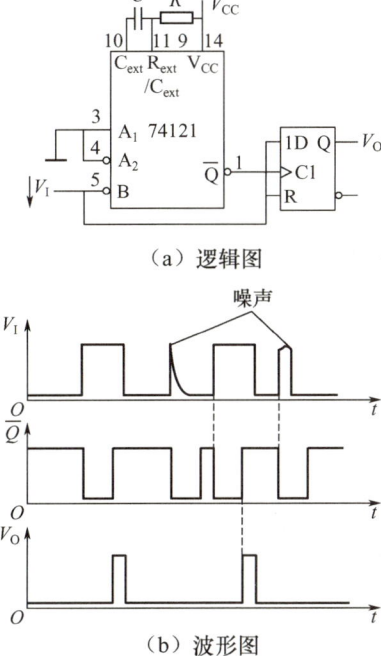

图 7.11 单稳态触发器消除噪声电路

7.2 施密特触发器

施密特触发器属于电平触发的双稳态触发器，其主要功能是可以把其他非矩形脉冲信号变换成边沿陡直的矩形脉冲信号。其工作特点如下。

（1）输入脉冲信号电平值可以是连续变化的，其变化会使输出电压在高电平和低电平之间进行跳变，并且输出电压的波形边沿陡峭。

（2）在输入电平上升和下降过程中使输出电压发生跳变的对应输入脉冲信号电平（阈值电平）是不同的，分别称为正向阈值电压 V_{T+} 和负向阈值电压 V_{T-}，两者之差称为回差电压 ΔV_T。同相输出的施密特触发器的逻辑符号及工作波形如图 7.12 所示。

【拓展视频】

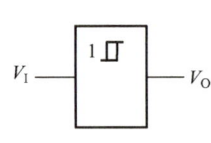

(a) 逻辑符号

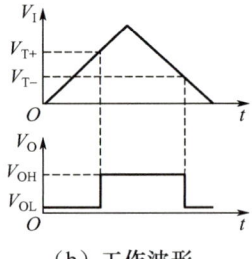

(b) 工作波形

图 7.12　同相输出的施密特触发器的逻辑符号及工作波形

7.2.1　由 CMOS 门电路构成的施密特触发器

1. 工作原理

由 CMOS 门电路构成的施密特触发器如图 7.13 所示，包括两个 CMOS 反相器和两个分压电阻 R_1、R_2。两级 CMOS 反相器串联后，通过分压电阻将输出电压反馈到输入端，从而形成正反馈。

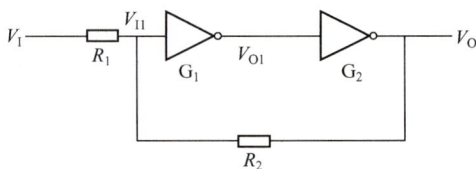

图 7.13　由 CMOS 门电路构成的施密特触发器

为了分析方便，仍然假设 CMOS 反相器的阈值电压 $V_{TH} \approx V_{DD}/2$，CMOS 门电路的 $V_{OH} \approx V_{DD}$、$V_{OL} \approx 0V$，且 $R_1 < R_2$。

根据图 7.13，V_{I1} 可由叠加原理求得，即

$$V_{I1} = V_I \frac{R_2}{R_1+R_2} + V_O \frac{R_1}{R_1+R_2} \quad (7-5)$$

假设输入 V_I 是由 0V 上升的三角波脉冲信号，在起始时刻，$V_I = 0V$，则 $V_{I1} \approx 0V$，所以经反相器 G_1 得输出 V_{O1} 为高电平（$V_{O1} = V_{OH} \approx V_{DD}$），再经反相器 G_2 得输出 V_O 为低电平（$V_O = V_{OL} \approx 0V$）。

由式（7-5）可知，随着三角波脉冲信号 V_I 由 0V 逐渐上升，V_{I1} 将随 V_I 的上升而增大，在 V_{I1} 上升到 CMOS 反相器的阈值电压 V_{TH} 之前，输出 V_O 保持低电平不变。当 V_{I1} 上升到阈值电压 V_{TH}（$V_{I1} = V_{TH}$）时，相当于 G_1 的输入由低电平跳变为高电平，电路将有如下正反馈：

$$V_{I1}\uparrow \rightarrow V_{O1}\downarrow \rightarrow V_O\uparrow$$

也就是说，在 V_{I1} 上升到阈值电压 V_{TH} 后，反相器 G_1 的输出 V_{O1} 将迅速跳变为低电平，从而输出 V_O 也很快跳变为高电平。如果 V_{I1} 继续上升，那么 $V_{I1} > V_{TH}$，输出高电平

将保持不变，即 $V_O \approx V_{DD}$。

在施密特触发器输入脉冲信号上升过程中，输出脉冲信号发生高电平与低电平跳变所对应的输入电压称为正向阈值电压 V_{T+}。由以上分析可知，输出发生跳变的前一瞬间，有 $V_{I1}=V_{TH}$、$V_O=V_{OL}\approx 0V$，代入式（7-5）得

$$V_{I1}=V_{TH}=\frac{R_2}{R_1+R_2}V_I \tag{7-6}$$

因此，该施密特触发器的正向阈值电压

$$V_{T+}=V_I=\left(1+\frac{R_1}{R_2}\right)V_{TH}=\left(1+\frac{R_1}{R_2}\right)\frac{V_{DD}}{2} \tag{7-7}$$

接下来，输入的三角波脉冲信号 V_I 在上升到最大值后会逐渐下降，由式（7-5）可知 V_{I1} 将随 V_I 的下降而减小，在下降过程中如果 V_{I1} 大于 V_{TH}，则输出 $V_O \approx V_{DD}$ 不会变化。而当 V_{I1} 随 V_I 下降到 V_{TH} 时，相当于反相器 G_1 的输入由高电平跳变为低电平，电路又将产生如下正反馈：

$$V_{I1}\downarrow \rightarrow V_{O1}\uparrow \rightarrow V_O\downarrow$$

因此，在 V_{I1} 下降到阈值电压 V_{TH} 后，G_1 的输出 V_{O1} 将迅速跳变为高电平（$V_{O1} \approx V_{DD}$），再经反相器 G_2，输出 V_O 也很快跳变为低电平（$V_O \approx 0V$）。随着 V_{I1} 继续减小（$V_{I1} < V_{TH}$），输出 V_O 将保持低电平不变（$V_O \approx 0V$）。

同理，在输入脉冲信号下降的过程中，输出脉冲信号发生跳变所对应的输入电压称为负向阈值电压 V_{T-}。由以上分析可知，在输出电压跳变的前一瞬间，有 $V_{I1}=V_{TH}$、$V_O=V_{OH}$、$V_{DD}=2V_{TH}$，代入式（7-5）得

$$V_{T-} \approx \left(1-\frac{R_1}{R_2}\right)V_{TH}=\left(1-\frac{R_1}{R_2}\right)\frac{V_{DD}}{2} \tag{7-8}$$

施密特触发器的回差电压 ΔV_T 为正向阈值电压 V_{T+} 与负向阈值电压 V_{T-} 之差，即

$$\Delta V_T = V_{T+} - V_{T-} \approx 2V_{TH}\frac{R_1}{R_2}=V_{DD}\frac{R_1}{R_2} \tag{7-9}$$

由式（7-9）可知，该电路可以通过改变 R_1、R_2 的比值调节回差电压 ΔV_T 的值，但 R_1 必须小于 R_2，否则电路将进入自锁状态，无法正常工作。

2. 工作波形

由以上分析可知，电路以 V_O 作为输出电压时，为同相输出施密特触发器；若以 V_{O1} 作为输出电压，则为反相输出施密特触发器。施密特触发器的工作波形、传输特性及逻辑符号如图 7.14 所示。

7.2.2 集成施密特触发器

与 CMOS 门电路构成的施密特触发器相比，集成施密特触发器的性能更加稳定，因此在数字电路中应用广泛。目前市场上有多种 TTL 门电路集成施密特触发器和 CMOS 门电路集成施密特触发器产品。下面以典型的 74LS132 集成施密特触发器为例来介绍其工作原理。其引脚示意图如图 7.15 所示，其包含四个相互独立的两输入施密特触发器，每个

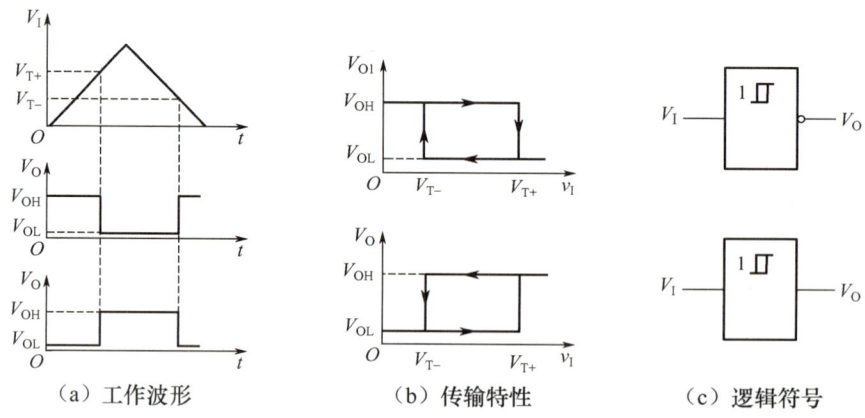

(a)工作波形　　　　(b)传输特性　　　　(c)逻辑符号

图 7.14　施密特触发器的工作波形、传输特性及逻辑符号

触发器都在基本施密特触发器电路的输入端增加与功能，输出端增加反相器，因此内部各触发器又称施密特触发器与非门。其中 $A_1 \sim A_4$、$B_1 \sim B_4$ 为输入端，$Y_1 \sim Y_4$ 为输出端。

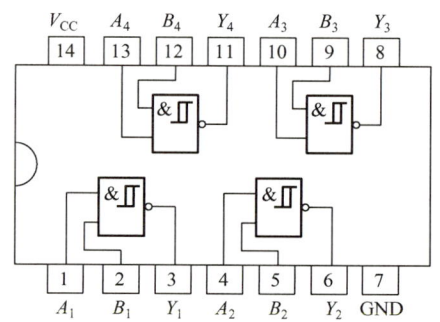

图 7.15　74LS132 集成施密特触发器的引脚示意图

施密特触发器与非门的逻辑符号及逻辑图如图 7.16 所示，输出信号 Y 与输入信号 A、B 的逻辑关系为 $Y = \overline{AB}$。当 A、B 同时高于其正向阈值电压 V_{T+} 时，输出 Y 为低电平；当输入信号 A、B 只要有一个低于负向阈值电压 V_{T-}，输出 Y 就为高电平。

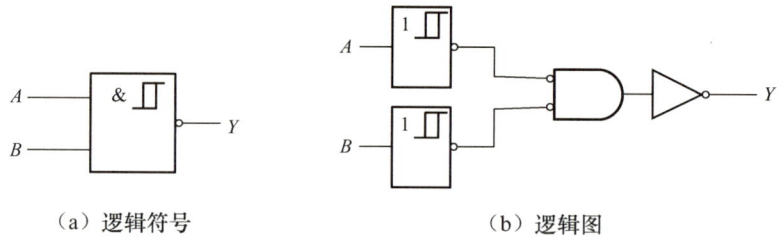

(a)逻辑符号　　　　　　　　(b)逻辑图

图 7.16　施密特触发器与非门的逻辑符号及逻辑图

当使用 5V 电源时，74LS132 集成施密特触发器的正向阈值电压 $V_{T+} = 1.5 \sim 2.0\text{V}$，负向阈值电压 $V_{T-} = 0.6 \sim 1.1\text{V}$，回差电压 ΔV_T 的典型值为 0.8V。

7.2.3 施密特触发器的应用

1. 波形整形

在数字电路的实际应用中，矩形脉冲信号波形经传输后容易发生畸变，波形发生畸变的主要原因大致有以下几种：如果传输线较长，且接收端的阻抗与传输线的阻抗不匹配时，则在波形的上升沿和下降沿产生振荡现象；如果传输线上的电容较大，则波形的上升沿和下降沿明显变坏；如果有其他脉冲信号通过导线间的分布电容或公共电源线叠加到矩形脉冲信号上，脉冲信号上将出现附加噪声；等等。由于波形发生畸变会影响整个数字电路的正常工作，因此有必要对这些脉冲信号进行校正。此时可以利用施密特触发器的回差特性，通过设置合适的正负向阈值电压把受到干扰的信号变换成规范的矩形脉冲信号，从而实现较满意的波形整形，如图7.17所示。

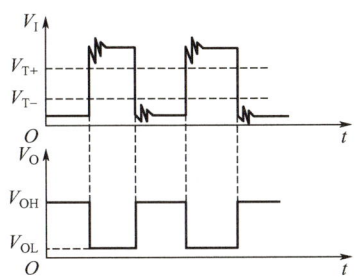

图 7.17 利用施密特触发器实现波形整形

2. 波形变换

利用施密特触发器在状态转换过程中的正反馈作用，可以把一些边沿变化缓慢的非矩形脉冲信号（如正弦波脉冲信号、三角波脉冲信号及其他不规则脉冲信号）变换成边沿陡峭的矩形脉冲信号。如图7.18所示，通过施密特触发器可以把正弦波脉冲信号变换成对应的矩形波脉冲信号，并且通过控制施密特触发器的 V_{T+} 和 V_{T-} 能够调节输出的矩形波脉冲信号宽度。

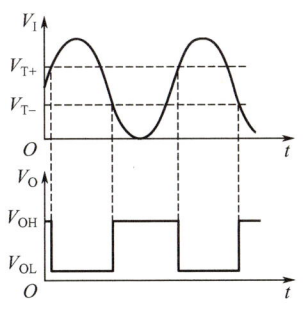

图 7.18 利用施密特触发器实现波形变换

【拓展视频】

3. 幅度鉴别

施密特触发器的输出状态决定于输入脉冲信号 V_I 的幅值,只有当输入脉冲信号电平大于正向阈值电压 V_{T+} 时,电路输出才会发生跳变,产生脉冲信号输出。由该特性可知,只要设置合理的 V_{T+} 大小,施密特触发器就能够筛选出大于正向阈值电压 V_{T+} 的输入脉冲信号,因此其具有幅度鉴别的能力,如图 7.19 所示。

【拓展视频】

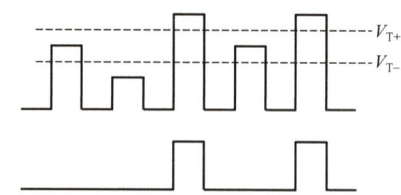

图 7.19 利用施密特触发器实现幅度鉴别

7.3 多谐振荡器

多谐振荡器是一种自激产生矩形脉冲信号的电路,由于不需要外加任何触发脉冲信号,因此又称自激振荡器。之所以称之为多谐振荡器,是因为其产生的矩形波脉冲信号含有丰富的高次谐波分量。多谐振荡器的特点是没有稳态,只有两个暂稳态,输出高电平与低电平的跳变是电路自动进行的,属于无稳态电路。时序逻辑电路中的时钟脉冲信号一般都是由多谐振荡器产生的。

多谐振荡器的电路结构主要由开关器件和反馈延时部分组成。开关器件的作用是产生高电平与低电平输出,其一般由逻辑门、定时器或电压比较器等组成;反馈延时部分的作用是将输出电压适当延时后反馈到开关器件的输入端,以得到所需的矩形波脉冲信号,其一般由 RC 电路组成。

7.3.1 由 CMOS 门电路构成的多谐振荡器

1. 工作原理

由 CMOS 门电路构成的多谐振荡器如图 7.20 所示。

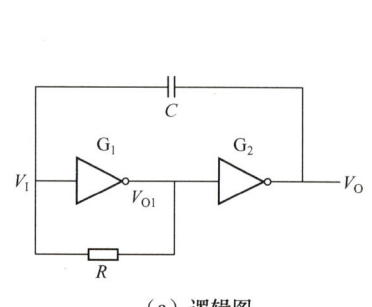

(a) 逻辑图 (b) 工作原理图

图 7.20 CMOS 门电路构成的多谐振荡器

在图 7.20（b）中，G_1、G_2 为两级反相放大器，偏置电阻 R 与电容 C 起交流正反馈的作用。假设在 $t=0$ 时接通电源，电容 C 尚未充电，则 V_I 为低电平，V_{O1} 为高电平，输出 V_O 为低电平，这是电路的第一暂稳态，此时电源经 G_1、G_2 的导通电路（T_{P1}、R、C、T_{N2}）对电容 C 充电，V_I 逐渐上升，当 $V_I = V_{TH}$ 时，电路正反馈过程如下：

$$V_I \uparrow \rightarrow V_{O1} \downarrow \rightarrow V_O \uparrow$$

该正反馈使 G_1 迅速截止，V_{O1} 很快跳变为低电平 V_{OL}，同时 V_O 跳变为高电平 V_{OH}，所以电路输出发生翻转，进入第二暂稳态。此时由于电容 C 两端电压不能跳变，因此 V_I 也将跟随 V_O 上跳。由于保护二极管（$D_1 \sim D_4$）的钳位作用，V_I 最大只能上跳至 $V_{DD} + \Delta V \approx V_{DD}$。然后，充电电路断开，电容 C 将通过 G_1、G_2 的导通电路（T_{P2}、R、C、T_{N1}）放电，V_I 逐渐下降，当 V_I 下降到 V_{TH} 时，电路发生如下正反馈：

$$V_I \downarrow \rightarrow V_{O1} \uparrow \rightarrow V_O \downarrow$$

该正反馈使 V_{O1} 迅速跳变为高电平 V_{OH}，V_O 跳变为低电平 V_{OL}。电路又回到第一暂稳态，电源再次通过 G_1、G_2 的导通电路对电容 C 充电，重复上述过程。

综上分析可知，整个电路就是通过电容 C 的充放电作用来实现多谐振荡器两个暂稳态转换的，从而自动产生矩形波脉冲波信号的输出。另外，为了改善电路性能，一般可以在 G_1 与输入脉冲信号之间连接一个补偿电阻 R_P（$R_P = 10R$），以消除 CMOS 门电路内部保护二极管的影响，防止触发可控硅效应，并减小电源电压变化对振荡频率的影响，如图 7.21 所示。

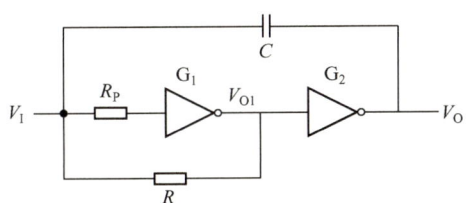

图 7.21　附加补偿电阻的 CMOS 门电路构成的多谐振荡器

2. 工作波形

由 CMOS 门电路构成的多谐振荡器的工作波形如图 7.22 所示（没有电阻 R_P）。输出脉冲信号 V_O 在每个周期中的低电平持续时间为电容 C 的充电时间 T_1，即

$$T_1 = RC \ln \frac{V_{DD}}{V_{DD} - V_{TH}} = \tau \ln 2 \qquad (7-10)$$

高电平持续时间为电容 C 的放电时间 T_2，即

$$T_2 = RC \ln \frac{V_{DD}}{V_{TH}} = \tau \ln 2 \qquad (7-11)$$

因此，由 CMOS 门电路构成的多谐振荡器的输出波形振荡周期

$$T = T_1 + T_2 = 2\tau \ln 2 \approx 1.4\tau \qquad (7-12)$$

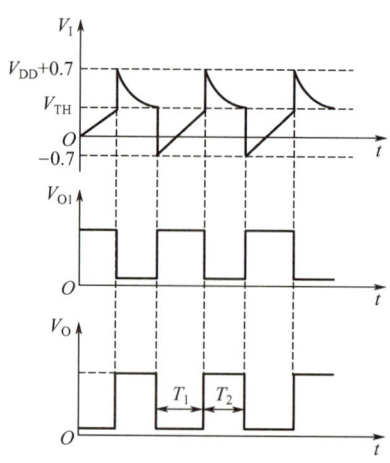

图 7.22 由 CMOS 门电路构成的多谐振荡器的工作波形

7.3.2 单门晶体振荡器

这里介绍的单门晶体振荡器是由正弦波振荡电路与施密特触发器共同构成的,如图 7.23 所示,虚线框内是电容三点式 LC 振荡电路,能够产生高频正弦波脉冲信号,在其输出端续接一个施密特触发器,可以在没有任何输入脉冲信号的条件下输出周期性矩形波脉冲信号。

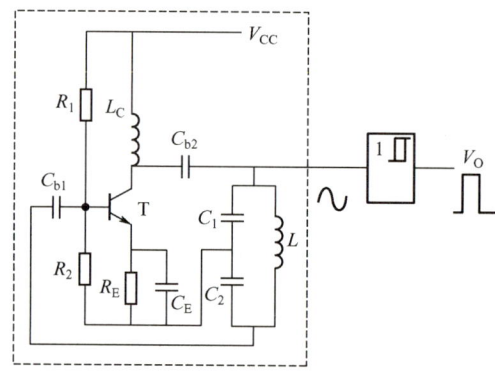

图 7.23 单门晶体振荡器

在虚线框内,晶体管 T 构成放大环节,C_{b1}、C_{b2} 为耦合电容,对振荡频率的信号可视为短路;电源 V_{CC} 通过高频扼流圈 L_C 接到三极管 T 的集电极上,L_C 的主要作用是避免电源对振荡回路的高频信号短路,在小功率电路中也可以用电阻代替。

电容 C_1、C_2 与电感 L 构成选频网络,C_1 与 C_2 联接的三点分别接晶体管 T 的三个电极。反馈电压由 C_2 的两端取得,因此电路可以实现正反馈;并且由于反馈信号通过电容 C_2,频率越高时容抗越小,反馈信号越弱,因此该电路可以削弱高次谐波分量,输出较好的正弦波脉冲信号。另外,电路满足相位平衡条件,只要将晶体管 T 的 β 值选得大一些,

C_1、C_2 容量选得小一些，并恰当选取 C_2/C_1，就有利于起振。一般 C_2/C_1 取 $0.01\sim0.5$，在实际应用中也可取 $C_1=C_2$。电路的振荡频率

$$f = f_0 = \frac{1}{2\pi\sqrt{L\dfrac{C_1 C_2}{C_1+C_2}}} \tag{7-13}$$

如果在电感 L 两端并联一个可调电容，就可以在小范围内调节振荡频率，该电路的工作频率为数百千赫到上百兆赫。

7.3.3　石英晶体振荡器

由 CMOS 门电路构成的多谐振荡器虽然电路结构简单，但由于 CMOS 门电路的阈值电压 V_{TH} 易受电源电压和温度等因素的影响，尤其是在电路状态临近转换时电容的充放电较缓慢，阈值电压的微小变化或轻微干扰都会影响振荡周期的准确性，造成振荡频率不稳定。因此，由 CMOS 门电路构成的多谐振荡器一般只能用于对频率稳定性要求不高的场合。

在数字电路中，矩形波脉冲信号常作为时钟脉冲信号源协调控制整个系统的工作，对频率稳定性的要求较高；在电子表、计算机等需要高精度时间节拍信号的场合通常也需要选用频率稳定性高、选频特性好的振荡电路。此时，石英晶体振荡器成为最佳选择。下面简单介绍石英晶体振荡器，其电路符号和阻抗频率特性曲线如图 7.24 所示。

由图 7.24（b）可知，石英晶体具有很好的选频特性。当振荡信号的频率与石英晶体的固有频率 f_0 一致时，石英晶体阻抗几乎为 0，该频率信号可以顺利通过，而其他频率信号经过石英晶体后衰减。因此，将石英晶体串联在多谐振荡器中可以构成石英晶体振荡器，其振荡频率仅取决于石英晶体的固有频率，与外接电阻、电容无关。

图 7.25 所示为由石英晶体与 CMOS 反相器构成的并联多谐振荡器。电阻 R 为偏置电阻，使反相器 G_1 工作在静态电压传输特性的转折区，通常取 $R=5\sim10\mathrm{M}\Omega$。电路的反馈系数取决于电容器 C_1 与 C_2 的比值，其中 C_1 还可对振荡频率微调。另外，在 G_1 的输出端加上反相器 G_2 可以改善输出波形的上、下边沿。

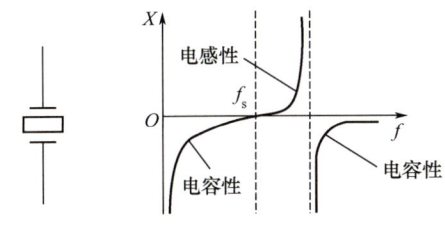

(a) 电路符号　(b) 阻抗频率特性曲性

图 7.24　石英晶体的电路符号和阻抗频率特性曲线

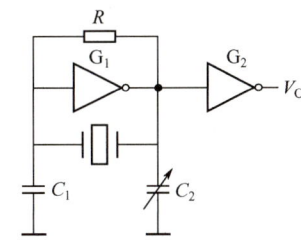

图 7.25　由石英晶体与 CMOS 反相器构成的并联多谐振荡器

7.4 555 定时器

555 定时器是一种模拟、数字相结合的多功能集成器件。1972 年美国 Signetics（西格尼蒂克）公司推出首个双极型 NE555 定时器产品，其因具有体积小、成本低、稳定性好、易使用等特点而在电子系统的各领域得到广泛应用。555 定时器的产品型号繁多，但其电路结构、功能及外部引脚排列基本相同，一般统称 555 定时器，其中三个"5"表示该集成基片上的基准电压电路由三个误差极小的 5kΩ 电阻组成，分压精度很高。根据内部器件类型的不同，555 定时器可分为双极型 555 定时器（TTL 型，型号有 NE555、NE556、NE558）和单极型 555 定时器（CMOS 型，型号有 ICM7555、ICM7556、ICM7558），它们均有单定时器电路、双定时器电路及四定时器电路，外部配接少量电阻电容元件就能方便地构成单稳态触发器、施密特触发器和多谐振荡器。

7.4.1　555 定时器的电路结构与功能

1. 电路结构

555 定时器内部包含由三个 5kΩ 电阻组成的分压电路、电压比较器 C_1 和 C_2、基本 SR 触发器、放电三极管 T 及反相器 G_2 等，其电路结构如图 7.26 所示。

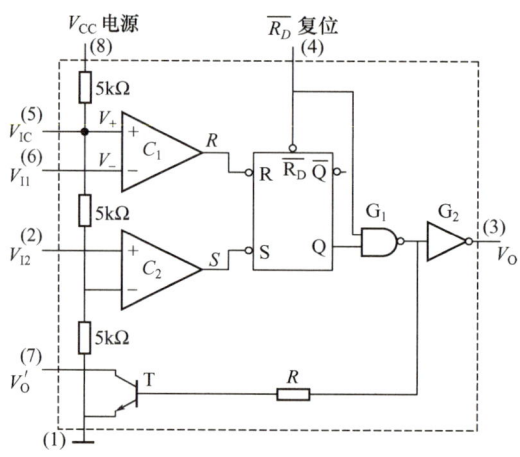

图 7.26　555 定时器的电路结构

555 定时器的功能主要取决于电压比较器 C_1、C_2，其参考电压由分压电路提供，当 $V_+ > V_-$ 时，电压比较器 C_1、C_2 输出为高电平；当 $V_+ < V_-$ 时，电压比较器 C_1、C_2 输出为低电平。555 定时器的引脚示意图如图 7.27 所示。下面具体说明各引脚的功能。

（1）1 脚 GND 为芯片的公共端，即接地端。

（2）2 脚 $\overline{TR}$ 为触发输入端，加在电压比较器 C_2 的同相信号输入端，由此输入触发脉冲 V_{I2}。当 V_{I2} 高于 $\dfrac{V_{CC}}{3}$ 时，C_2 的输出为"1"；当 V_{I2} 低于 $\dfrac{V_{CC}}{3}$ 时，C_2 的输出为"0"，使基

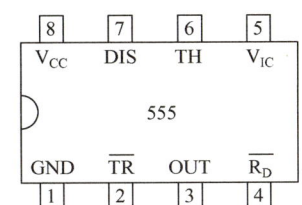

图 7.27　555 定时器的引脚示意图

本 SR 触发器置"1"。因此，2 脚又称置"1"输入端。

（3）3 脚 OUT 为输出端，CMOS 型 555 定时器输出电流小于 4mA，具体值与电源电压有关，其具有功耗低的特点；TTL 型 555 定时器的输出电流可达 200mA，能够直接驱动扬声器、继电器、发光二极管等。

（4）4 脚 $\overline{R_D}$ 为直接复位端，由此输入负脉冲（低于 0.7V）时，触发器直接复位（置0），不受电路其他信号的影响。555 定时器正常工作时，必须使 4 脚 $\overline{R_D}$ 为高电平。

（5）5 脚 V_{IC} 为控制电压输入端，当输入外加电压 V_{IC} 时，能够改变电压比较器 C_1、C_2 的参考电压，使 C_1、C_2 的参考电压分别变为 V_{IC} 和 $\dfrac{V_{IC}}{2}$。当无须外加控制电压时，可以将 5 脚接 0.01μF 滤波电容到"地"，以防引入干扰，从而提高参考电压的稳定性。

（6）6 脚 TH 为阈值输入端，加在电压比较器 C_1 的反相信号输入端。由该脚输入触发脉冲 V_{I1}，当 V_{I1} 低于 $\dfrac{2V_{CC}}{3}$ 时，电压比较器 C_1 的输出为"1"；当 V_{I1} 高于 $\dfrac{2V_{CC}}{3}$ 时，电压比较器 C_1 的输出为"0"，使基本 SR 触发器置"0"。因此，6 脚又称置"0"输入端。

（7）7 脚 DIS 为放电端，当基本 SR 触发器的 Q 端为低电平时，放电三极管 T 导通，外接电容元件可以通过 T 进行放电。使用时，7 脚也可以作 OC 门输出。

（8）8 脚 V_{CC} 为电源端，555 定时器能在很宽的电源电压范围内工作。双极型 555 定时器的电源电压范围为 4.5～16V，CMOS 型 555 定时器的电源电压范围为 3～18V。

2. 电路功能

555 定时器正常工作时，其 4 脚 $\overline{R_D}$ 端接高电平，5 脚 V_{IC} 端经 0.01μF 滤波电容接"地"，电路输出主要取决于 2 脚触发信号输入端 V_{I2} 和 6 脚阈值电平输入端 V_{I1} 的电压值。下面具体说明 555 定时器的电路功能。

（1）当 $V_{I1} > \dfrac{2V_{CC}}{3}$、$V_{I2} > \dfrac{V_{CC}}{3}$ 时，电压比较器 C_1 输出低电平（$R=0$），C_2 输出高电平（$S=1$），基本 SR 触发器置 0，输出 V_O 为低电平，放电三极管 T 导通。

（2）当 $V_{I1} < \dfrac{2V_{CC}}{3}$、$V_{I2} < \dfrac{V_{CC}}{3}$ 时，电压比较器 C_1 输出高电平（$R=1$），C_2 输出低电平（$S=0$），基本 SR 触发器置 1，输出 V_O 为高电平，放电三极管 T 截止。

（3）当 $V_{I1} < \dfrac{2V_{CC}}{3}$、$V_{I2} > \dfrac{V_{CC}}{3}$ 时，电压比较器 C_1 输出为高电平（$R=1$），C_2 输出也为高电平（$S=1$），基本 SR 触发器状态保持不变，电路输出 V_O 也保持不变。

由以上分析可以得到 555 定时器真值表，见表 7.3。

表 7.3　555 定时器真值表

R_D	V_{I1}	V_{I2}	V_O	T	功能
0	×	×	0	导通	复位
1	$<\dfrac{2V_{CC}}{3}$	$<\dfrac{V_{CC}}{3}$	1	截止	置 1
1	$>\dfrac{2V_{CC}}{3}$	$>\dfrac{V_{CC}}{3}$	0	导通	置 0
1	$<\dfrac{2V_{CC}}{3}$	$>\dfrac{V_{CC}}{3}$	不变	不变	保持

7.4.2　555 定时器的典型应用

1. 构成单稳态触发器

前面介绍的单稳态触发器、施密特触发器、多谐振荡器等电路功能均可由 555 定时器外加 RC 元件实现。由 555 定时器构成的单稳态触发器如图 7.28 所示，其中触发脉冲 V_I 由触发输入端 2 脚输入。

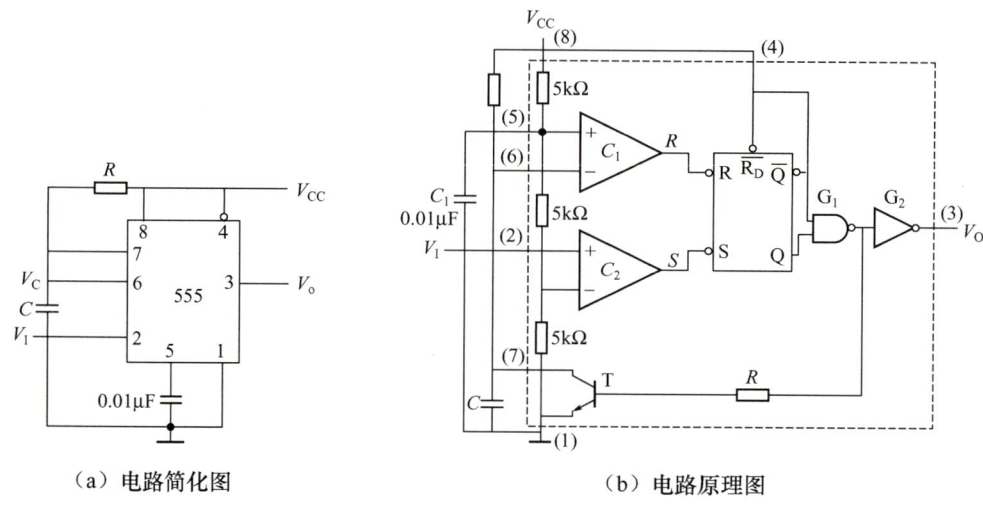

（a）电路简化图　　　　　　　　　　　（b）电路原理图

图 7.28　由 555 定时器构成的单稳态触发器

由 555 定时器构成的单稳态触发器电路未触发时，触发脉冲 V_I 为高电平，基本 SR 触发器的置位端 S 为高电平无效状态。此时，如果基本 SR 触发器的原状态为 $Q=0$，则放电三极管 T 饱和导通，电容 C 不能充电，基本 SR 触发器的复位端 R 为无效状态，输出 V_O 将保持低电平不变；如果基本 SR 触发器的原状态为 $Q=1$，则放电三极管 T 截止，电源通过电阻 R 对电容 C 充电，当 V_C 上升到略大于 $\dfrac{2V_{CC}}{3}$ 时，复位端有效，触发器置 0，输出 V_O 跳变为低电平，同时放电三极管 T 导通，电容 C 通过放电三极管 T 放电，复位端 R 为无效状态,输出 V_O 仍将保持低电平不变,即电路处于稳态。综上可知,在触发脉冲 V_I 为高电平未触发时,电路处于稳态:$R=S=0$,放电三极管 T 饱和导通,电路输出 V_O 为低电平,并且电容 C 两端电压 $V_C\approx 0V$。

当触发脉冲 V_I 为低电平时,电路将翻转到暂稳态。此时电压比较器 C_2 的输出为低电平,即置位端 S 为低电平有效状态,电路满足 $V_{I1}<\frac{2V_{CC}}{3}$、$V_{I2}<\frac{2V_{CC}}{3}$,使 $S=0$,$R=1$,输出 V_O 迅速跳变为高电平,放电三极管 T 截止,电源通过电阻 R 对电容 C 充电,电路进入暂稳态:$V_O=1$;当电容器两端电压 V_C 充电上升到略大于 $\frac{2V_{CC}}{3}$ 时(此时触发脉冲已消失,$V_I=1$),满足 $V_{I1}>\frac{2V_{CC}}{3}$、$V_{I2}>\frac{V_{CC}}{3}$,使 $S=1$,$R=0$,输出 V_O 又迅速回到低电平,放电三极管 T 饱和导通,电容 C 经放电三极管 T 迅速放电至 $V_C\approx 0V$,电路回复为稳态,满足 $V_{I1}>\frac{2V_{CC}}{3}$、$V_{I2}<\frac{2V_{CC}}{3}$,使 $R=S=0$,电路维持稳定状态不变。

由 555 定时器构成的单稳态触发器的工作波形如图 7.29 所示,其暂稳态持续时间就是电路的输出脉冲信号宽度 t_w,如果不考虑放电三极管 T 的饱和压降,t_w 就是在电容电压 V_C 充电过程中从 0V 上升到 $\frac{2V_{CC}}{3}$ 的时间。因此,输出脉冲信号宽度

$$t_w=RC\ln\frac{V_{CC}-0}{V_{CC}-\frac{2V_{CC}}{3}}=RC\ln3\approx 1.1RC \tag{7-14}$$

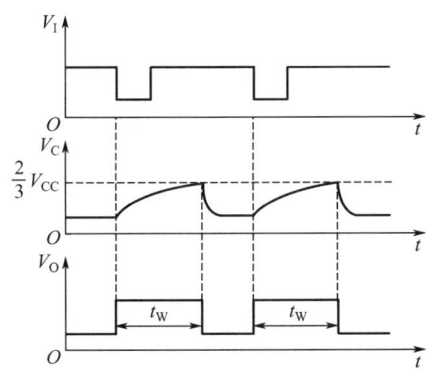

图 7.29 由 555 定时器构成的单稳态触发器的工作波形

在由 555 定时器构成的单稳态触发器电路中,一般取外接电阻 $R=1k\Omega\sim 1M\Omega$,电容 $C=1000pF\sim 100\mu F$,改变元件 RC 的参数就可以调整输出脉冲信号宽度 t_w。因此,进行定时控制的时间可以在几微秒到几分钟之间变化。如果定时时间增大,定时的精度和稳定性就会下降。R 太大时,充电电流太小,定时器的漏电流不可忽略。

2. 构成施密特触发器

把 555 定时器的触发输入端 2 脚和阈值输入端 6 脚连接作为信号输入端构成施密特触发器,其电路如图 7.30 所示。

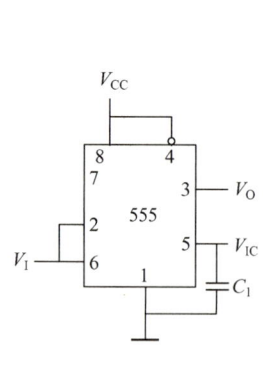
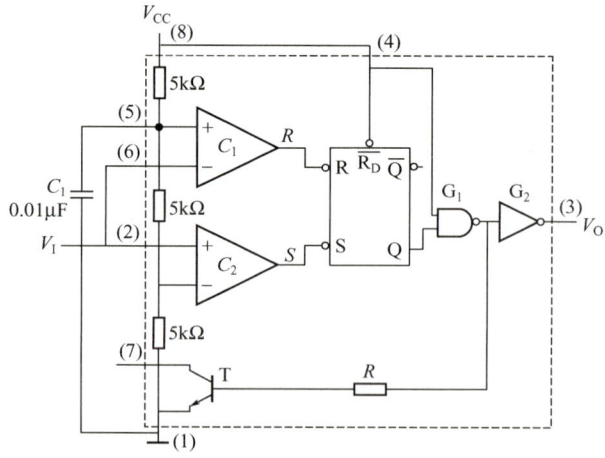

(a) 电路简化图　　　　　　　　　　　(b) 电路原理图

图 7.30　由 555 定时器构成的施密特触发器

由图 7.30 可知，如果 V_I 从 0V 开始上升，在 $V_I < \dfrac{V_{CC}}{3}$ 时，满足 $V_{I1} < \dfrac{2V_{CC}}{3}$、$V_{I2} < \dfrac{V_{CC}}{3}$，即 $R=1$、$S=0$，电路输出 V_O 为高电平；当 V_I 上升至 $\dfrac{V_{CC}}{3} < V_I < \dfrac{2V_{CC}}{3}$ 时，$R=S=1$，输出 V_O 保持高电平不变；直到 V_I 上升到 $V_I > \dfrac{2V_{CC}}{3}$ 时，满足 $V_{I1} > \dfrac{2V_{CC}}{3}$、$V_{I2} > \dfrac{V_{CC}}{3}$，即 $R=0$、$S=1$，V_O 跳变为低电平。

同理，在 V_I 下降过程中，当 $V_I > \dfrac{2V_{CC}}{3}$ 时，仍满足 $V_{I1} > \dfrac{2V_{CC}}{3}$、$V_{I2} > \dfrac{V_{CC}}{3}$，$V_O$ 为低电平；当 V_I 下降至 $\dfrac{V_{CC}}{3} < V_I < \dfrac{2V_{CC}}{3}$ 时，$R=S=1$，V_O 保持低电平不变；直到 V_I 下降到 $V_I < \dfrac{V_{CC}}{3}$ 时，满足 $V_{I1} < \dfrac{2V_{CC}}{3}$、$V_{I2} < \dfrac{V_{CC}}{3}$，即 $R=1$、$S=0$，V_O 又跳变为高电平。

由以上分析可知，由 555 定时器构成的施密特触发器的工作波形及传输特性曲线如图 7.31 所示，其正向阈值电压 $V_{T+} = \dfrac{2V_{CC}}{3}$，负向阈值电压 $V_{T-} = \dfrac{V_{CC}}{3}$，回差电压 $\Delta V_T =$

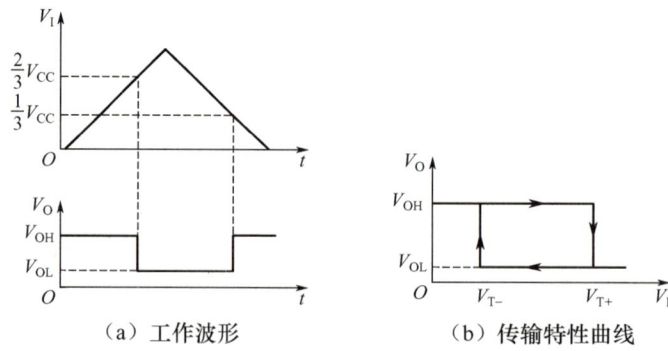

(a) 工作波形　　　　　　　(b) 传输特性曲线

图 7.31　由 555 定时器构成的施密特触发器的工作波形及传输特性曲线

$V_{T+} - V_{T-} = \dfrac{V_{CC}}{3}$。电路传输特性主要取决于触发输入端 2 脚和阈值输入端 6 脚的两个参考电压。另外,可以由 5 脚外接控制电压 V_{IC} 来控制参考电压,通过改变控制电压 V_{IC} 的大小来调整施密特触发器的工作波形及传输特性。

3. 构成多谐振荡器

由 555 定时器构成的多谐振荡器如图 7.32 所示。电路接通后,若初始状态满足 $V_{I1} < \dfrac{2V_{CC}}{3}$、$V_{I2} < \dfrac{V_{CC}}{3}$,即 $R=1$、$S=0$,则电路输出 V_O 为高电平,放电三极管 T 截止,电源通过电阻 R_1、R_2 对电容 C 充电,电压 V_C 将逐渐升高;当电容 C 充电至 $\dfrac{V_{CC}}{3} < V_C < \dfrac{2V_{CC}}{3}$ 时,满足 $V_{I1} < \dfrac{2V_{CC}}{3}$、$V_{I2} > \dfrac{V_{CC}}{3}$,则 $R=S=1$,电路输出 V_O 保持高电平不变,放电三极管 T 仍截止;当电容 C 继续充电到 $V_C > \dfrac{V_{CC}}{3}$ 时,满足 $V_{I1} > \dfrac{2V_{CC}}{3}$、$V_{I2} > \dfrac{V_{CC}}{3}$,即 $R=0$、

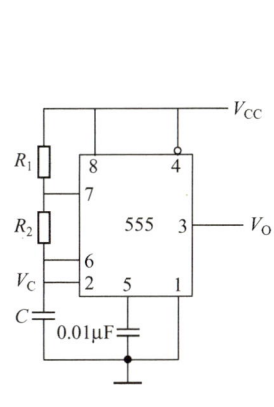

(a) 电路简化图

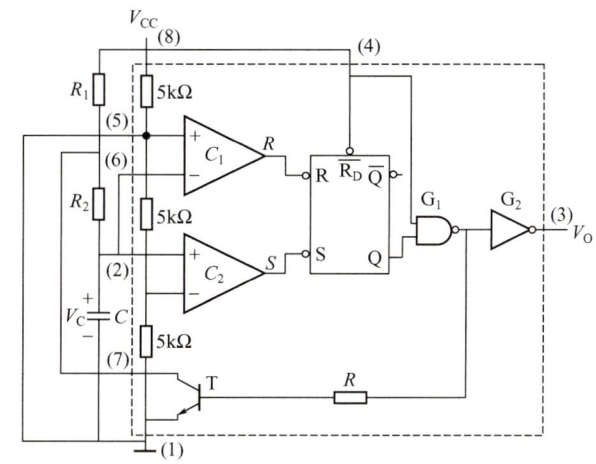

(b) 电路图

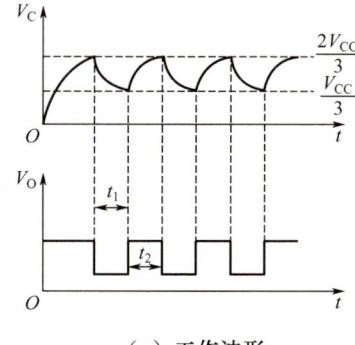

(c) 工作波形

图 7.32 由 555 定时器构成的多谐振荡器

$S=1$，输出 V_O 跳变为低电平，放电三极管 T 饱和导通，电容 C 不再充电，而是通过电阻 R_2 和放电三极管 T 放电，电压 V_C 逐渐下降，在 V_C 从 $\frac{2V_{CC}}{3}$ 下降到 $\frac{V_{CC}}{3}$ 之前，电路输出 V_O 一直为低电平，放电三极管 T 保持导通状态；随着放电的进行，当 $V_C < \frac{V_{CC}}{3}$ 时，满足 $V_{I1} < \frac{2V_{CC}}{3}$、$V_{I2} < \frac{V_{CC}}{3}$，即 $R=1$、$S=0$，电路翻转，输出 V_O 跳变为高电平，放电三极管 T 截止，电容又开始充电。通过上述分析可知，电路将如此循环下去，输出 V_O 周期性地在高电平和低电平之间进行跳变。

由图 7.32（c）可知，该多谐振荡器的输出脉冲周期为电容器的充放电时间之和，即

$$t_1 = R_2 C \ln 2 \approx 0.7 R_2 C \tag{7-15}$$

$$t_2 = (R_1+R_2)C\ln 2 \approx 0.7(R_1+R_2)C \tag{7-16}$$

$$T = t_1 + t_2 = 0.7(R_1 + 2R_2)C \tag{7-17}$$

输出脉冲的频率

$$f = \frac{1}{t_1+t_2} \approx \frac{1.43}{(R_1+2R_2)C} \tag{7-18}$$

输出脉冲的占空比

$$q = \frac{t_2}{t_1+t_2} \times 100\% = \frac{R_1+R_2}{R_1+2R_2} \times 100\% \tag{7-19}$$

由式（7-18）和式（7-19）可知，改变电阻 R_1、R_2 和电容 C 的参数，可以调整输出脉冲的频率和占空比。另外，如果由外接控制电压 V_{IC} 来控制参考电压，则可以通过改变 V_{IC} 的数值来调整输出脉冲的频率。

由于 555 定时器采用差分电路形式，内部电压比较器灵敏度较高，因此由 555 定时器构成的多谐振荡器输出频率较稳定，受电源电压和温度变化的影响很小。

图 7.33 所示为由 555 定时器构成的占空比可调的多谐振荡器。利用二极管 D_1、D_2 的单向导电特性使电容器 C 的充放电回路分开，电位器 R_P 能够调节输出脉冲的占空比。

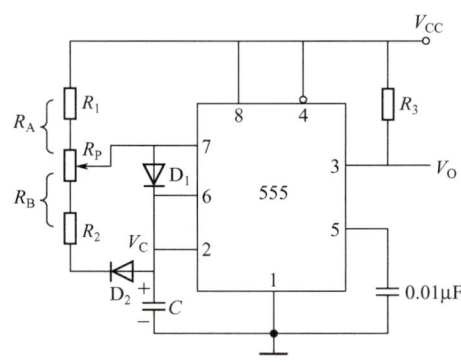

图 7.33　由 555 定时器构成的占空比可调的多谐振荡器

由图 7.33 可知，电容器 C 通过导通二极管 D_2、电阻 R_B 到 555 定时器的放电端 7 脚放电，放电时间（输出 V_O 为低电平）

$$t_1 \approx 0.7R_B C \tag{7-20}$$

电源 V_{CC} 通过电阻 R_A、导通二极管 D_1 向电容器 C 充电，充电时间（输出 V_O 为高电平）

$$t_2 \approx 0.7R_A C \tag{7-21}$$

输出脉冲的周期

$$T = t_1 + t_2 \approx 0.7(R_A + R_B)C \tag{7-22}$$

输出脉冲的占空比

$$q = \frac{t_2}{T} \times 100\% = \frac{R_A}{R_A + R_B} \times 100\% \tag{7-23}$$

7.4.3　555定时器的其他应用

除了上述典型应用外，555定时器在日常生产生活中也会经常用到，下面介绍几个简单的应用实例。

例 7.1　图 7.34 所示为光控路灯开关电路。由 555 定时器构成施密特触发器，R_L 为光敏电阻，其阻值与环境光线强度成反比，即无光照时阻值增大到几十兆欧，有光照时阻值下降到几十千欧；R_P 为可调电阻，用于调节灵敏度；KA 为继电器，当其线圈中有电流通过时，继电器闭合，否则断开；D 为续流二极管，用于保护 555 定时器。

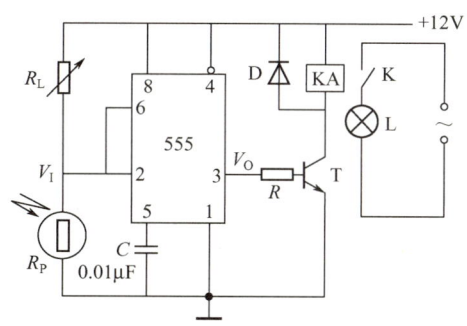

图 7.34　光控路灯开关电路

当白天光照较强时，光敏电阻 R_L 的阻值较小，远小于可调电阻 R_P，则阈值输入端 6 脚和触发输入端 2 脚的电压较高，大于施密特触发器的正向阈值电压 V_{T+}（≈10V），输出 V_O 为低电平，放电三极管 T 截止，继电器 KA 线圈无电流，开关 K 断开，路灯 L 不亮。当阴天或夜晚降临时，光线变暗，光敏电阻 R_L 的阻值增大，阈值输入端 6 脚和触发输入端 2 脚的电压降低，当小于负向阈值电压 V_{T-}（≈5V）时，输出 V_O 变为高电平，放电三极管 T 导通，继电器 KA 线圈通电，开关闭合，路灯 L 点亮。因此，该控制电路能够根据自然光照的强弱自动管理照明线路，若将多盏灯与路灯 L 并联，则适用于公共场所的照明灯管理系统。

例 7.2　图 7.35 所示为由 555 定时器构成的失落脉冲检测电路，属于可重复触发单稳态触发器。该电路输入端接入待检测的一串负脉冲，当输入 V_I 为低电平时，放电三极管 T 立即导通，电容 C 迅速放电，V_C 为低电平，此时满足 $V_{I1} < \dfrac{2V_{CC}}{3}$、$V_{I2} < \dfrac{V_{CC}}{3}$，即 $R=1$、$S=0$，输出 V_O 为高电平；当输入负脉冲消失后，即 V_I 为高电平时，放电三极管 T_1 截止，电源将通过电阻 R 对电容 C 进行充电，在 $V_C < \dfrac{2V_{CC}}{3}$ 时，电路输出 V_O 仍为暂稳态高电平，若在此期间又到来一个负脉冲，则放电三极管 T 立即导通，电容 C 再次迅速放电，输出

V_O 将一直为暂稳态高电平，此为正常状态。如图 7.36 所示，如果该串信号中有个别负脉冲没有按顺序准时到来（脉冲失落），那么由于前一个负脉冲消失后，电容 C 充电到 $\frac{2V_{CC}}{3}$ 时没有新的负脉冲，满足 $V_{I1} > \frac{2V_{CC}}{3}$、$V_{I2} > \frac{V_{CC}}{3}$，即 $R=1$、$S=0$，则电路输出 V_O 将翻转为不该出现的低电平，由此低电平可以外接报警电路发出报警信号。该电路可以对人体心律或设备转速等进行监视，如果心律不齐或转速不稳，即有脉冲失落，输出将发出报警信号。如果待检测负脉冲序列的周期不同，则可以通过在 555 定时器的 5 脚加入控制电压 V_{IC} 进行调整。

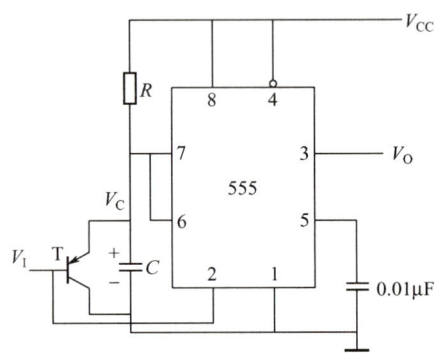

图 7.35　由 555 定时器构成的失落脉冲检测电路

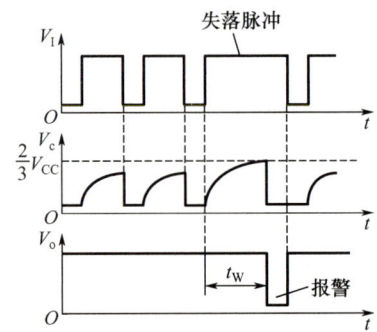

图 7.36　失落脉冲检测电路的工作波形

本 章 小 结

　　脉冲信号是数字系统中控制时序、同步操作的关键信号，其产生与变换依赖于脉冲信号产生电路和脉冲信号变换电路。脉冲信号产生电路用于生成特定频率、占空比的脉冲信号，脉冲信号变换电路用于波形整形、延时、频率调整等。

　　1. 矩形脉冲信号可以由脉冲信号产生电路（如多谐振荡器）直接产生，也可以通过整形电路（如单稳态触发器、施密特触发器）变换得到。

　　2. 单稳态触发器具有一个稳态和一个暂稳态，电路从稳态到达暂稳态需要外触发，暂稳态维持时间的长短（脉冲信号宽度 t_W）取决于电路 RC 元件的参数，暂稳态停留一段时间（t_w）后，电路自动返回稳态。

单稳态触发器分为可重复触发单稳态触发器和不可重复触发单稳态触发器两大类。

单稳态触发器不能自行产生波形，但可将脉冲信号宽度不符合要求的脉冲信号变换成符合要求的脉冲信号，可应用于电路的定时、延时及脉冲波形的整形等。

3. 施密特触发器是一种电平触发的双稳态电路，在输入信号上升和下降过程中使输出信号翻转对应的输入信号分别为正向阈值电压 V_{T+} 和负向阈值电压 V_{T-}，两者之差为电路的回差电压 ΔV_T。

由于施密特触发器的回差特性及电路的正反馈作用，其电压输出波形的边沿非常陡峭，因此可以将变化缓慢或变化快速的其他非矩形脉冲信号变换成边沿陡峭的矩形脉冲信号。施密特触发器还可用于脉冲信号的幅度鉴别等。

4. 多谐振荡器无须外加输入信号，又称无稳态电路，两个暂稳态的相互转换完全依靠内部电容的充放电，其振荡周期与电路中的 RC 元件有关，主要产生周期性脉冲信号（如时钟脉冲信号 CP）。在频率稳定性要求较高的场合通常采用石英晶体振荡器。

5. 555 定时器是一种数字、模拟混合的集成电路，其状态翻转主要取决于触发输入端 2 脚和阈值输入端 6 脚的输入电压。555 定时器外部配接少量 RC 元件可以构成单稳态触发器、施密特触发器、多谐振荡器及其他常用电路，在自动控制等领域有广泛用途。

习 题

7.1 分析图 7.37 所示的 CMOS 门电路的逻辑功能，说明其工作原理。

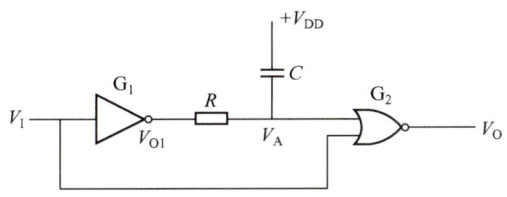

图 7.37 题 7.1 图

7.2 单稳态触发器可分为哪两类？各有什么特点？

7.3 由单稳态触发器构成的延时电路如图 7.38 所示，已知电容 $C=1\mu F$，电阻 $R=6k\Omega$，可调电阻 R_P 的最大阻值为 $20k\Omega$。求电路输出脉冲信号宽度的变化范围。

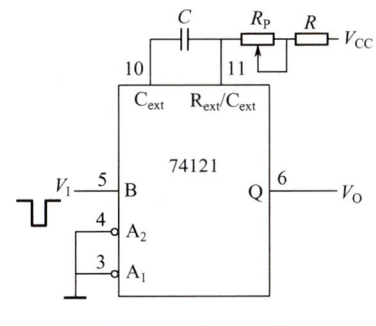

图 7.38 题 7.3 图

7.4 什么是回差电压 $\triangle V_T$？其值对电路输出有什么影响？

7.5 施密特触发器的逻辑符号及输入信号波形如图 7.39 所示，请画出对应输出电压的工作波形。

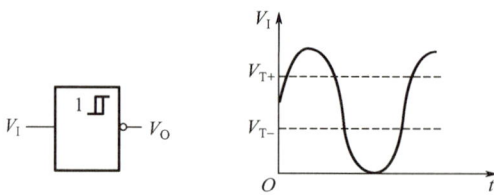

图 7.39　题 7.5 图

7.6 在图 7.40 中，如果要求该施密特触发器电路的 $V_{T-}=2.5\text{V}$，$\Delta V_T=5\text{V}$。试求 V_{DD}、V_{TH} 及电阻 R_1 与 R_2 的比值。

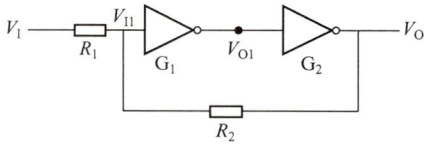

图 7.40　题 7.6 图

7.7 说明图 7.41 所示电路的逻辑功能，并分析其工作原理。

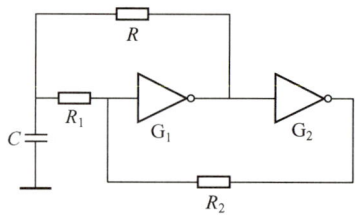

图 7.41　题 7.7 图

7.8 图 7.42 所示为由施密特触发器构成的多谐振荡器。
(1) 试分析其工作原理。
(2) 画出其工作波形。
(3) 如果要求输出脉冲的占空比可调，那么需要如何改进电路？

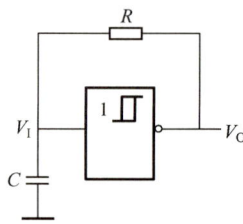

图 7.42　题 7.8 图

7.9 在图 7.42 中，若 $R=20\text{k}\Omega$，$C=2000\text{pF}$，施密特触发器的 $V_{CC}=10\text{V}$，$V_{OH}\approx 10\text{V}$，$V_{OL}=0\text{V}$，$V_{T+}=6\text{V}$，$V_{T-}=4\text{V}$，试求电路输出脉冲的周期及占空比。

7.10 由 555 定时器构成的单稳态触发器如图 7.43 所示。

(1) 如要改变其输出脉冲信号宽度，那么可以采取哪些方法？

(2) 若 $V_{CC}=12\text{V}$，$R=10\text{k}\Omega$，$C=0.1\mu\text{F}$，试求脉冲信号宽度。

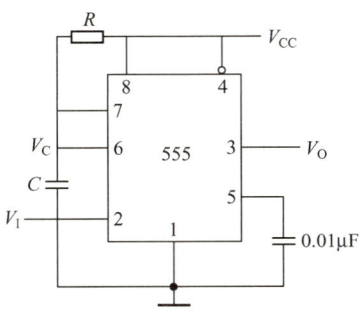

图 7.43 题 7.10 图

7.11 图 7.44 所示为由 555 定时器构成的施密特触发器，试问：

(1) 当 $V_{CC}=15\text{V}$ 时，V_{T+}、V_{T-}、$\triangle V_T$ 分别是多少？

(2) 当控制端外接 8V 电压时，V_{T+}、V_{T-}、$\triangle V_T$ 分别是多少？

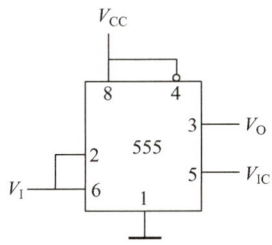

图 7.44 题 7.11 图

7.12 图 7.45 所示为一防盗报警电路，有一细铜丝放在入侵者必经之处，a、b 两端由此铜丝接通。当入侵者闯入时铜丝将被碰断，扬声器立即发出报警声。现要求扬声器报警时至少以 1kHz 的频率响 30s。

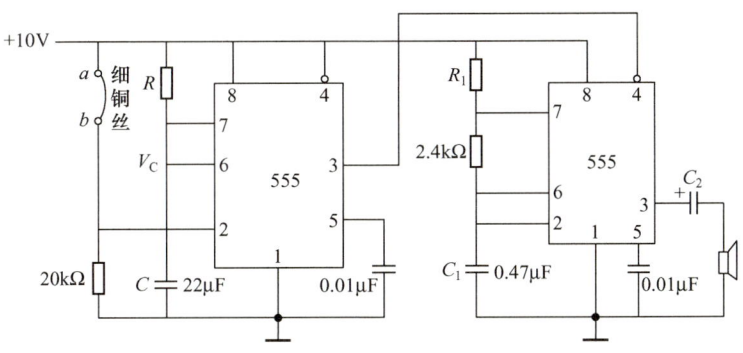

图 7.45 题 7.12 图

(1) 分析报警电路的工作原理。

(2) 确定 R_1、R 的阻值。

7.13 电路如图 7.46 所示，其中 $R_1=1\mathrm{k}\Omega$，$R_2=2\mathrm{k}\Omega$，$R_3=10\mathrm{k}\Omega$，$C=470\mu\mathrm{F}$，试问：

(1) 由 555 定时器构成的是什么典型电路？

(2) 如果电位器 R_2 的阻值全部接入电路，且计数器的初态为 $Q_3Q_2Q_1Q_0=0110$，那么开关 S 接通后多久发光二极管 D 变亮？

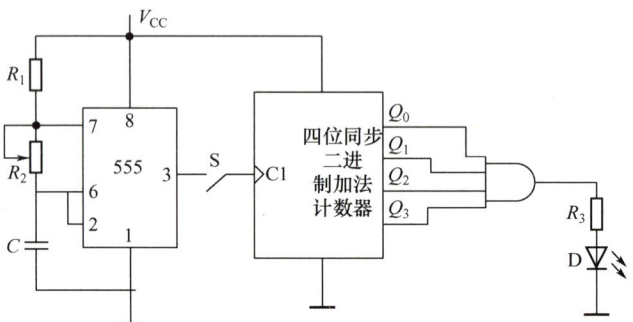

图 7.46 题 7.13 图

【在线答题】

第 8 章 半导体存储器

本章知识框架

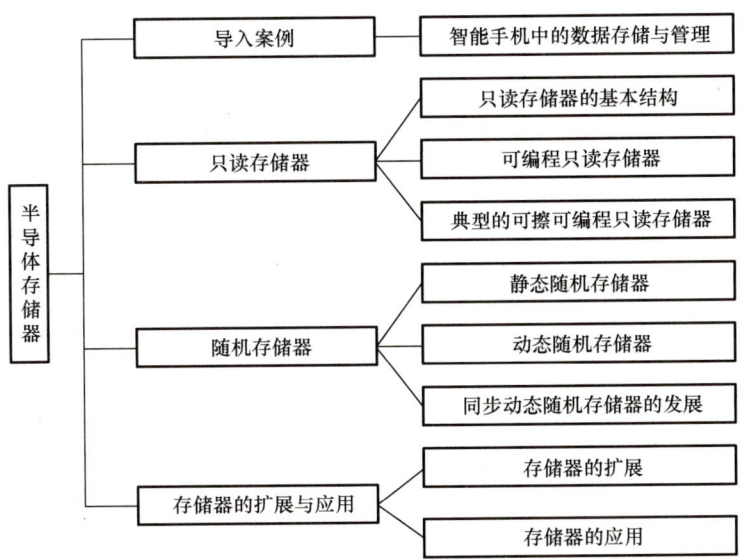

学习目标

知识目标	1. 掌握字、位、存储容量、地址等基本概念
	2. 掌握只读存储器和随机存储器的工作原理及典型应用
	3. 了解存储器的扩展与应用
能力和素质目标	1. 理解存储器技术对现代信息系统的支撑作用
	2. 培养技术迭代的探究精神

导入案例

智能手机中的数据存储与管理

如今，智能手机已经成为我们日常生活中不可或缺的一部分，我们每天都在使用智能手机进行通信、上网、拍照、玩游戏。这些活动背后，都离不开智能手机内部存储器的支持。存储器（图8.0）作为智能手机的数据存储与管理的核心，在确保智能手机流畅运行和高效数据存储方面起到了至关重要的作用。

图 8.0　存储器

当我们拍摄一张照片时，智能手机摄像头捕捉到的图像数据会被迅速存储到存储器。同样地，当我们下载App或观看一段视频时，这些数据都需要被存储起来，以便后续访问。存储器以其高速度、大容量和低功耗等特点，成为智能手机数据存储的理想选择。

在智能手机中，存储器主要分为两大类：只读存储器（ROM）和随机存储器（RAM）。ROM用于存储智能手机的操作系统、App等固定数据，即使手机关机，这些数据也不会丢失。而RAM用于存储手机在运行过程中临时产生的数据，如正在使用的App的数据、缓存等。由于RAM的数据存储是临时的，一旦手机关机或重启，这些数据就会被清除。

存储器的性能直接影响智能手机用户的体验。高速的存储器能够确保智能手机在处理大量数据时依然流畅，而大容量的存储器能够满足用户存储更多照片、视频和App的需求。此外，随着技术的不断进步，存储器的功耗在不断降低，从而延长了智能手机的电池续航时间。

通过这个案例，我们可以看到存储器在智能手机数据存储与管理中的重要作用。它不仅实现了对数据的高效存储和访问，还确保了智能手机在各种使用场景中的流畅运行。

半导体存储器以半导体电路作为存储媒体，其具有功耗低、速度高、集成度高、使用寿命长等特点，广泛应用于数字系统中。按照使用功能的不同，本章将半导体存储器分为只读存储器（read-only memory，ROM）和随机存储器（random access memory，RAM）。ROM 在正常工作时，一般只能读出数据而不能写入数据，但存储的数据可以长久保存，不受断电影响，在特定条件下也可写入数据。因此，ROM 可以用来存储长久不变的数据，如计算机中的自检程序和初始化程序等。RAM 既可以读出数据又可以写入数据，但断电后存储的数据全部丢失，一般可用于存储一些需要经常改变的临时性数据或中间结果，如计算机中的内存等。

本章主要介绍 ROM 和 RAM 的工作原理和特点，以及存储器的扩展和应用。

8.1 只读存储器

ROM 主要用于存储固定不变的信息，通常工作时只能读出而不能写入，其优点是数据不易丢失；缺点是不能根据使用需要随时更新存储内容，而且写入数据的速度比读出数据的速度低很多。随着半导体技术的不断发展，除了传统意义上的掩模型只读存储器（mask programmable read-only memory，MROM），还出现了使用灵活、通用性强的可编程只读存储器（programmable read-only memory，PROM）、熔丝可编程只读存储器（fusible link programmable read-only memory，熔丝 PROM）、可擦可编程只读存储器（erasable programmable read-only memory，EPROM）、电擦除可编程只读存储器（electrically-erasable programmable read-only memory，EEPROM）和闪存（flash memory），如图 8.1 所示。

【拓展图文】

图 8.1 ROM 的分类

8.1.1　只读存储器的基本结构

ROM 是一种长久性的二值数据存储器，正常工作时，数据只能读出而不能写入，具有非易失性。ROM 的电路主要由地址译码器、存储矩阵和输出控制电路等组成，如图 8.2 所示。

存储矩阵是存放数据的主体部分，由存储单元组成。每个存储单元由二极管、MOS 管或 BJT 构成，用来存储一位二进制数据（0 或 1）。整个存储器通过输入地址码（$A_{n-1}\cdots A_1A_0$）来寻找存储矩阵中对应存储单元的数据，地址译码器的主要作用是将输入的地址码译成相应的字线控制信号 $W_0W_1\cdots W_{n-1}$，利用这个控制信号选中存储矩阵中的对应存储单元，并把其中的数据送到输出控制电路。输出控制电路一般由三态缓冲信号构成，一

【拓展视频】

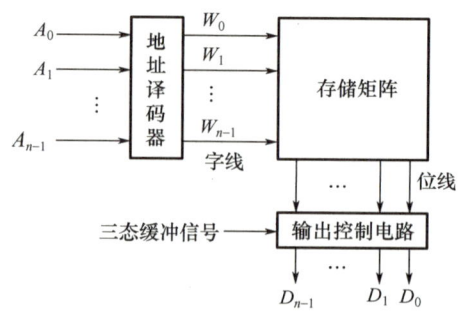

图 8.2　ROM 的基本结构

方面可以提高存储器的带负载能力；另一方面通过对输出数据的三态控制，便于存储器与系统的总线连接。

半导体存储器的性能指标有电源电压、存取时间、存储容量、功耗大小、封装形式等。根据实际使用需要，通常把存取时间和存储容量作为衡量半导体存储器的主要性能指标。存取时间也称访存周期，指启动访存到完成一次存储器操作所需要的时间。目前，高速存储器的等效存取时间已小于 1ns。需要注意的是，存取时间与时钟周期不同，仅代表访问数据所需要的时间，考虑存储器每一次完成读写操作需要一定的恢复时间，存储器的存储周期应略大于其存取时间；否则，存取结果的正确性将难以保证。另外，存储器的存储容量是表示其能够容纳的二进制数据的总量，计算公式为

$$存储容量=字数(M)\times 字长(N) \tag{8-1}$$

半导体存储器是根据每一组输入地址存取对应数据的，每个地址称为一个字。若存储器的地址为 n 位，则其对应的字数 M 为 2^n；每组地址对应数据的位数便是字长 N。存储容量通常用 K、M、G、T 等单位来表示，$1K=2^{10}=1024$，$1M=2^{20}=1024K$，$1G=2^{30}=1024M$，$1T=2^{40}=1024G$。例如，若存储容量为 $16K\times 8$，则这个存储器就有 16K 个字，每个字长是 8 位。

下面以 MROM 为例来介绍 ROM 的工作原理。图 8.3（a）所示为结构示意图，每个字线与位线的交叉点都代表一个存储单元，存储容量为 $2^2\times 4$。

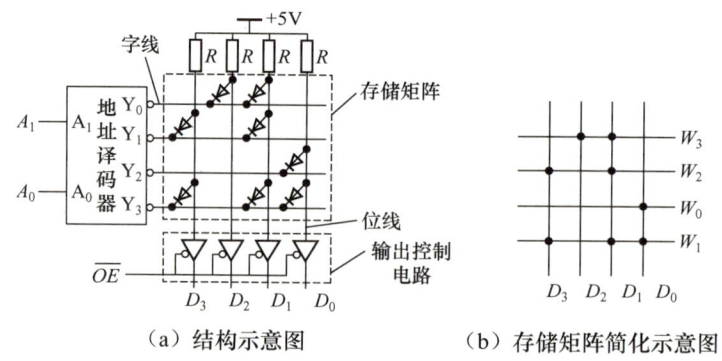

（a）结构示意图　　（b）存储矩阵简化示意图

图 8.3　MROM 的工作原理

当输入地址 $A_1A_0=01$ 时，只有字线 $Y_1=0$，其余字线 $Y_0Y_2Y_3$ 均为 1，此时，Y_1 字线与 D_1、D_3 位线上的二极管导通，对应位线为 0，其他位线 D_0D_2 与 Y_1 字线相交处没有二极管，则为高电平 1。如果输出使能信号 $\overline{OE}$ 为低电平有效，则输出对应数据 $D_3D_2D_1D_0=$ 0101。由此可知，该 MROM 的存储矩阵中字线与位线交叉处是每一个存储单元，交叉处若有二极管，则表示存储的数据为 0，否则存储的数据是 1。图 8.3（b）所示为存储矩阵简化示意图，字线和位线交叉处二极管的用实心点标注，表示存储数据 0，没有二极管的交叉点不标注，表示存储数据 1。交叉点的数目与存储单元的数目相对应，因此存储矩阵简化示意图表示存储器的存储容量，即字线与位线的乘积，字线和位线均为 4，故存储容量为 16。图 8.3 所示电路的具体存储数据见表 8.1。

表 8.1 图 8.3 的具体存储数据

地址		存储数据			
A_1	A_0	D_3	D_2	D_1	D_0
0	0	1	0	0	1
0	1	0	1	0	1
1	0	1	1	1	0
1	1	0	1	0	0

当 ROM 存储容量较大时，可以采用行列地址共同译码的二维译码结构，以减小电路的复杂程度。图 8.4 所示为由 MOS 管构成的 ROM，其存储容量为 $2^6 \times 1$。图 8.4 中 3 线-8 线译码器作为行地址译码电路，八选一数据选择器作为列地址译码电路，比直接选用一个 6 线-64 线译码器电路线的数量减少。当输入地址 $A_5A_4A_3A_2A_1A_0$ 为 110001 时，经行地址译码电路 3 线-8 线译码器译出行线 Y_6 为高电平有效，与其相连的 MOS 管导通，即位线 I_0、I_6、I_7 为低电平，交叉处未接 MOS 管的位线 I_1 等仍为高电平；同时，列地址

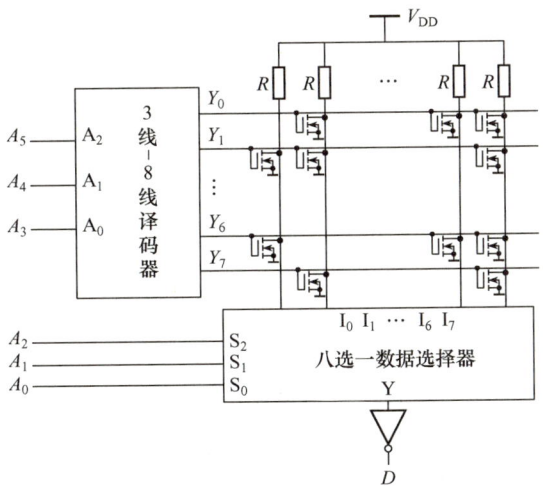

图 8.4 由 MOS 管构成的 ROM

$A_2A_1A_0$ 为 001，即八选一数据选择器选择位线 I_1 输出数据，经反相输出缓冲器输出数据 $D=0$。因此，该电路由行列译码器共同完成地址译码，当交叉点有 MOS 管时，相当于对应单元的存储数据为 1，否则存储数据为 0。

8.1.2　可编程只读存储器

上述 MROM 的存储内容是由生产厂家根据用户需要采用掩膜技术写入的，使用时数据只能读出而不能写入，通常存储固定不变的数据，如冰箱、洗衣机等微处理器使用的控制程序等，这些数据不能改写，因此，不能升级软件。随着数字系统的不断发展，用户可以按照自己的需要对 ROM 进行改写，以得到符合要求的 ROM，即 PROM。

熔丝 PROM 的存储矩阵由带低熔点金属熔丝的二极管、MOS 管或 BJT 构成，出厂时每个字线与位线的交叉点都接有一个带有金属熔丝的半导体管，并且全部熔丝都是连通的，即相当于所有存储单元都存储数据 1（或数据 0）。用户可以通过编程使某些存储单元通过大电流将熔丝烧断，从而使对应的数据由于熔丝熔断后不能恢复，因此只能改写一次。熔丝 PROM 的存储单元如图 8.5 所示。由于金属熔丝面积较大，因此熔丝 PROM 不利于集成，生产成本较高。

EPROM 允许对芯片进行反复改写，可实现多次编程，其存储矩阵由叠栅雪崩注入 MOS（stacked-gate avalanche injection type metal-oxide-semiconductor，SIMOS）存储器构成。SIMOS 存储器是一种 N 沟道增强型 MOSFET，有两个多晶硅栅极，分别是浮栅 g_f 和控制栅 g_c，其结构与符号如图 8.6 所示。编程前，与普通 MOS 存储器一样，浮栅 g_f 上没有电荷。编程时，SIMOS 存储器的漏源间加大于 12V 的正电压，漏极与衬底间的 PN 结产生雪崩击穿；同时，控制栅 g_c 加幅值大于 12V 的脉冲电压，雪崩产生的高能电子在栅极电场的作用下穿过 SiO_2 绝缘层注入浮栅 g_f，SIMOS 存储器导通。撤除编程电压后，由于浮栅 g_f 被 SiO_2 绝缘层包围，注入的电子没有放电通路，因此可以长期保留，即使控制栅 g_c 加正常的逻辑高电平也无法使 SIMOS 存储器导通。

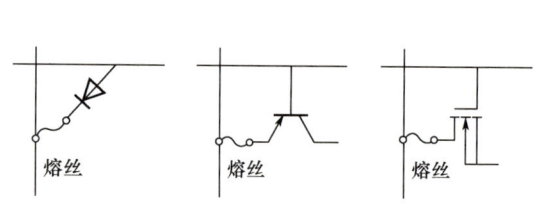

图 8.5　熔丝 PROM 的存储单元

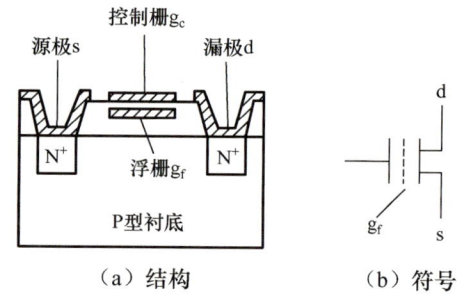

图 8.6　SIMOS 存储器的结构与符号

EPROM 芯片外壳上有一个透明的石英窗口，是供紫外线擦除芯片中数据用的。将芯片置于专用的擦除器中受紫外线或 X 射线照射十几分钟后，SIMOS 存储器的 SiO_2 绝缘层产生电子空穴对，为浮栅 g_f 上的电子提供放电通道，从而消除浮栅中的电荷，使 SIMOS 存储器成为永久截止状态，相当于熔丝断开，即擦除所有存储内容。向 EPROM 芯片写入数据后，需要用不透光材料将石英窗口密封，以防紫外线照射而丢失芯片存储的内容。由于擦除后可以重新写入数据，因此 EPROM 适用于开发产品。常用的 EPROM 芯片有 2716（2K×8 位）、2732（4K×8 位）、2764（8K×8 位）等。

虽然 EPROM 可以重复写入，但擦除需用专用设备，且擦除写入速度很低，因此，又出现了采用电信号擦除方式的 EEPROM。EEPROM 既具有 ROM 的非易失性又可以多次改写数据，其存储单元由浮栅隧道氧化层 MOS 管附加一个选通管（普通的 N 沟道增强型 MOS 管）构成，可以保护浮栅隧道氧化层 MOS 管并提高数据读写的可靠性。EEPROM 通过控制编程脉冲可以向浮置栅注入或消除电荷，使其导通或截止，从而实现存储数据的重新写入。EEPROM 一般以字为单位进行改写，可以一边擦除一边写入，速度比 EPROM 快很多，可重复改写的次数也比 EPROM 多，通常可达 10^6 次。总的来说，EEPROM 能够实现在线改写，且大多数 EEPROM 只需单电源供电，非常适合数字系统的设计与调试，还可用于智能卡等断电后仍然需要保存信息的场合。常见的 EEPROM 芯片有 28C16（2K×8 位）、28C64（8K×8 位）等。

闪存于 20 世纪 80 年代问世，是一种 EEPROM。闪存的存储单元采用叠栅 MOS 管，既具有 EPROM 结构简单（单个 MOS 管）、编程可靠的优点，又保留了 EEPROM 快速擦除的特性，因此集成度很高，存储容量可以做得很大。闪存擦除和写入的过程是分开的，写入方法类似于 EPROM，即利用雪崩注入的方法使浮栅充电写入数据；数据擦除利用隧道效应。闪存以字节或字写入，需要对存储器选址，而在擦除时是以块（block）进行的，因此擦除时速度非常高，但是，其编程写入的速度比擦除低。总的来说，闪存具备多次读写的功能，并且擦除和写入不需要专用编程器，控制读写的电路集成于存储器芯片内部，外接 5V 电源即可工作，使用非常方便。

闪存的高集成度、大容量、非易失性使其在数码产品中得到广泛应用，如常见的 SD 卡、U 盘、固态硬盘等都属于闪存。

常见 ROM 性能比较见表 8.2。

表 8.2 常见 ROM 性能比较

类别	单管存储单元	高密度	在系统改写	写入速度	擦除速度
PROM	是	是	否	低	不能擦除
EPROM	是	是	否	低	低
EEPROM	否	否	是	较高	较高
闪存	是	是	是	高	高

虽然部分 ROM 芯片可随时进行读写操作，但其改写速度远不及读出速度，因此，仍然属于只读存储器。

8.1.3　典型的可擦可编程只读存储器

下面以典型的 EPROM 芯片 Intel 2716 为例来介绍 ROM 芯片的具体使用方法。Intel 2716 的存储容量为 2K×8 位，其内部结构和引脚示意图如图 8.7 所示。

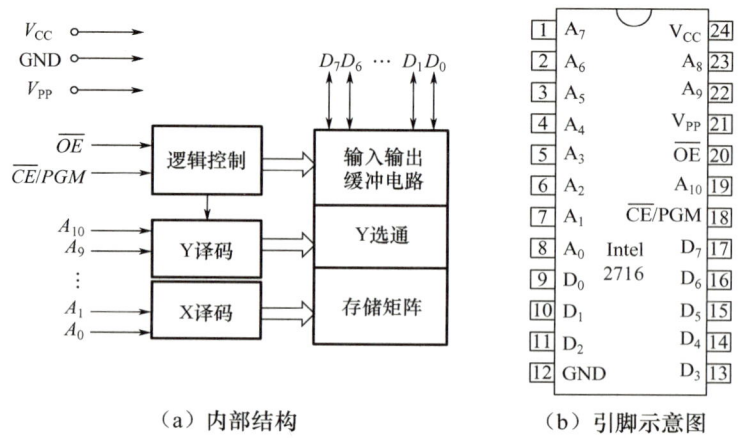

(a) 内部结构　　　　　(b) 引脚示意图

图 8.7　Intel 2716 的内部结构和引脚示意图

Intel 2716 是一个 24 脚双列直插封装的紫外线 EPROM 集成芯片，其主要由存储矩阵、译码器、输出缓冲电路等组成。各引脚功能如下。

(1) $A_{10} \sim A_0$：11 根地址线输入。

(2) $D_7 \sim D_0$：8 位数据线，正常工作时为数据输出端，编程时为数据输入端。

(3) V_{CC}：工作电源输入，一般为 5V。

(4) GND：接地。

(5) $\overline{CE}/PGM$：具有两种功能，即一种在正常工作时为片选使能端，低电平有效；另一种在芯片编程时为编程控制端，高电平有效。

(6) $\overline{OE}$：输出使能端，低电平有效。

(7) V_{PP}：编程电源输入端，编程时加 25V 电压，正常工作时加 5V 电压。

根据 $\overline{CE}/PGM$、$\overline{OE}$ 和 V_{PP} 的不同组态，Intel 2716 的工作方式见表 8.3。

表 8.3　Inetl 2716 的工作方式

工作方式	$\overline{CE}/PGM$	$\overline{OE}$	V_{PP}	功能
读数据	0	0	+5V	数据输出
输出无效	0	1	+5V	高阻隔离
维持	1	×	+5V	高阻隔离
编程写入	50ms 脉冲	1	+25V	数据写入
编程禁止	0	1	+25V	高阻隔离
编程校验	0	0	+25V	数据输出

为了保证 ROM 工作的准确性，其地址及控制信号必须满足相应的时序要求，如 Intel 2716 的读出时序如图 8.8 所示。具体读操作过程如下。

(1) 将待读取单元的地址送入存储器地址输入端。

(2) 使 $\overline{CE}/PGM$ 为低电平，即加入有效片选信号。

（3）将低电平送入输出使能端$\overline{OE}$，经一定延时后，输出有效数据。

Intel 2716 中的译码电路及输出缓冲电路等均存在延时，在数据读出过程中主要存在以下延时时间。

（1）t_{AA}：地址存取时间，表示从地址加到存储器到$\overline{OE}$、$\overline{CE}$均有效的延长时间，以保证数据稳定传输到数据输出端。

（2）t_{CE}：片选存取时间，表示从片选信号$\overline{CE}$有效到数据稳定输出的时间。

（3）t_{OE}：输出使能时间，表示从输出使能信号$\overline{OE}$有效到数据稳定输出的时间。

（4）t_{OH}：数据保持时间，表示地址失效后，数据输出线上的数据保持的时间。

（5）t_{OZ}：输出失效时间，表示$\overline{OE}$、$\overline{CE}$均失效后到数据输出端变为高阻态的延续时间。

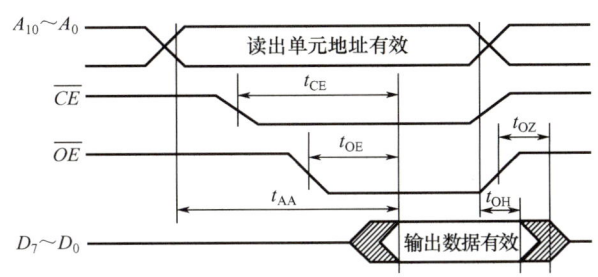

图 8.8　Intel 2716 的读出时序

8.2　随机存储器

RAM 与 ROM 的最大区别是 RAM 可以随时快速读写，但缺点是断电后存储的二值数据全部丢失，一般用于需要频繁读写数据的情况，如数字电路系统中的数据缓存等。RAM 可分为静态随机存储器（static random access memory，SRAM）和动态随机存储器（dynamic random access memory，DRAM）。SRAM 利用锁存器存储数据 0 和 1；DRAM 利用电容器存储的电荷量存储二值数据，由于电容器中存储的电荷逐渐消散，因此要定时刷新。下面具体介绍 SRAM 和 DRAM 的基本结构及工作原理。

8.2.1　静态随机存储器

1. SRAM 的基本结构

SRAM 主要由地址译码器、存储矩阵、输入输出控制电路等组成。如图 8.9 所示，$A_{n-1}\cdots A_1 A_0$ 为输入的 n 位地址线，$D_{m-1}\cdots D_1 D_0$ 为 m 位双向数据线。地址译码器分为行地址译码器和列地址译码器，行地址译码器和列地址译码器的输出即为行选择线和列选择线，由它们共同确定欲选择的地址单元。为了使 SRAM 与外部电平更好地匹配，输入输出控制电路包含数据输入的驱动电路和数据读出放大器。SRAM 的工作模式见表 8.4。

【拓展图文】

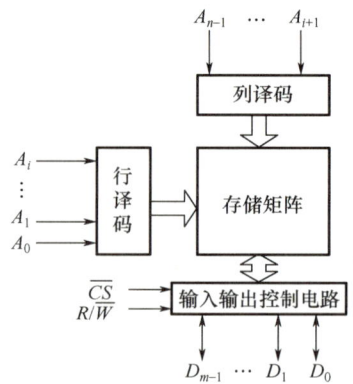

图 8.9　RAM 的基本结构

表 8.4　SRAM 的工作模式

工作模式	$\overline{CE}$	$\overline{WE}$	$\overline{OE}$	$D_{m-1}\sim D_0$
保持	1	×	×	高阻
写入	0	0	×	输入
读出	0	1	0	输出
禁止输出	0	1	1	高阻

2. SRAM 存储单元

SRAM 存储单元主要由 SR 锁存器（触发器）构成，如图 8.10 所示。上部虚线框内为六管 SRAM 存储单元，$T_1\sim T_4$ 构成的 SR 锁存器存储二值数据，T_5、T_6 是由行选择线 X_i 控制的本单元控制开关，当 $X_i=1$ 时，T_5、T_6 导通，六管 SRAM 存储单元即与位线连通，否则 SR 锁存器与位线断开。虚线外的 T_7、T_8 是一列存储单元共用的控制门，当列选择线 $Y_j=1$ 时，T_7、T_8 导通，位线即与对应的数据线接通。因此，读写操作中存储单元是由行选择线 X_i 和列选择线 Y_j 共同选通的。

由图 8.10 可知，SRAM 中存储的数据断电后就会消失，不能永久保存。由于 CMOS 电路具有功耗小的特点，一般在大容量 SRAM 中都采用 CMOS 工艺存储单元，其不仅能维持正常工作时的低功耗，还能在降低电源电压的状态下存储数据，便于利用备用电池保持断电后的数据，弥补了 RAM 数据易失的缺点。如 Intel 公司生产的 SRAM 5101L 是一种采用 CMOS 工艺的超低功耗存储器，如果采用 5V 电源供电，则静态功耗为 $1\sim 2\mu W$；如果把电源电压降到低压保持状态的 2V，则功耗可降到 $0.28\mu W$。低功耗 SRAM 的出现使得用锂电池（或可充电电池）来进行断电数据保护成为可能，如一节 3V 锂电池可维持一片 62256（32K×8 位）芯片三年以上数据不丢失。

3. SRAM 的读写操作时序

SRAM 的读写操作是分时进行的。读操作过程如下。

（1）首先输入有效地址，并使片选端 $\overline{CS}$ 为低电平。

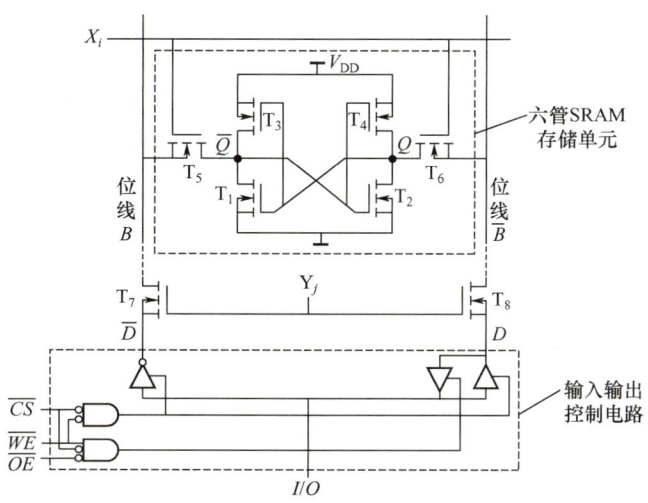

图 8.10　SRAM 存储单元的结构

（2）写使能端$\overline{WE}$为高电平读使能状态。

（3）输出使能端$\overline{OE}$为低电平时，SRAM 对应单元中的数据将被送到数据输出线上。

读操作的典型时序如图 8.11（a）所示，图中参数含义如下。

（1）t_{RC}：读周期，表示连续两次读操作的最小时间间隔。

（2）t_{AA}：地址存取时间，表示从地址有效到所读数据稳定出现在数据线上的延迟时间。

（3）t_{OHA}：输出保持时间，表示地址改变后数据保持的有效时间。

写操作过程仍是先输入有效地址，使片选端$\overline{CS}$有效，写使能端$\overline{WE}$为低电平写有效状态，数据线上的数据将被写入 SRAM 的对应单元。写操作的典型时序如图 8.11（b）所示，图中参数含义如下。

（1）t_{WC}：写周期，表示连续两次进行写操作的最小时间间隔。

（2）t_{SA}：地址建立时间，表示写使能端$\overline{WE}$有效前地址稳定的一段时间。

（3）t_{AW}：表示写完成时地址保持的时间。

（4）t_{SCE}：片选持续时间，表示片选端$\overline{CS}$控制写入时保持的有效时间。

（5）t_{SD}：写完成之前数据的建立时间，表示数据线上的数据在写使能端$\overline{WE}$失效前保持稳定的时间。

（6）t_{HA}：表示写完成后地址的维持时间。

（7）t_{HD}：表示写完成后数据的维持时间。

4. 同步静态随机存储器

同步静态随机存储器（synchronous static random access memory，SSRAM）是在 SRAM 基础上发展起来的一种高速 RAM，其与 SRAM 的最大区别是其读写操作由时钟脉冲节拍控制完成。之前介绍的普通 SRAM 也称异步静态随机存储器（asynchronous static random access memory，ASRAM）。

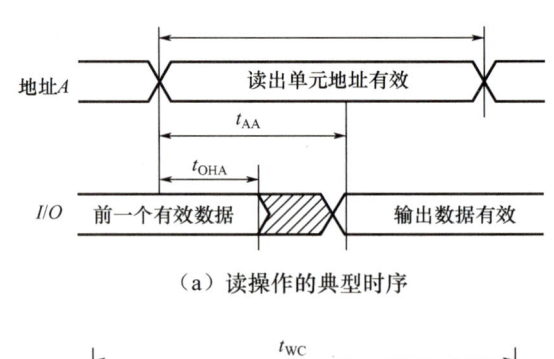

（a）读操作的典型时序

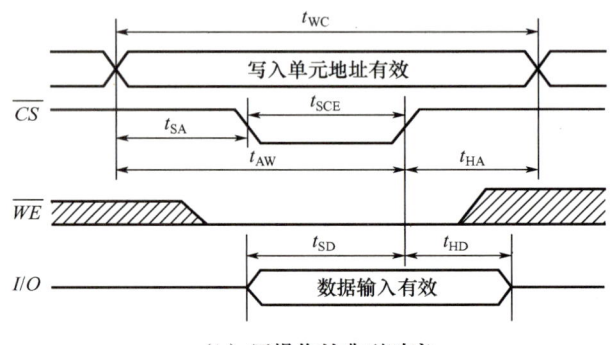

（b）写操作的典型时序

图 8.11　SRAM 典型的读写操作时序图

SSRAM 的基本结构如图 8.12 所示，除有 SRAM 的基本构成外，SSRAM 还包括输入寄存器、地址寄存器、丛发控制逻辑电路和读写控制逻辑电路。其中，输入寄存器用来存储数据线上要写入的数据；地址寄存器用来寄存地址线上的地址；丛发控制逻辑电路的主要作用是在给出首地址后，可在时钟脉冲作用下对连续若干地址单元的数据进行操作，其内部包含一个二进制计数器；读写控制逻辑电路用来寄存使能控制信号，并对其进行逻辑运算，最终生成内部读写控制信号。

SSRAM 的最大特点是具有丛发模式，由于在有效 CP 到来时，SSRAM 将数据、地址、控制等信号寄存在内部寄存器中，读写操作及延时等待均在 CP 的作用下由存储器内部控制完成，系统中的微处理器可以处理其他任务，因此提高了整个系统的工作效率。SSRAM 采用与时钟同步工作的方式，广泛应用于同步工作的数字系统中，如计算机中的超高速缓冲存储器 Cache。

在 SSRAM 后出现了速度更高的双倍数据速率静态随机存储器（double‐data‐rate static random access memory，DDR SRAM）和四倍数据速率静态随机存取存储器（double‐data‐rate three static random access memory，DDR3 SRAM）。普通 SSRAM 也称单数据速率静态随机存储器（single data rate static random access memory，SDR SRAM），虽然采用了与 CP 同步工作的方式，但由于共用读写数据线，因此读写只能分时进行。DDR SRAM 在每个时钟脉冲的上升沿和下降沿都传输一次数据，效率提高一倍，但仍不能同时读写。DDR3 SRAM 为双端口 RAM，其读写操作分别有独立的接口，不仅在每个时钟脉冲周期能传输两次数据，而且能够同时读写，进一步提高了数据传输效率，如 Cy-

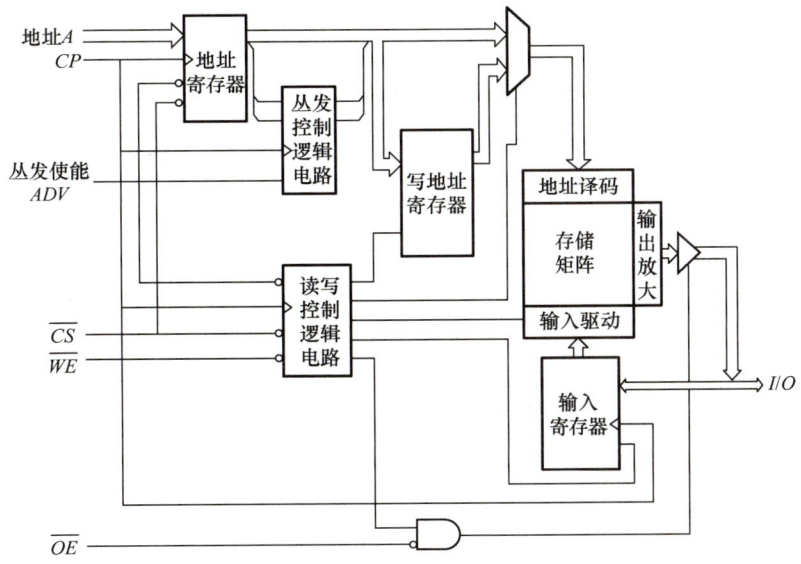

图 8.12 SSRAM 的基本结构

press（赛普拉斯）公司生产的型号为 CY7C1513KV18 的 DDR3 SRAM 存储容量达到 72Mbit，最高时钟工作频率达到 250MHz。

8.2.2 动态随机存储器

1. 动态随机存储器的存储单元

早期 DRAM 的存储单元结构有三管电路或四管电路，两种电路的外部控制电路较简单，读出的信号也较强，但电路结构仍较复杂，不利于集成度的提高。DRAM 通常采用由 MOS 管栅极电容和门控管 T 构成的单管动态存储单元。二值数据以电荷的形式存储在栅极电容上，电容上的电压高表示存储数据为 1，电压低表示存储数据为 0。但由于栅极电容的容量很小，且 MOS 管的漏电流不可能为 0，电容电荷会随着时间推移逐渐流失，使存储的数据信息丢失，因此必须定时给电容补充电荷，以维持数据的正确性，这种操作过程称为刷新或再生。因为需要不断地刷新，所以称为动态随机存储器。

DRAM 单管存储单元如图 8.13 所示，当行选择线（字线）X＝1 时，门控管 T 导通，存储单元与位线接通，进行读写操作。

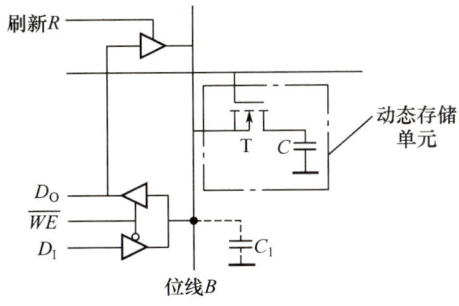

图 8.13 DRAM 单管存储单元

如果要对 DRAM 的存储单元进行写入操作，那么只要使读写控制信号 $\overline{WE}$ 为低电平写使能有效，数据 D_I 就能够通过输入缓冲器写入存储单元。如果存储单元数据为 1，则向对应电容充电，其上的电压为高电平；如果存储单元数据为 0，则通过门控管 T 使电容 C 放电，其上的电压为低电平。

如果要对 DRAM 的存储单元进行读出操作，那么只要使读写控制信号 $\overline{WE}$ 为高电平读使能有效，电容器中的数据就能通过位线和输出缓冲器输出。如果存储单元数据为 0，则通过门控管 T 使位线 B 为低电平，读出数据 0；如果存储单元数据为 1，则电容 C 通过门控管 T 向位线等效电容 C_1 充电，使其上的电压上升到高电平，从而读出数据 1。但由于读出数据时会损耗电容器中的电荷，破坏原先存储的数据，因此每次读出后要使刷新控制端 $R=1$，对所读单元的电容器进行刷新可以保持原存储数据的正确性。

与 SRAM 的六管存储单元相比，DRAM 的存储单元电路简单许多，因此 DRAM 在大容量、高容量密度的 RAM 中应用普遍。总的来说，SRAM 速度高但成本高，而 DRAM 成本低但速度低，一般可以用 SRAM 组成 CPU 中的高速缓存，用 DRAM 组成容量更大的系统内存空间。由于 DRAM 容量较大，当地址线较多时，一般可以采用行、列地址分时送入的方法以减少芯片引脚。例如，若一个存储器容量为 $1M \times 8$ 位，有 2^{20} 个字，则需要 20 根地址线；若采用行、列地址分时送入，则只需 10 根地址线。

2. DRAM 的基本结构和操作时序

DRAM 的基本结构如图 8.14 所示，其内部除行、列两个地址寄存器外，还有能够使行地址自动刷新的刷新控制及定时电路、刷新计数器。

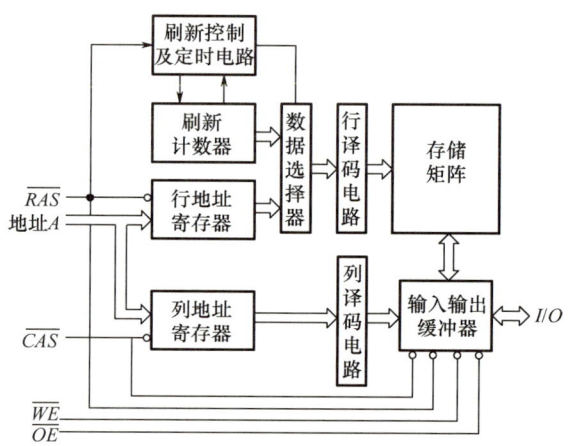

图 8.14 DRAM 的基本结构

DRAM 比 SRAM 的操作复杂，其典型操作如下。

（1）读写操作时，要先使行地址选通 $\overline{RAS}$（row address strobe）和列地址选通 $\overline{CAS}$（column address strobe）变为低电平有效，并把行、列地址分别送入相应的地址寄存器，再完成读写操作。另外，进行读出操作时，必须使输出使能端 $\overline{OE}$ 为低电平有效。读写操作时序如图 8.15（a）所示。

（2）页模式读写操作时，同一行的所有列构成的存储单元称为页，行地址选通 $\overline{RAS}$ 始终为低电平有效,只改变列地址即可进行读写操作,可以提高读写速度。页模式读写操作时序如图 8.15(b)所示。

(3) 只刷新操作时,一次只刷新指定一行的所有存储单元,刷新期间要保持$\overline{CAS}$为高电平无效,没有任何实际的读写操作。目前 DRAM 每行刷新的间隔时间已经小于 $10\mu s$,刷新时间在刷新周期中不到百分之一。只刷新操作时序如图 8.15(c)所示。

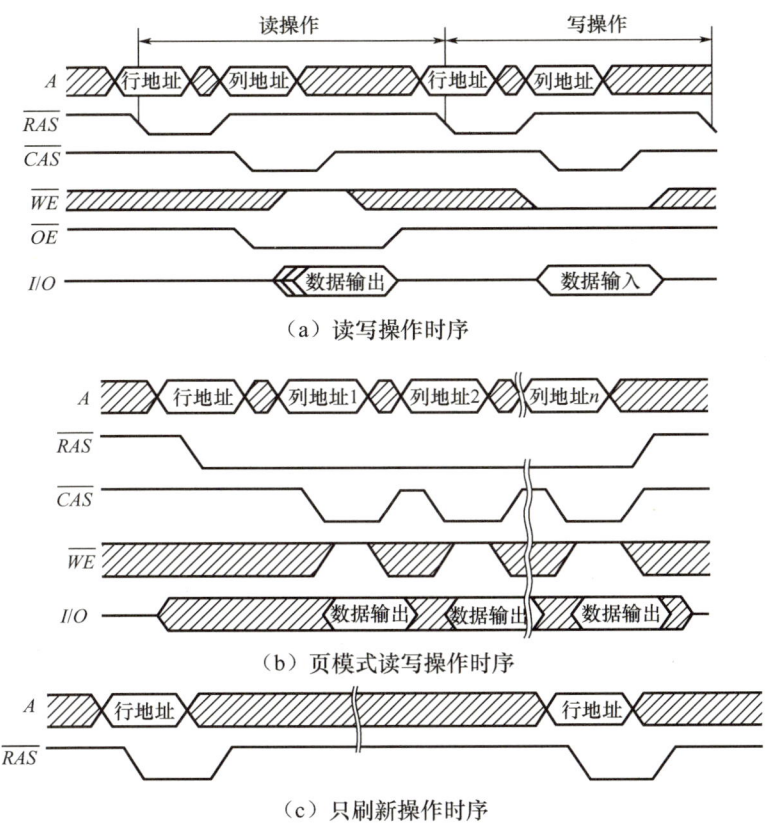

图 8.15 DRAM 操作时序

SRAM 与 DRAM 的性能比较见表 8.5。

表 8.5 SRAM 与 DRAM 的性能比较

类别	存储元件	需要刷新	集成度	成本
SRAM	触发器	否	低	高
DRAM	电容	是	高	低

随着电子系统对数据传输速率的要求越来越高,RAM 和其他集成电路同时得到快速发展。同步动态随机存储器(synchronous dynamic random access memory,SDRAM)就是在普通 DRAM 的基础上发展起来的高速存储器,同步是指存储器内部命令的发送与数据传输都以其工作时钟作为基准,SDRAM 可以与计算机的 CPU 时钟同步工作,即在每一个内存时钟周期的上升沿进行一次读操作或写操作。

8.2.3 同步动态随机存储器的发展

随着计算机技术的快速发展，与 CPU 搭配的内存也飞速发展，DDR SDRAM 就是 SDRAM 的升级版本。DDR SDRAM 在 SDRAM 的基础上其速度和容量都有了很大的提高，是一种高速 CMOS 动态随机访问的内存，1996 年由三星公司首次提出，2000 年 6 月美国 JEDEC（电子设备工程联合委员会）公布了 DDR SDRAM 规范 JESD79。近几年来，DDR SDRAM 系列内存不断推陈出新，已经由第一代发展到第五代，整体性能得到了极大的改进与优化。

DDR SDRAM 的基本结构如图 8.16 所示，其地址和控制信号与传统的 SDRAM 一样，在时钟的上升沿传输，其还具有以下特点。

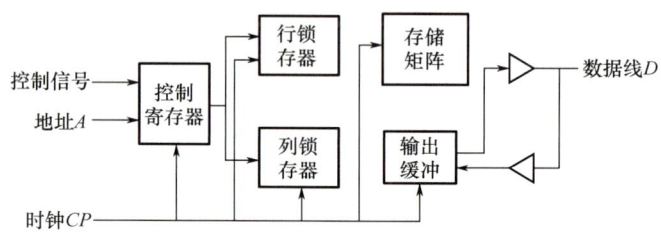

图 8.16　DDR SDRAM 的基本结构

（1）使用更先进的同步电路，使指定地址、数据的输入和输出主要步骤既独立执行又保持与 CPU 同步。

（2）使用延时锁定回路（delay locked loop，DLL）提供数据滤波信号。当数据有效时，存储控制器可使用这个数据滤波信号精确地定位数据，每 16 位输出一次，并重新同步不同存储器模块的数据。

（3）DDR SDRAM 的内存频率可以用工作频率和等效频率两种方式表示，工作频率是内存实际的工作频率，由于 DDR SDRAM 的内存可以在时钟脉冲的上升沿和下降沿都传输数据，因此传输数据的等效频率是工作频率的两倍。也就是在与 SDRAM 相同的总线频率下，DDR SDRAM 可以达到更高的数据传输速率，并且仅仅多采用了下降沿传输信号，而功耗几乎没有增加。

DDR1 SDRAM 首次引入双倍数据率传输机制，取代传统 SDRAM 并成为主流，但其功耗较高，现已被淘汰。DDR2 SDRAM 引入差分时钟技术以降低信号干扰，支持更高频率和带宽，但延迟有所增加。DDR3 SDRAM 优化了功耗与散热性能，支持更大的单芯片容量。DDR4 SDRAM 引入 Bank Group 架构以提升并行效率，支持 3DS 堆叠技术，单条容量最高可达 128GB，目前仍是消费级 PC 和数据中心的主流选择。DDR5 SDRAM 采用双通道子模块设计以提升带宽利用率，支持差错校验（error checking and correction，ECC）和片上冗余修复，增强了可靠性，目前主要应用于高性能计算和 AI 领域。

DDR4 SDRAM 是 DDR SDRAM 内存技术的第四代产品，具有更高传输速率（起始频率为 2133MHz）、更低功耗（1.2V 工作电压）、更大容量（单条可达 128GB）及更可靠的校验机制（CRC/CA 校验）等核心优势。它覆盖桌面电脑、服务器及移动设备，在高性能计算和大容量需求场景中表现尤为突出。中国已量产光威弈 Pro 系列 DDR4 SDRAM 内存产品。尽管 DDR5 SDRAM 已逐步商用，但 DDR4 SDRAM 凭借成熟的生态体系和性价比优势，目前仍占据主流地位。与 DDR4 SDRAM 相比，DDR5 SDRAM 在性能、功耗和功能上均有显著提升，其核心技术特性如下。

(1) 双通道子模块设计。

DDR5 SDRAM 将每个内存模组划分为两个独立的 32 位可寻址子通道（DDR4 SDRAM 为单 64 位通道），通过提升并行处理能力以减少延迟，优化内存控制器的访问效率。例如，DDR5-6400 双通道带宽可达 102.4GB/s。

(2) 电源管理与电压优化。

DDR5 SDRAM 工作电压从 DDR4 SDRAM 的 1.2V 进一步降至 1.1V，并结合 PMIC（power management integrated circuits，电源管理集成电路）动态电压调节技术，显著提升了能效。此外，DDR5 SDRAM 支持按需分配电源，有效减少闲置能耗。

(3) 增强的 ECC 机制。

DDR5 SDRAM 内置片具有 ECC 功能，可自主检测并纠正单比特错误，大幅提升数据可靠性，这对服务器和高性能计算场景至关重要。

(4) Bank Group 架构升级。

DDR5 SDRAM 的 Bank Group 数量进一步增加，并行处理能力显著提升，同时将突发长度优化至 BL16，进一步增强了数据传输效率。

(5) 集成热传感器与温度管理。

DDR5 SDRAM 首次内置温度传感器，支持实时监控内存温度，防止过热导致性能降频，从而保障高负载下的稳定性。

各代 DDR SDRAM 性能比较见表 8.6。

表 8.6　各代 DDR SDRAM 性能比较

参数	DDR1 SDRAM	DDR2 SDRAM	DDR3 SDRAM	DDR4 SDRAM	DDR5 SDRAM
发布时间	2000 年	2003 年	2007 年	2014 年	2020 年
预取位数（bit）	2	4	8	8	16
工作电压（V）	2.5	1.8	1.5	1.2	1.1
时钟频率范围（MHz）	100～200	200～400	400～800	800～1600	2400～3600
传输速率（MT/s）	200～400	400～800	800～2133	1600～3200	4800～7200
带宽（单通道，GB/s）	1.6～3.2	3.2～6.4	6.4～17	12.8～25.6	38.4～67.2
单条容量上限（GB）	1	4	8	128	512
关键升级	双通道数据传输	4bit 预取、低电压	8bit 预取、FBGA 封装	Bank Group 分组优化、更低功耗	双通道子模块、片上 ECC
主流应用场景	早期 PC	中端服务器	消费级 PC、嵌入式	主流 PC/服务器	AI 训练、高频交易

通过对比可见，DDR SDRAM 系列内存通过增加预读取位数和优化总线频率实现带宽翻倍，同时工作电压逐步降低（从 2.5V 降至 1.1V），结合 PMIC 动态电压调节技术，能效持续提升。党的二十大报告指出，创新才能把握时代、引领时代。未来，DDR SDRAM 内存技术将继续向更低电压、更高速率和更大容量的方向发展。

8.3　存储器的扩展与应用

8.3.1　存储器的扩展

虽然大容量存储器产品很多，但在很多数字电路中仍存在单片存储器芯片不能满足容量要求的情况，此时需要把多片存储器芯片扩展为一个大容量存储器，如个人计算机中的 RAM 就是把多个芯片焊接在一个电路板上扩展而成的。存储器的扩展方式主要有位扩展与字扩展两种。

1. 位扩展

位扩展的实质是存储器的字数不变，而把每个字的字长（位数）增大。具体方法就是将多片存储器的地址线和相应的使能端并行连接。如图 8.17 所示，将两个存储容量为 1K×4 位的存储器扩展为 1K×8 位的存储系统；其中每个单元的低 4 位存储在芯片（0）中，高 4 位存储在芯片（1）中。

【拓展视频】

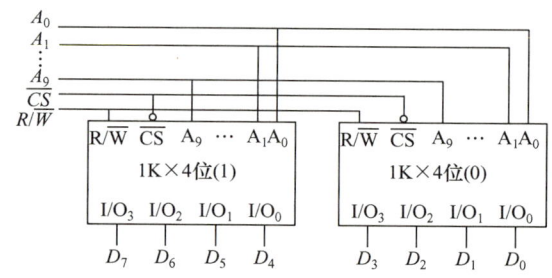

图 8.17　将 1K×4 位的存储器扩展为 1K×8 位的存储系统

2. 字扩展

字扩展就是增加字的数量，而每个字的位数不变。一般利用外加译码器控制芯片的片选端 $\overline{CS}$，使其轮流选通。如图 8.18 所示，将 8 片 1K×4 位的存储器扩展为 8K×4 位的存储系统，因为位数不变，所以把芯片的数据输入输出线并联；而地址线由 10 根变为 13 根，需要增加 3 位地址线 $A_{10}A_{11}A_{12}$，这可以通过一个 3 线-8 线译码器 74HC138 将译码器的 8 个输出端分别控制 8 片的片选端 $\overline{CS}$。连接后，当输入一组地址时，受译码器的作用，只有一个芯片被选中，从而实现字扩展。可见，字扩展实际上是将地址线扩展，字数每扩展 2 倍，地址线就增加 1 位；字数每扩展 4 倍，地址线就增加 2 位；扩展的地址线通过译码器控制各片的片选信号，各片的地址分配见表 8.7。

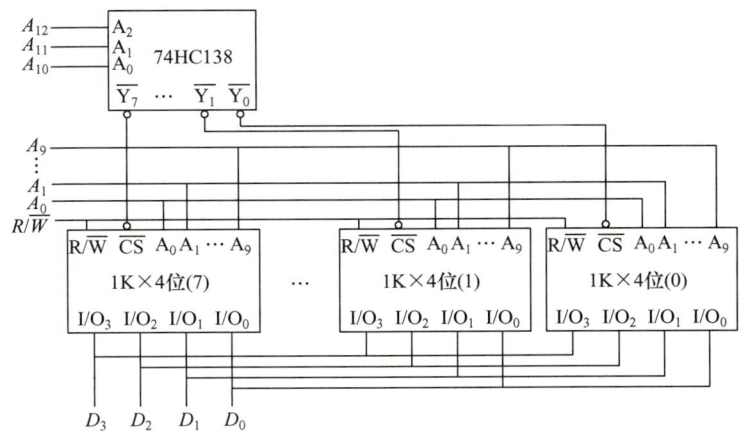

图 8.18　将 8 片 1K×4 位的存储器扩展为 8K×4 位的存储系统

表 8.7　图 8.18 中各片的地址分配

RAM 编号	$A_{12}A_{11}A_{10}$	地址范围 $A_{12}A_{11}A_{10}\ A_9A_8A_7\ A_6A_5A_4\ A_3A_2A_1$	对应的十六进制地址范围
0	000	000 0000000000 ～ 000 1111111111	0000H～03FFH
1	001	001 0000000000 ～ 001 1111111111	0400H～07FFH
2	010	010 0000000000 ～ 010 1111111111	0800H～0BFFH
3	011	011 0000000000 ～ 011 1111111111	0C00H～0FFFH
4	100	100 0000000000 ～ 100 1111111111	1000H～13FFH
5	101	101 0000000000 ～ 101 1111111111	1400H～17FFH
6	110	110 0000000000 ～ 110 1111111111	1800H～1BFFH
7	111	111 0000000000 ～ 111 1111111111	1C00H～1FFFH

3. 位与字的同时扩展

在实际应用中，通常可以将字扩展和位扩展结合使用，以达到所需的存储容量。如图 8.19 所示，将 1K×4 位的存储器扩展为 2K×8 位的存储系统，一般先考虑位扩展，由 4 位扩展到 8 位，因此每一组都需要两个存储器并联；再考虑字扩展，即地址由 10 位扩展到 11 位，需要多出 1 位地址，可以用一个反相器扩展地址。

8.3.2　存储器的应用

ROM 是一种组合逻辑电路，除可以存储一些固定不变的程序和数据外，还可以实现一些多输入、多输出的组合逻辑函数。具体来说，就是把组合逻辑函数的输入变量作为

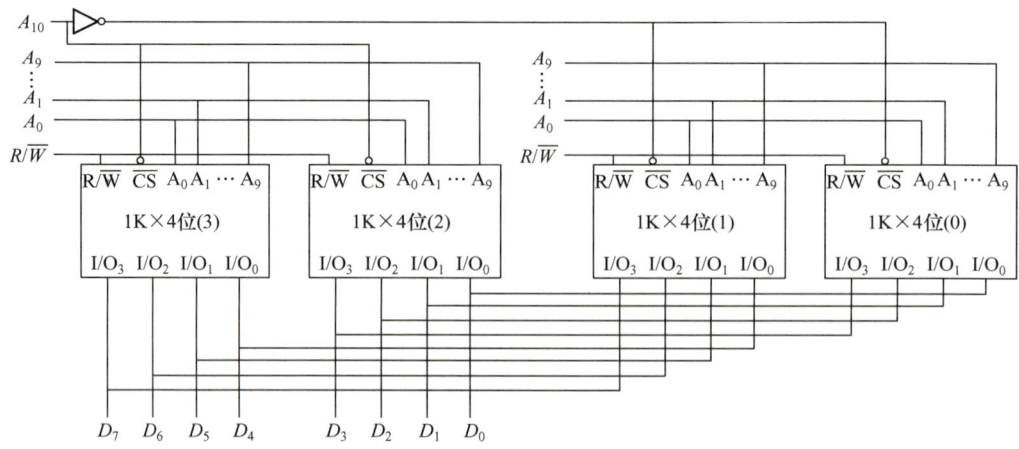

图 8.19 将 1K×4 位的存储器扩展为 2K×8 位的存储系统

ROM 的地址输入，输出函数作为 ROM 的数据输出，然后根据逻辑函数的功能在 ROM 中写入相应的数据。

例 8.1 用 ROM 实现七段译码显示电路（图 8.20），将输入的 8421 BCD 码 ABCD 作为地址，对应每一组输入的各段 LED 的高低电平就是存储单元存储的数据，见表 8.8。

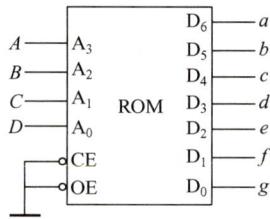

图 8.20 用 ROM 实现七段译码显示电路

表 8.8 用 ROM 实现七段译码显示电路的存储内容

A B C D (A_3 A_2 A_1 A_0)	a b c d e f g (D_6 D_5 D_4 D_3 D_2 D_1 D_0)	字形
0 0 0 0	0 0 0 0 0 0 1	0
0 0 0 1	1 0 0 1 1 1 1	1
0 0 1 0	0 0 1 0 0 1 0	2
0 0 1 1	0 0 0 0 1 1 0	3

续表

A B C D (A_3 A_2 A_1 A_0)	a b c d e f g (D_6 D_5 D_4 D_3 D_2 D_1 D_0)	字形
0 1 0 0	1 0 0 1 1 0 0	4
0 1 0 1	0 1 0 0 1 0 0	5
0 1 1 0	1 1 0 0 0 0 0	6
0 1 1 1	0 0 0 1 1 1 1	7
1 0 0 0	0 0 0 0 0 0 0	8
1 0 0 1	0 0 0 0 1 0 0	9

由表 8.8 可知，只要选择输入地址 4 位，输出数据 7 位，对应单元数据与表格一致，容量不小于 $2^4 \times 7$ 的 ROM 就可实现上述功能。

例 8.2 用 ROM 产生如下逻辑函数：

$$\begin{cases} Y_0 = A\overline{B}C + BCD \\ Y_1 = A\overline{C}D + \overline{B}C\overline{D} + A\overline{D} \\ Y_2 = AB + B\overline{C}D + ABCD \\ Y_3 = \overline{A}\,B\overline{C} + A\overline{B} + AB\overline{C}D \end{cases}$$

首先将该组逻辑函数写成如下最小项表达式：

$$\begin{cases} Y_0 = \sum m(7,10,11,15) \\ Y_1 = \sum m(2,8,9,10,12,13,14) \\ Y_2 = \sum m(5,12,13,14,15) \\ Y_3 = \sum m(4,5,8,9,10,11,13) \end{cases}$$

根据逻辑函数的最小项表达式把输入变量 ABCD 作为 ROM 的输入地址 $A_3A_2A_1A_0$，把每个逻辑函数包含的最小项（单元地址）对应数据存储为 1，没有包含的对应数据存储为 0，输出数据 $D_3D_2D_1D_0$ 就是对应的逻辑函数 $Y_3Y_2Y_1Y_0$。该电路对应的 ROM 数据见表 8.9。

表 8.9　例 8.2 电路对应的 ROM 数据

输入地址 $A_3\ A_2\ A_1\ A_0$ ($A\ B\ C\ D$)	对应数据 $D_3\ D_2\ D_1\ D_0$ ($Y_3\ Y_2\ Y_1\ Y_0$)	输入地址 $A_3\ A_2\ A_1\ A_0$ ($A\ B\ C\ D$)	对应数据 $D_3\ D_2\ D_1\ D_0$ ($Y_3\ Y_2\ Y_1\ Y_0$)
0　0　0　0	0　0　0　0	1　0　0　0	1　0　1　0
0　0　0　1	0　0　0　0	1　0　0　1	1　0　1　0
0　0　1　0	0　0　1　0	1　0　1　0	1　0　1　1
0　0　1　1	0　0　0　0	1　0　1　1	1　0　0　1
0　1　0　0	1　0　0　0	1　1　0　0	0　1　1　0
0　1　0　1	1　1　0　0	1　1　0　1	1　1　1　0
0　1　1　0	0　0　0　0	1　1　1　0	0　1　1　0
0　1　1　1	0　0　0　1	1　1　1　1	0　1　1　1

总的来说，随着电子技术的不断发展，ROM 的制作成本降低，存储容量越来越大，实现多输入、多输出的组合逻辑函数比一般逻辑门简单。用这种方法实现复杂的组合逻辑电路比较合适。除实现组合逻辑函数外，一般还可实现查表或码制变换等功能。例如，查某个角度的三角函数，把变量值（角度）作为地址码，其对应的函数值作为存储在该地址内的数据，这个过程称为造表。使用时，根据输入的地址（角度），可以在输出端得到所需的函数值，这个过程称为查表。码制变换就是把要变换的编码作为地址，把最终的目标编码作为相应存储单元中的内容。

本 章 小 结

半导体存储器是数字系统的"记忆核心"，其性能直接影响系统的整体效率，其核心功能是数据的写入、存储和读出。

1. 半导体存储器是用来存储二值数据的数字电路，基本结构主要包括存储矩阵、地址译码器、输出控制电路等，其中存储矩阵中的每个存储单元存储一位二进制数据（0 或 1）。

2. 半导体存储器按功能可分为只读存储器（ROM）和随机存储器（RAM），具体分类如下。

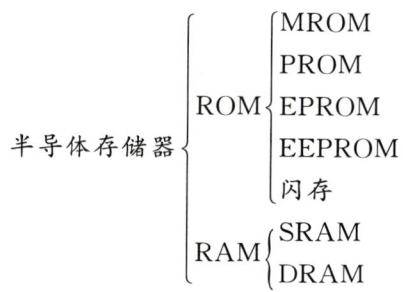

3. ROM 属于大规模组合逻辑电路，正常工作时只能读出而不能写入，断电后数据不会丢失，主要用来存储需要长久保存的数据；现在有些 ROM 也可以随时读写，但由于写入的速度较低，因此仍称为 ROM。另外，ROM 可用来实现一些组合逻辑函数。

4. RAM 属于大规模时序逻辑电路，可以随时进行高速读写，但在断电或电源电压出现较大波动后数据会丢失，一般用来存储无须永久保存的临时数据。计算机中的内存就是 RAM 的典型应用。

5. 存储器的主要指标有存取速度和存储容量。存储容量用字数与位数的乘积表示，即多少个一位二进制数。虽然现在存储容量可以很大，但仍存在单芯片存储容量不够的情况，此时需要通过扩展来达到所需存储容量。扩展方法主要有位扩展与字扩展。

8.1 ROM 和 RAM 的主要区别是什么？它们分别适用于哪些场合？

8.2 以下为存储系统的存储容量，试问：

(1) 它们各需几条地址线？

(2) 如果起始地址全为 0，那么最高地址为多少（十六进制）？

① 256M×4 位　② 16K×2 位　③ 64K×8 位

8.3 某 ROM 框图如图 8.21 所示，试问该 ROM 芯片的存储单元数量、字数、字长及存储容量分别为多少？

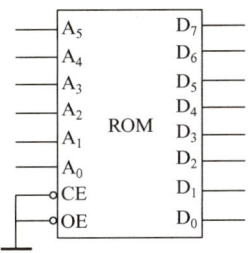

图 8.21　题 8.3 图

8.4 分析图 8.22 所示的 SRAM 存储单元的工作原理。

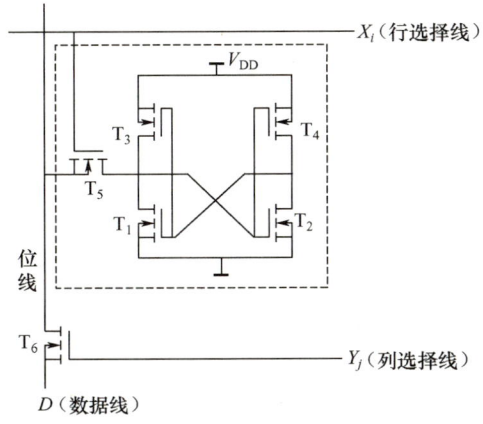

图 8.22　题 8.4 图

8.5 丛发模式下工作的 SSRAM，如果读出数据的首个地址为 002AH，则接下来读出的 7 个数据单元地址分别为多少？

8.6 试用两片 4K×4 位的 RAM 扩展成 4K×8 位的 RAM，画出接线图。

8.7 试问图 8.23 所示的存储系统的存储容量为多少？各存储芯片的十六进制地址范围为多少？

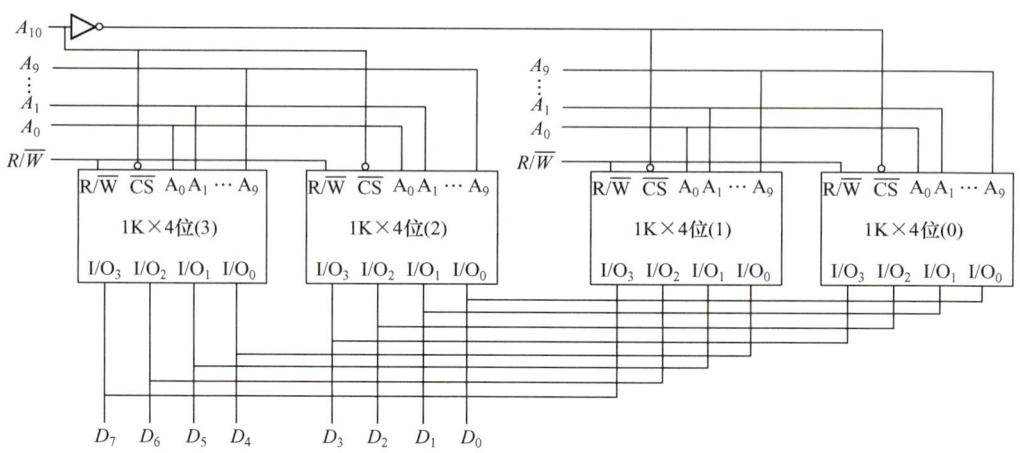

图 8.23 题 8.7 图

【在线答题】

8.8 如果用 ROM 实现两个四位二进制数乘法运算和加法运算，则需要该 ROM 的最小存储容量是多少？

8.9 试用 ROM 实现组合逻辑函数 $Y_1=\overline{ABC}+\overline{BC}$ 和 $Y_2=A+\overline{BC}$。

8.10 某 ROM 存储器的存储内容见表 8.10，分析其逻辑功能。

表 8.10 题 8.10 表

地址输入 $A_4\ A_3\ A_2\ A_1\ A_0$	数据输出 $D_3\ D_2\ D_1\ D_0$	地址输入 $A_4\ A_3\ A_2\ A_1\ A_0$	数据输出 $D_3\ D_2\ D_1\ D_0$
0 0 0 0 0	0 0 1 1	1 0 0 1 1	0 0 0 0
0 0 0 0 1	0 1 0 0	1 0 1 0 0	0 0 0 1
0 0 0 1 0	0 1 0 1	1 0 1 0 1	0 0 1 0
0 0 0 1 1	0 1 1 0	1 0 1 1 0	0 0 1 1
0 0 1 0 0	0 1 1 1	1 0 1 1 1	0 1 0 0
0 0 1 0 1	1 0 0 0	1 1 0 0 0	0 1 0 1
0 0 1 1 0	1 0 0 1	1 1 0 0 1	0 1 1 0
0 0 1 1 1	1 0 0 1	1 1 0 1 0	0 1 1 1
0 1 0 0 0	1 0 1 1	1 1 0 1 1	1 0 0 0
0 1 0 0 1	1 1 0 0	1 1 1 0 0	1 0 0 1

第 9 章
数模转换器与模数转换器

本章知识框架

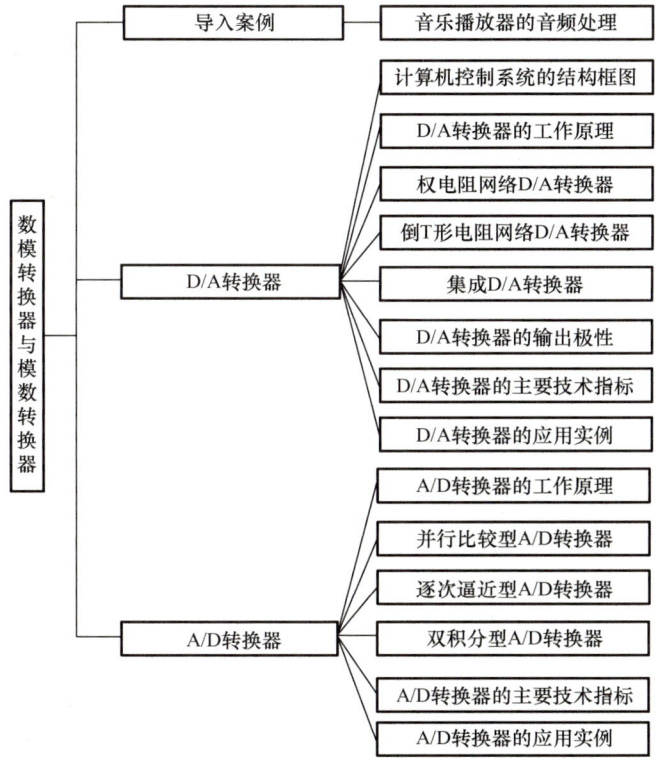

学习目标

知识目标	1. 掌握 D/A 转换器与 A/D 转换器的工作原理
	2. 熟悉 D/A 转换器与 A/D 转换器的主要技术指标
	3. 掌握 D/A 转换器与 A/D 转换器的应用实例
能力和 素质目标	1. 学会不同类型 D/A 转换器工作过程的分析方法，理论联系实际，熟悉 D/A 转换器的应用
	2. 培养跨学科融合能力，理解 D/A 转换器与 A/D 转换器在智能硬件中的作用

音乐播放器的音频处理

在享受音乐带来的愉悦时，我们或许很少会想到，这背后离不开数模转换器和模数转换器的协作。音乐播放器实现了数字音频信号与模拟音频信号之间的转换，让我们能够听到流畅、动听的音乐。

当我们从网络或存储介质中加载一首歌曲时，这首歌曲通常以数字音频文件的形式存在，如 MP3、WAV 等。这些数字音频文件包含的是经过采样、量化和编码的离散数字信号。然而，我们的耳朵只能识别连续变化的模拟音频信号。这时，数模转换器就发挥了关键作用。

数模转换器负责将数字音频信号转换为模拟音频信号。它通过对数字信号进行解码，将离散的数值转换为连续变化的电压或电流，从而驱动耳机或扬声器发出声音。数模转换器的性能直接影响音乐的音质，高分辨率、低失真的数模转换器能够还原出更多音乐细节，让音质更加纯净、自然。

在音乐创作或录音过程中，模数转换器则扮演着同样重要的角色。当音乐家通过传声器（俗称麦克风）录制声音时，传声器捕捉到的是连续的模拟音频信号。为了将这些信号存储到计算机或数字音频设备中，模数转换器需要将模拟信号转换为数字信号。模数转换器通过采样、保持、量化和编码等步骤，将模拟音频信号转换为离散的数字码流，从而实现音频的数字化存储和处理。

计算机控制系统需要检测和控制或处理各种模拟量，由于计算机只能处理数字量，因此在模拟量与数字量之间必须有一个可以进行等价变换的桥梁，即数模转换器（digital to analog converter，DAC）或 D/A 转换器和模数转换器（analog to digital converter，ADC）或 A/D 转换器。D/A 转换器能将数字信号（二进制代码）转换为连续的模拟信号（如电压、电流），而 A/D 转换器将连续的模拟信号（如温度、声音）转换为离散的数字信号（二进制代码）。

D/A 转换器与 A/D 转换器是数字电子系统的"感官"与"执行器",D/A 转换器将数字指令转变为模拟动作,A/D 转换器将物理世界的信息数字化。理解其原理、类型和性能参数是设计智能硬件、通信设备及自动化系统的关键。

【拓展视频】

本章将主要介绍 D/A 转换器与 A/D 转换器的工作原理、电路构成、主要技术指标及其应用实例等。

9.1 D/A 转换器

9.1.1 计算机控制系统的结构框图

计算机控制系统的结构框图如图 9.1 所示,图中的计算机可以是通用的工业控制计算机系统(简称工控机),也可以是功能单一的单片机、数字信号处理器(digital signal processor,DSP)。由于现在数字处理系统的高度集成化,许多单片机和 DSP 等都在芯片中集成 A/D 转换器和 D/A 转换器,因此整个计算机控制系统的外部结构非常简单,降低了控制系统成本,提高了系统的可靠性。当然,如果芯片内部集成的 A/D 转换器和 D/A 转换器不能满足控制系统的要求,那么可以外接 A/D 转换器和 D/A 转换器。

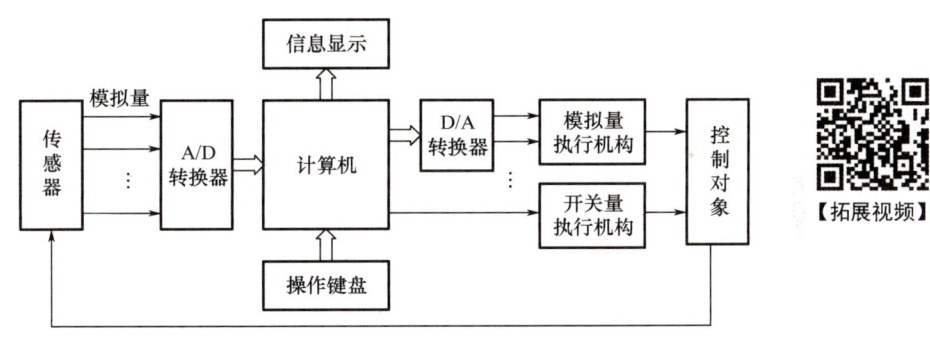

图 9.1 计算机控制系统的结构框图

9.1.2 D/A 转换器的工作原理

D/A 转换器的功能是将确定位数的二进制数按照一定比例转换成对应数值的模拟电压输出,工作原理如图 9.2 所示。

对于一个 N 位二进制代码 $d_{n-1}\cdots d_1 d_0$,其对应数值 D 可以用式(9-1)表示,即

$$D = d_{n-1}2^{n-1} + \cdots + d_2 2^2 + d_1 2^1 + d_0 2^0 \qquad (9-1)$$

式中,2^{n-1}、$\cdots$、2^1、2^0 为各二进制代码的权值。

要把一个二进制数的代码按比例转换为对应的模拟输出电压 V_O(或电流 i_O),则令

$$V_O = K \cdot D = K \cdot (d_{n-1}2^{n-1} + \cdots + d_2 2^2 + d_1 2^1 + d_0 2^0) \qquad (9-2)$$

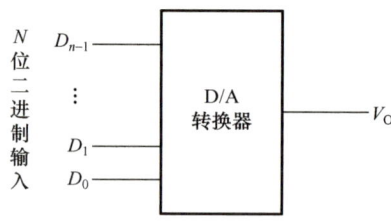

图 9.2　D/A 转换器的工作原理

式中，K 为转换比例系数。

由式（9-2）可知，对于数模转换，首先求解二进制代码中各位数值与其对应权值的乘积之和，然后乘以转换比例系数即可得到实际的模拟量。根据这一思路，D/A 转换器有多种形式，本章主要讨论权电阻网络 D/A 转换器、倒 T 型电阻网络 D/A 转换器和集成 D/A 转换器。

例 9.1　以四位二进制代码表示 3V 的模拟电压，0000 时电压为 0，1111 时电压为 3V，则 1010 表示的电压是多少？

解：求转换比例系数 K，显然，$(1111)_B = 15$，$(1010)_B = 10$，则

$$K = \frac{3V}{15} = 0.2V$$

故

$$V_{(1010)} = 10K = 2V$$

9.1.3　权电阻网络 D/A 转换器

权电阻网络 D/A 转换器通过权电阻网络实现数字信号向模拟信号的转换。图 9.3 所示为四位权电阻网络 D/A 转换器的工作原理，该电路包括基准电压、权电流控制电路、权电阻网络和求和电路等。权电阻网络 D/A 转换器在工作过程中，当某位二进制代码 d_i 为 1 时，对应开关 S_i 接通，相应的权电流加入；当 d_i 为 0 时，对应开关 S_i 断开，相应的权电流不加入。

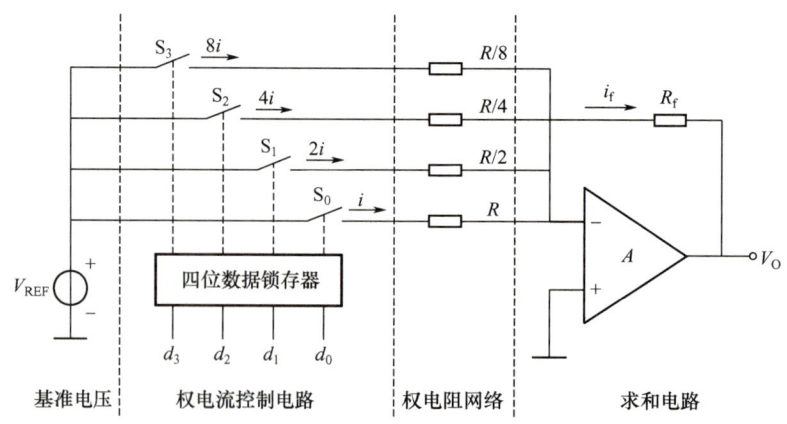

图 9.3　四位权电阻网络 D/A 转换器的工作原理

由运算放大器组成的加法器电路对权电阻网络的输出电流求和并转换成电压。输出电压

$$V_O = -i_f \cdot R_f$$
$$= -(d_3 \times 2^3 i + d_2 \times 2^2 i + d_1 \times 2^1 i + d_0 \times 2^0 i) R_f \tag{9-3}$$
$$= -D \cdot \frac{V_{REF}}{R} \cdot R_f$$

由式（9-3）可知，权电阻网络中电阻阻值越小，该位电阻的输出电流越大，即权值越大，因此该电路称为权电阻网络 D/A 转换器。该电路的缺点在于：当数字量输入的位数上升时，电阻增加，为保障数字量的精确输入，电阻阻值的误差需小于 0.5%，所以在高精密的集成电路里，一般不选用权电阻网络 D/A 转换器。

9.1.4　倒 T 形电阻网络 D/A 转换器

四位 T 形电阻网络如图 9.4 所示。

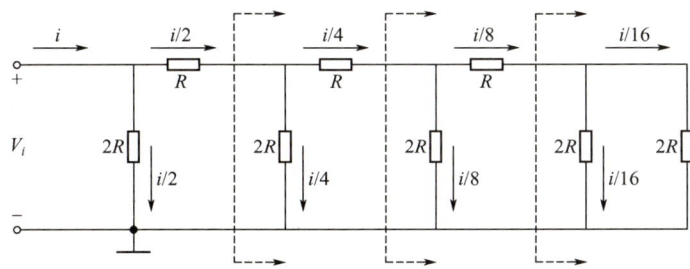

图 9.4　四位 T 形电阻网络

从图 9.4 中不难得出：

（1）电路从右到左每级的输入端等效电阻均为 R，因此，无论电路的级数是多少，总电阻值都为 R。

（2）每往后一级，电流都减小一半。电路中的总电流为

$$i = \frac{V_i}{R} \tag{9-4}$$

T 形电阻网络特别适合用于集成 D/A 转换器中二进制码的权电流控制电路。与图 9.3 中的权电流控制电路相比，电阻值种类少——只有 R 和 $2R$ 两种，而图 9.3 中的权电流控制电路的电阻值种类随二进制位数的增加而增加，如二进制数码的位数为 8 位时，电阻值的最大与最小差 128 倍，在集成电路中难以精确实现。

倒 T 形电阻网络 D/A 转换器如图 9.5 所示，图中虚线框内为倒 T 形电阻网络。由于运算放大器的同相端接地、反相端为虚地，因此，无论开关连接哪一边，倒 T 形电阻网络的特性都与图 9.4 的 T 形电阻网络相同。

$S_3 \sim S_0$ 是由输入数据 $d_3 \sim d_0$ 控制的电子开关，当对应位数据为 0 时，开关接通左边，相应的权电流对运算放大器的输出无影响；当对应位数据为 1 时，开关接通右边，运算放大器输出中包含该位数据对应的权电流分量。运算放大器的输出电压

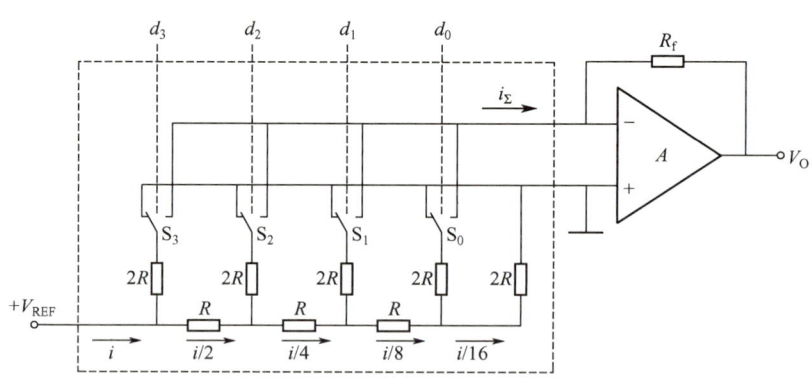

图 9.5 四位倒 T 形电阻网络 D/A 转换器

$$V_O = -i_\Sigma \cdot R_f$$
$$= -\left(\frac{1}{2}i \cdot d_3 + \frac{1}{4}i \cdot d_2 + \frac{1}{8}i \cdot d_1 + \frac{1}{16}i \cdot d_0\right) \cdot R_f$$
$$= -\frac{D}{2^4}i \cdot R_f$$
$$= -\frac{D}{2^4} \cdot \frac{R_f}{R} \cdot V_{REF}$$

(9-5)

式中，V_{REF} 为高稳定性的参考电压源（或称基准电压）。

早期集成 D/A 转换器中电子开关采用双极型晶体管工艺，其导通电阻的非线性对 D/A 转换器的转换精度影响较大，目前主流产品电子开关采用 CMOS 集成工艺，D/A 转换器的转换精度有很大提高。

例 9.2 在图 9.5 所示的电路中，已知 $R_f = R$，$V_{REF} = -10V$，当 $d_3 \sim d_0$ 分别等于 0001、0010、0011、1111 时的输出电压，试画出完整的输入输出特性曲线。

解：由式（9-5）可知：

$d_3 \sim d_0 = 0001$ 时，$V_O = -\frac{2^0}{2^4} \cdot V_{REF} = -\frac{1}{16} \cdot (-10) = 0.625V$

$d_3 \sim d_0 = 0010$ 时，$V_O = -\frac{2^1}{2^4} \cdot V_{REF} = -\frac{2}{16} \cdot (-10) = 1.25V$

$d_3 \sim d_0 = 0011$ 时，$V_O = -\frac{2^1 + 2^0}{2^4} \cdot V_{REF} = -\frac{3}{16} \cdot (-10) = 1.875V$

$d_3 \sim d_0 = 1111$ 时，$V_O = -\frac{2^3 + 2^2 + 2^1 + 2^0}{2^4} \cdot V_{REF} = -\frac{15}{16} \cdot (-10) = 9.375V$

其输入输出特性曲线如图 9.6 所示，输出模拟电压呈阶梯状，且每一级阶梯的高度都为 0.625V。

从计算结果可以看出，对于一个 n 位倒 T 形电阻网络 D/A 转换器，当输入二进制数从全 0 递增至全 1 时，输出电压绝对值从 0 开始以 $\frac{V_{REF}}{2^n}$ 为步长递增。同时，经 D/A 转换器转换后输出的模拟电压并不是一条平滑的曲线，随着 D/A 转换器位数的升高，这条曲线每级阶梯的高度减小，即步长会随 D/A 转换器位数的升高而减小。

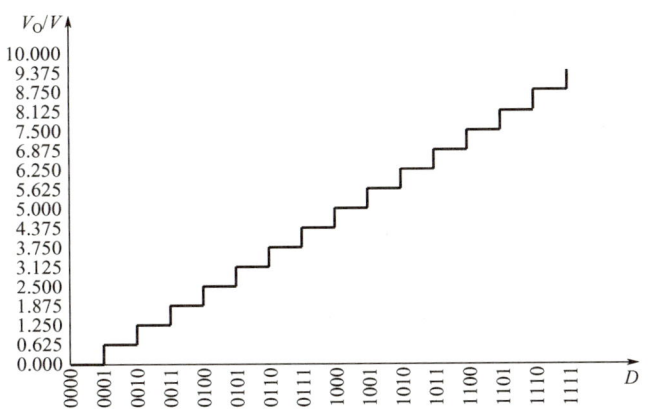

图 9.6　四位倒 T 形电阻网络 D/A 转换器的输入输出特性曲线

9.1.5　集成 D/A 转换器

图 9.7 所示为十位 D/A 转换器（AD7520）的内部结构，其中虚线框内是 D/A 转换器集成电路 AD7520。AD7520 内部集成 10 级高精度的倒 T 形电阻网络（$R=10\text{k}\Omega$）、相应的 CMOS 模拟开关及一个 $10\text{k}\Omega$ 的反馈电阻 R_f，但内部没有集成运算放大器，故需要外接。图 9.8 中的虚线框内是 AD7520 中的 CMOS 模拟开关电路的内部结构；图 9.9 所示为 AD7520 的逻辑符号和引脚示意图。

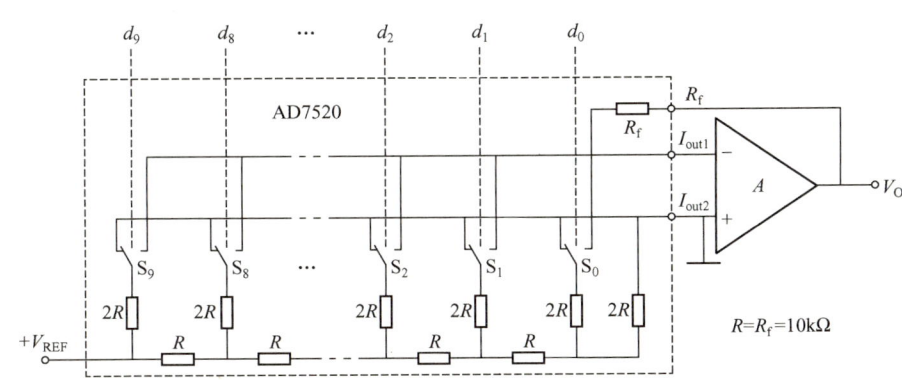

图 9.7　十位 D/A 转换器（AD7520）的内部结构

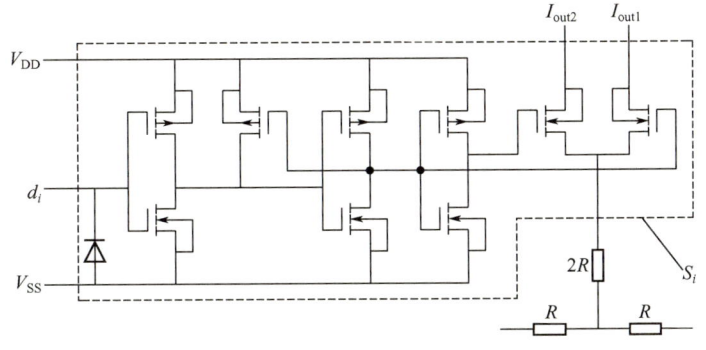

图 9.8　AD7520 中的 CMOS 模拟开关电路的内部结构

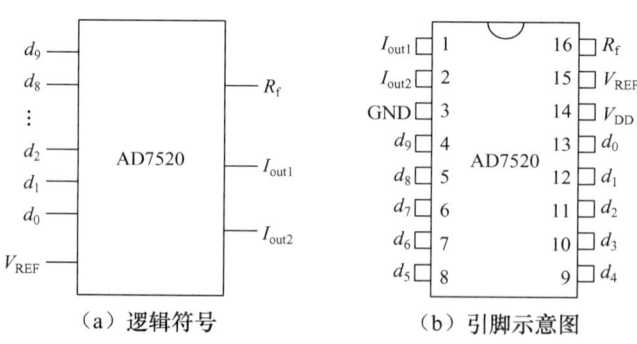

(a) 逻辑符号 (b) 引脚示意图

图 9.9 AD7520 的逻辑符号和引脚示意图

将图 9.7 中的参数代入式（9-5）可得，$V_O = -\dfrac{D}{2^{10}}V_{REF}$；AD7520 的输入数据与输出电压的关系见表 9.1。如果要改变转换比例系数，可以采用外接电阻与 R_f 串联或并联来改变等效的反馈电阻值。但是，在实际应用中建议等效反馈电阻值 R_f 不要改变太大，也不要舍弃内部 R_f 而单独使用外接电阻，因为内置反馈电阻 R_f 与倒 T 形电阻网络中的电阻 R 和 $2R$ 具有相同的温度特性，可以起到温度补偿作用，单独外接反馈电阻可能影响数模转换的精度和温度稳定性。

表 9.1　AD7520 的输入数据与输出电压的关系

输入数据										输出电压 V_O
d_9	d_8	d_7	d_6	d_5	d_4	d_3	d_2	d_1	d_0	
0	0	0	0	0	0	0	0	0	0	0
0	0	0	0	0	0	0	0	0	1	$-\dfrac{1}{1024}V_{REF}$
…										…
0	1	1	1	1	1	1	1	1	1	$-\dfrac{511}{1024}V_{REF}$
1	0	0	0	0	0	0	0	0	0	$-\dfrac{512}{1024}V_{REF}$
…										…
1	1	1	1	1	1	1	1	1	1	$-\dfrac{1023}{1024}V_{REF}$

9.1.6　D/A 转换器的输出极性

从表 9.1 可以看出，AD7520 的输出电压是单极性的，只适合输入数据代码为无符号数的情况。但是，实际数字系统中的数据可能是带符号数，即最高位为符号位，0 表示正数，1 表示负数，通常用补码形式表示。当输入数据为有正有负的带符号数时，对应的输出电压应该是有正有负的双极性模拟电压。

带符号数二进制补码的 D/A 转换器电路如图 9.10 所示。

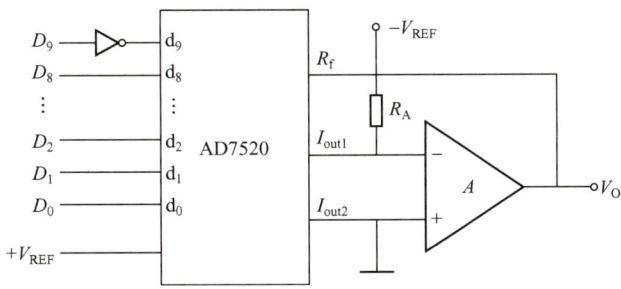

图 9.10　带符号数二进制补码的 D/A 转换器电路

在图 9.10 中，$R_A = 2R_f$，在 D/A 转换器的输出求和部分增加了一个恒定偏移量 $+\frac{512}{1024}V_{REF}$，当输入数据（带符号数补码）$D = 00\ 0000\ 0000$ 时，由于符号位反相，AD7520 实际输入的十位二进制数据代码为 10 0000 0000，D/A 转换器的实际输出电压 V_O 正好等于 0V。AD7520 构成的双极性电路的输出电压与带符号数补码输入的关系见表 9.2。

表 9.2　AD7520 构成的双极性电路的输出电压与带符号数补码输入的关系

输入数据										实际数值（十进制）	输出电压 V_O
D_9	D_8	D_7	D_6	D_5	D_4	D_3	D_2	D_1	D_0		
0	0	0	0	0	0	0	0	0	0	0	0
0	0	0	0	0	0	0	0	0	1	1	$-\frac{1}{1024}V_{REF}$
...										...	...
0	1	1	1	1	1	1	1	1	1	511	$-\frac{511}{1024}V_{REF}$
1	0	0	0	0	0	0	0	0	0	−512	$\frac{512}{1024}V_{REF}$
...										...	...
1	1	1	1	1	1	1	1	1	1	−1	$\frac{1}{1024}V_{REF}$

9.1.7　D/A 转换器的主要技术指标

1. 分辨率

分辨率是指 D/A 转换器输出模拟电压的可分辨等级。因为 n 位二进制码输入的 D/A 转换器最多可以有 2^n 个输出模拟电压值，所以分辨率就是 $1/2^n$。分辨率只与二进制位数有关，在实际应用中常用输入二进制位数 n 代表 D/A 转换器的分辨率。D/A 转换器的输入二进制位数越多，其分辨率越高。

2. 转换精度

由于 D/A 转换器中集成的器件多，某些元件的参数存在误差是不可避免的，并且半导体器件对温度敏感，因此电路在工作中的实际输出电压与理论计算的输出电压不一致，即 D/A 转换器存在误差，将这些误差的最大值定义为转换精度。D/A 转换器的误差可分为比例误差、失调误差和非线性误差等。

（1）比例误差。

比例误差是指 D/A 转换器的实际输出电压与理论值始终差一个固定比例的误差。从式（9-5）可以看出，如果外接参考电压 V_{REF} 或者反馈电阻 R_f 的参数与设计值存在偏差，则输出电压存在相同比例的误差。D/A 转换器比例误差曲线示意图如图 9.11 所示，这种误差可以通过外接反馈调节电阻进行修正。

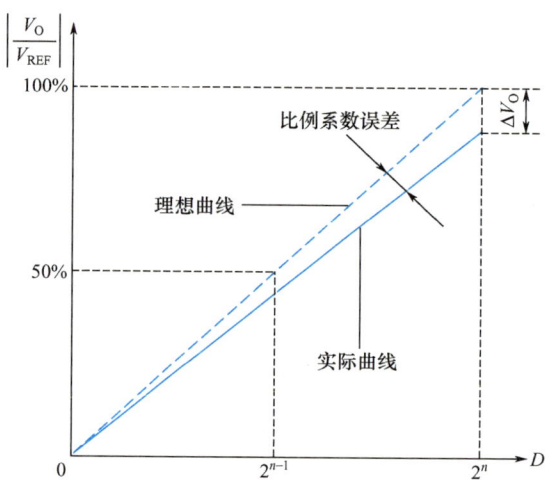

图 9.11　D/A 转换器比例误差曲线示意图

（2）失调误差。

失调误差是指 D/A 转换器的模拟输出电压与理想值之间始终存在一定误差，这种误差主要是运算放大器的失调电压、失调电流和零点漂移引起的，D/A 转换器失调误差曲线示意图如图 9.12 所示。

（3）非线性误差。

非线性误差是一种无特定规律的误差，取误差最大值。非线性误差表现在输入不同数据时，输出模拟电压与输入数据的比例系数不固定。非线性误差主要是电子开关的导通电阻不同或 T 形电阻网络中电阻参数的不一致造成的，且无法修正。D/A 转换器非线性误差曲线示意图如图 9.13 所示。

3. 转换速度

当 D/A 转换器的输入数据变化时，模拟输出电压不是立刻达到相应的稳态值的，而是需要经过一段时间的振荡。转换速度是当输入数据变化时，输出稳定在规定误差范围内

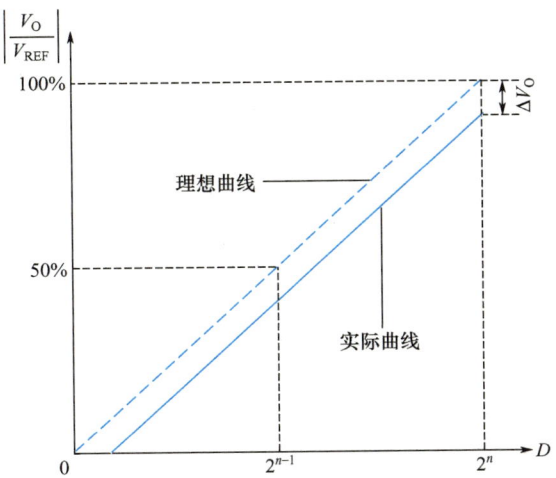

图 9.12　D/A 转换器失调误差曲线示意图

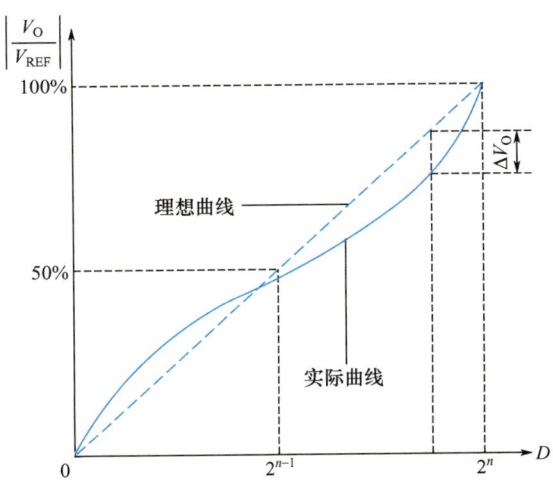

图 9.13　D/A 转换器非线性误差曲线示意图

所需的时间。在一般情况下，转换速度与分辨率、电路结构和制造工艺有关，不同 D/A 转换器的转换速度不同，通常为 $10\text{ns} \sim 15\mu\text{s}$。

4. 温度系数

温度会影响运算放大器中半导体器件的工作状态，进而使 D/A 转换器的输出产生偏差。温度系数是指当输入不变时，输出随温度变化而产生的变化量。通常用最大输出条件下每升高 1℃ 输出电压变化的百分数作为温度系数。

9.1.8　D/A 转换器的应用实例

1. 锯齿波发生器

锯齿波发生器是将计数器与 D/A 转换器连接，当二进制计数器作递增或递减计数时，D/A 转换器的模拟输出电压将按相应规律变化，其电路如图 9.14 所示。

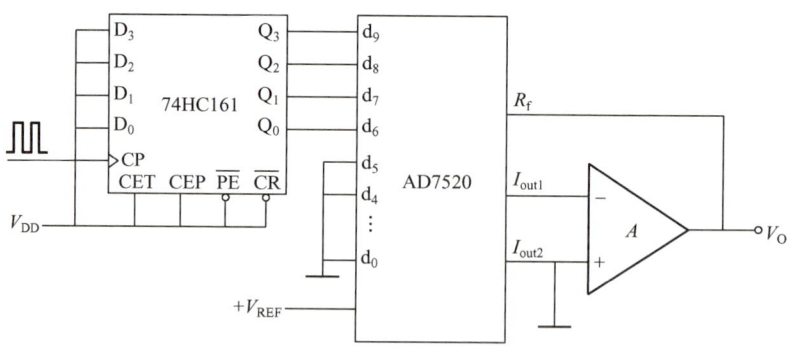

图 9.14 锯齿波发生器的电路

图 9.14 中的计数器为 74HC161 四位二进制递增计数器，连接成循环递增计数模式，D/A 转换器的高 4 位与计数器对应连接，低 6 位为全 0，锯齿波发生器的输出波形图如图 9.15 所示。

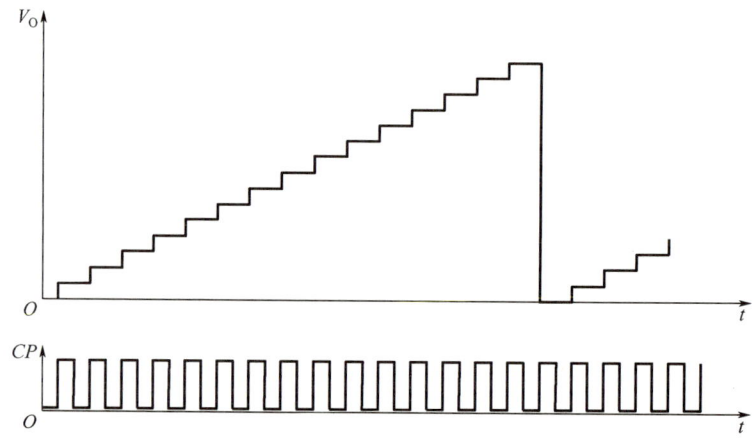

图 9.15 锯齿波发生器的输出波形图

从图 9.15 可以看出，输出锯齿波的斜面为 16 级小台阶，如果将计数器的位数 n 增加到 10 位，则斜面细分成 1024 级小台阶，接近一条直线。当然，计数脉冲的频率要足够高，因为输出锯齿波的频率为计数脉冲频率的 2^n 分频。

2. 任意波形发生器（波形合成器）

图 9.16 所示为任意波形发生器（波形合成器）电路，电路结构包括八位二进制加法计数器、256×8 位的 ROM（波表）和八位 D/A 转换器（AD7520 只用高 8 位）。任意波形发生器的工作原理如下：将某个要输出的周期性波形的一个周期等分成若干个采样点，每个采样点的电压数据按顺序存入 ROM（称为制作波表，采样点的数量通常选 64、128 或 256 个，本例为 256 个，字长为 8 位）。计数器的当前输出值作为 ROM 的地址，从 ROM 中读取对应地址的数值；读取到的数字数据传送至 D/A 转换器，转换为模拟电压信号。随着计数器的递增和数模转换，就可得到预先设定的周期性波形。计数器循环一周，V_O 输出一个周期，因此改变计数脉冲信号频率可以调节输出信号周期。

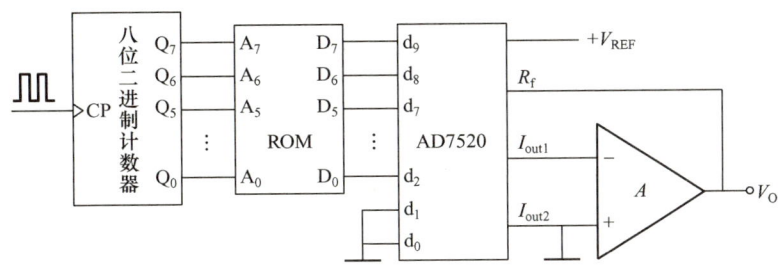

图 9.16　任意波形发生器（波形合成器）电路

3. 程控增益放大器

程控增益放大器可以用数字量控制放大器的放大倍数，这种电路的增益可以由计算机程序进行控制，而无须调节电路中元件本身的参数。

根据式（9-5），将 D/A 转换器的 V_{REF} 定义为输入端，令 $V_i = V_{REF}$，有

$$A_v = \frac{V_O}{V_i} = \frac{V_O}{V_{REF}} = -\frac{D}{2^n} \cdot \frac{R_f}{R} \tag{9-6}$$

可见，将参考电压输入端作为放大器的信号输入端时，可以通过改变输入数据 D 值改变电路的放大倍数（传输系数），程控增益放大器的电路如图 9.17 所示。如果需要较高的放大倍数，可以外接 R_f 或者后面加一级放大器，否则只能作为衰减器使用（$|A_v| < 1$）。

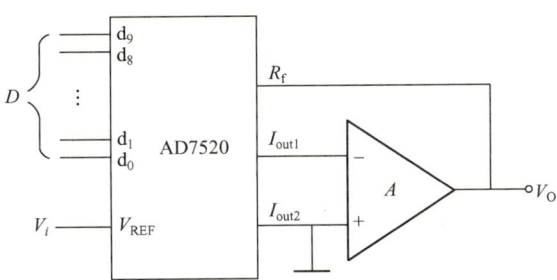

图 9.17　程控增益放大器的电路

9.2　A/D 转换器

A/D 转换器的作用是将模拟信号转换为数字信号。A/D 转换器的种类很多，按转换方式不同可分为并联比较型 A/D 转换器、计数型 A/D 转换器、逐次逼近型 A/D 转换器和双积分型 A/D 转换器等。并联比较型 A/D 转换器的特点是速度高（可达 ns 级），由于要做到高分辨率电路会很复杂，因此一般适用于分辨率要求不高的场合；计数型 A/D 转换器电路较简单，高分辨率时速度较低，转换时间不固定；逐次逼近型 A/D 转换器转换速度较高（可达 μs 级），精度也较高，是计算机控制系统中应用较广泛的一种；双积分型

A/D 转换器可以做到很高的分辨率和很高的转换精度，抗干扰能力强，但转换速度很低，适用于人机接口，广泛应用于便携式数字万用表等设备。

9.2.1　A/D 转换器的工作原理

模拟信号在时间和振幅上都是连续的，A/D 转换器要将连续的模拟信号转换成离散的数字信号，且数字信号中包含的信息要与模拟信号一致，难度较大。A/D 转换器的转换过程通常包括采样、保持、量化与编码。A/D 转换器的工作原理如图 9.18 所示。

【拓展视频】

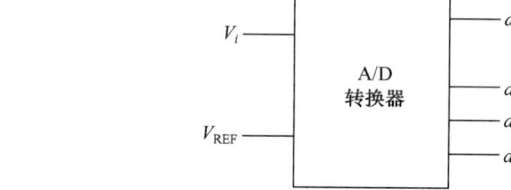

图 9.18　A/D 转换器的工作原理

1. 采样

采样就是以一定的时间间隔重复抽取模拟信号的振幅信息。图 9.19 所示为模拟电压信号的采样过程，对模拟电压进行等时间间隔的采样，使其变成在时间上离散的电压信号，且这些离散的电压信号应该包含原模拟电压信号的几乎全部有用信息。

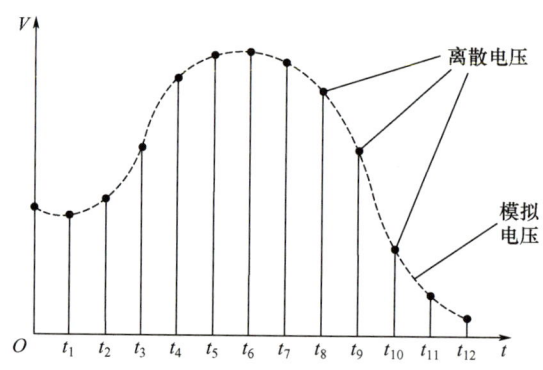

图 9.19　模拟电压信号的采样过程

例如，监测一组蓄电池的放电过程可以采用间隔一段时间测量一次电池的端电压，问题是合适的测量时间间隔为多大。测量过于频繁则数据量很大，很多数据是重复的，测量间隔太大则可能会损失过程中的某些细节，甚至得出错误结论。根据采样定理可知：

$$f_s \geqslant 2f_{i\max} \tag{9-7}$$

式中，f_s 为采样频率；$f_{i\max}$ 为输入模拟信号中的最高有用频率分量，即如果采样频率大于被采样信号中最高频率分量的 2 倍，则输入模拟信号中的所有有用信息均可在离散的采样电压信号中保留。

在实际应用中，如录制唱片时，标准的采样频率为 44.1kHz，所有可以听到的声音信息（频率为 20Hz～20kHz）都可以保留。

2. 保持

要用数字的形式表示采样得到的离散电压信号，转换成数字量（量化）的过程是需要一定时间的，而且在转换的过程中，如果采样的电压发生变化，转换结果就可能出错。为了保证转换结果的正确性，需要在整个转换过程中保持量化编码电路的输入电压稳定，因此需要保持电路。

图 9.20 所示为保持电路的工作原理和工作波形。当采样脉冲到来时（$t_1 \sim t_2$），双向模拟开关 S 接通，使保持电容 C_H 上的电压 V_C 快速跟踪输入电压 V_i；当采样脉冲消失后，S 断开，保持电容 C_H 无放电回路，t_2 瞬间输入电压 V_i 的值被保持下来，直到下次采样脉冲到来。图 9.20（b）中的虚线表示输入模拟电压，实线表示保持电路的输出电压；可见，每次保持和量化的电压都是采样结束瞬间对应的输入模拟电压。

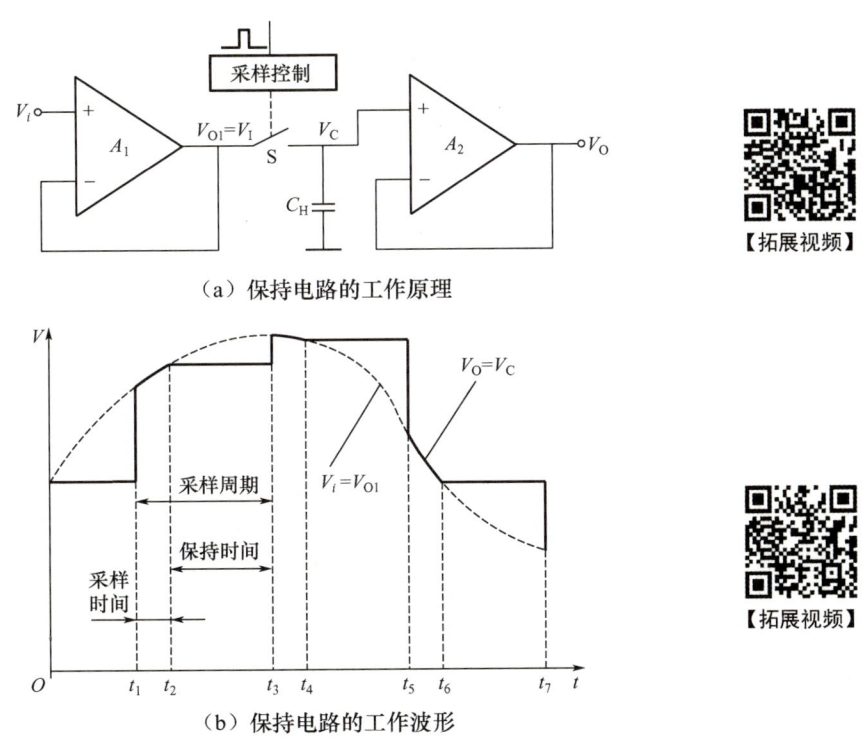

(a) 保持电路的工作原理

(b) 保持电路的工作波形

图 9.20 保持电路的工作原理和工作波形

3. 量化与编码

采样得到的瞬间电压信号虽然在时间上是离散的，但在幅度上依然是连续的，要用有限种组合的数字代码表示一个电压幅度存在无限种可能的模拟电压，出现误差是不可避免的，即转换的结果只是近似的。

量化的过程就是比较输入电压与一系列标准电压，从而得到输入电压的数据信息（一般是开关量）的过程；编码就是将获得的电压信息以特定代码形式输出的过程，常见的输出代码有二进制码、8421 BCD 码和七段码等。

9.2.2　并行比较型 A/D 转换器

并行比较型 A/D 转换器是转换速度最高的 A/D 转换器，其转换速度可达 ns 级，但如果要求转换的分辨率较高，电路就会非常复杂，一般适用于分辨率要求不太高的场合。并行比较型 A/D 转换器的结构包括四个部分：电阻分压器、电压比较器、寄存器和优先编码器。图 9.21 所示为三位二进制并行比较型 A/D 转换器的电路。

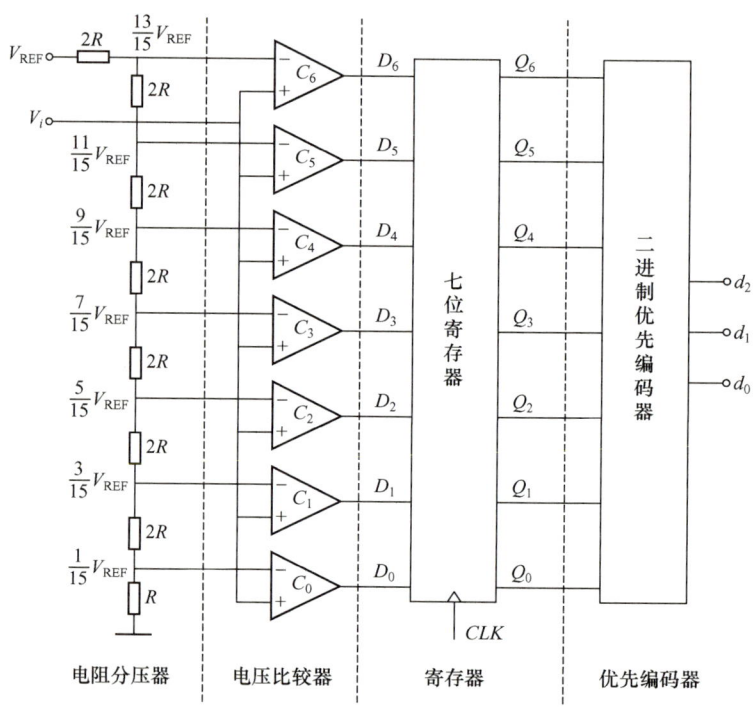

图 9.21　三位二进制并行比较型 A/D 转换器的电路

由于三位二进制有 8 种组合，因此图 9.21 中的电阻分压器由 8 个电阻构成，将基准电压 V_{REF} 分成 8 个区间：$\frac{1}{15}V_{REF}$ 以下、$\frac{1}{15}V_{REF} \sim \frac{3}{15}V_{REF}$、$\frac{3}{15}V_{REF} \sim \frac{5}{15}V_{REF}$、$\frac{5}{15}V_{REF} \sim \frac{7}{15}V_{REF}$、$\frac{7}{15}V_{REF} \sim \frac{9}{15}V_{REF}$、$\frac{9}{15}V_{REF} \sim \frac{11}{15}V_{REF}$、$\frac{11}{15}V_{REF} \sim \frac{13}{15}V_{REF}$、$\frac{13}{15}V_{REF} \sim V_{REF}$。比较部分由 7 个电压比较器构成，输出 7 个开关量信号，而且这 7 个开关量信号的状态随输入电压变化。寄存器和优先编码器是对比较（量化）结果进行后续处理，当时钟信号 CLK 有效沿到来时，将比较结果 $D_6 \sim D_0$ 保存并编码输出二进制码。三位二进制并行比较型 A/D 转换器输入电压与输出二进制码的对应关系（设 $V_{REF}=15V$）见表 9.3。

表 9.3　三位二进制并行比较型 A/D 转换器输入电压与输出二进制码的对应关系（设 $V_{REF}=15V$）

输入电压/V	比较结果							输出二进制码		
V_i	D_6	D_5	D_4	D_3	D_2	D_1	D_0	d_2	d_1	d_0
$V_i<1$	0	0	0	0	0	0	0	0	0	0
$1<V_i<3$	0	0	0	0	0	0	1	0	0	1
$3<V_i<5$	0	0	0	0	0	1	1	0	1	0
$5<V_i<7$	0	0	0	0	1	1	1	0	1	1
$7<V_i<9$	0	0	0	1	1	1	1	1	0	0
$9<V_i<11$	0	0	1	1	1	1	1	1	0	1
$11<V_i<13$	0	1	1	1	1	1	1	1	1	0
$13<V_i<15$	1	1	1	1	1	1	1	1	1	1

从表 9.3 中可以看出，输出二进制码每增加 1，对应的输入电压区间增加 2V，即 2V 是该 A/D 转换器可区分的最小电压，称为量化单位，用 LSB 表示。因为 1LSB=2V，所以当输出二进制 $d_2d_1d_0=010$ 时，对应于标准的输入电压应是 4V，但表 9.3 中对应实际的输入电压 V_i 是 3～5V，可见产生的误差绝对值小于 1V，即小于 $\frac{1}{2}$LSB。

从图 9.21 的分析可以看出：如果要直接做成八位二进制并行比较型 A/D 转换器，电路中则需用到 255 个比较器和 255 个触发器。可见，对于高分辨率的 A/D 转换器，其电路的复杂程度是非常高的，实现起来有困难。

图 9.22 所示为八位组合式并行比较型高速 A/D 转换器的电路。电路中采用了两个四位并行比较型高速 A/D 转换器，其工作原理如下：首先进行高 4 位转换（粗化），然后把粗化结果通过四位 D/A 转换器还原成模拟信号并与原输入模拟信号相减求得误差，接着将误差放大 16 倍进行二次转换（细化），最后将细化结果作为最终结果的低 4 位，相当于把细化结果右移 4 位（二进制数右移 4 次等效于除以 16，用于抵消误差放大的 16 倍）后与粗化结果相加，最终得到八位二进制输出。

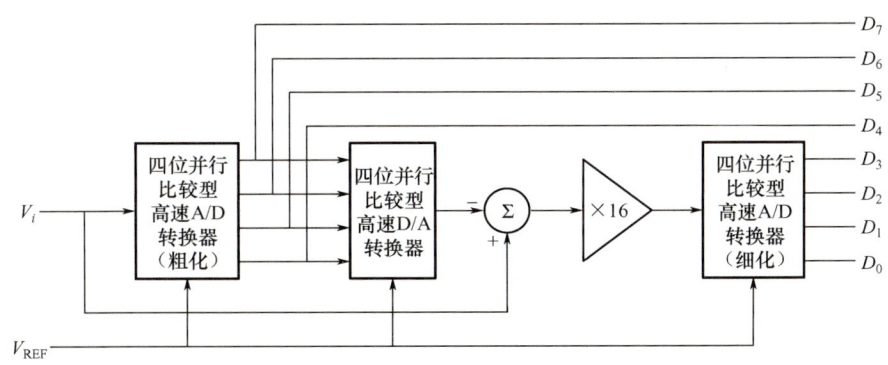

图 9.22　八位组合式并行比较型高速 A/D 转换器的电路

这种八位组合式并行比较型高速 A/D 转换器电路中用了两个四位并行比较型高速 A/D 转换器,每个并行比较型高速 A/D 转换器需要 15 个比较器,共计 30 个比较器,比直接做成八位并行比较型 A/D 转换器用 255 个比较器要少得多,因此电路得到了简化;当然,由于要经过多次转换与合成,转换速度和精度都会有所下降。采用这种技术的产品有 TI 公司生产的 TLC0820 等。我国成都华微电子科技有限公司生产的 HWD08B64GA1 型芯片也是采用这种技术的产品,它是 8 位 64G 超高速 A/D 转换器,填补了国内高速高精度数据转换器的空白,其技术参数达到国际先进水平。正如党的二十大报告指出,我们要以国家战略需求为导向,集聚力量进行原创性引领性科技攻关,坚决打赢关键核心技术攻坚战。

9.2.3 逐次逼近型 A/D 转换器

逐次逼近型 A/D 转换器属于反馈型 A/D 转换器,对其分析之前先研究工作原理最简单的计数反馈型 A/D 转换器。图 9.23 所示为计数反馈型 A/D 转换器的电路,计数反馈型 A/D 转换器由比较器 C、二进制计数器、D/A 转换器和输出寄存器等构成。

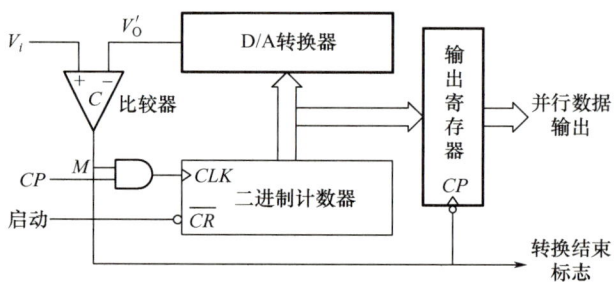

图 9.23　计数反馈型 A/D 转换器的电路

计数反馈型 A/D 转换器的工作原理如下:每当计数器清零就启动一次转换,因为计数器的数据为 0,D/A 转换器的输出电压 $V_O'=0$,比较器输出 M 为高电平,连续的 CP 脉冲通过与门向计数器提供计数脉冲;随着计数器递增计数的进行,V_O' 持续升高,当 $V_O' > V_i$ 时,M 变成低电平,量化过程结束;同时计数脉冲封锁,计数器的数据被送入输出寄存器,输出转换结束($M=0$)。

计数反馈型 A/D 转换器的优点是电路和工作原理结构简单,只需增加计数器和 D/A 转换器的位数即可提高分辨率;但缺点是转换速度较低,转换所需时间与输入电压有关,在实际中极少应用。

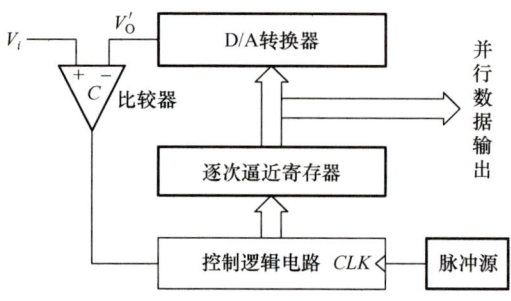

图 9.24　逐次逼近型 A/D 转换器的电路

图 9.24 所示为逐次逼近型 A/D 转换器的电路,量化的原理与计数反馈型 A/D 转换器的基本相同,但不同的是量化操作方式,它不采用递增计数(扫描)方式,而采用直接试探的方式。具体转换过程如下。

(1) 将逐次逼近寄存器清零,启动转换。

(2) 从最高位开始,对本位逐次逼近寄存器置 1,然后根据比较器 C 的输出状态决定本位的 1 是保留还是清除（置 0）。如果这时 $V_i > V_O$，则说明逐次逼近寄存器中的数据小于对应的输入电压，保留 1，本位操作结束，转入下一位操作；如果此时 $V_i < V_O$，则说明逐次逼近寄存器中的数据大于对应的输入电压，清除本位的 1（置 0），本位操作结束，转入下一位操作。

（3）对下一位重复第（2）步的试探性操作，直至每一位都操作一遍，转换过程结束。

逐次逼近型 A/D 转换器的优点和缺点如下。

（1）转换速度较高，尤其是在高分辨率的情况下。例如，如果将计数反馈型 A/D 转换器的分辨率从八位提高到十六位，则其转换时间可能要延长 256 倍，而逐次逼近型 A/D 转换器提高相同分辨率的转换时间只延长 1 倍。

（2）转换时间固定，无论输入电压是多少，都从高位开始对每一位操作一遍。

（3）尤其是在进行高位操作时易受干扰。

逐次逼近型 A/D 转换器的转换速度可达 μs 级别，广泛应用于计算机控制系统中，是工业数字控制系统的主流产品，分辨率有 8 位、10 位、12 位等。

图 9.25 所示为 AD 公司推出的 ADC0809 8 位逐次逼近型 A/D 转换器的内部结构框图，除基本的 A/D 转换器功能模块外，还内置 8 路模拟开关和三态输出控制电路。

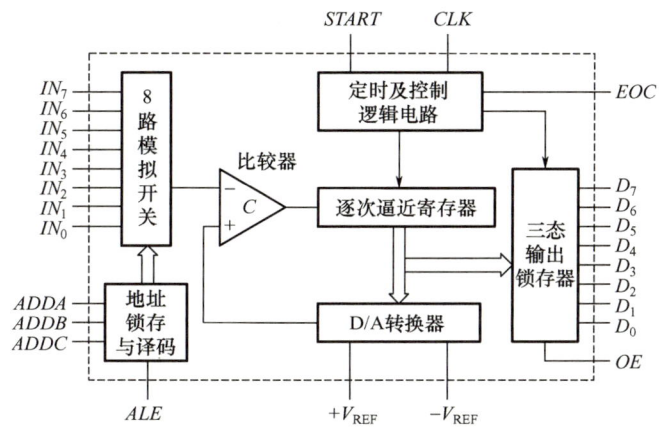

图 9.25　ADC0809 8 位逐次逼近型 A/D 转换器内部结构框图

ADC0809 8 位逐次逼近型 A/D 转换器的各引脚名称与功能如下。

（1）$IN_7 \sim IN_0$：8 个模拟电压输入通道。

（2）$ADDA$、$ADDB$、$ADDC$：用于选择 8 个模拟输入通道的三位二进制地址码输入端，其中 $ADDA$ 为高位。

（3）ALE：地址锁存信号输入端，高电平有效。

（4）$D_7 \sim D_0$：转换结果——八位二进制数据输出端，内部具有三态输出缓冲功能，接微处理器系统数据总线。

（5）OE：三态输出锁存器，输入高电平有效。

（6）$START$：转换器启动信号输入端，高电平有效。

（7）CLK：系统时钟脉冲输入端，要求时钟脉冲频率不高于 640kHz。

（8）EOC：转换结束标志，启动转换时为低电平，转换结束后为高电平。

(9) $+V_{REF}$、$-V_{REF}$：基准电压（参考电压）输入端。

我国在逐次逼近型 A/D 转换器领域已取得显著进展，尤其在高端芯片性能突破和工业级应用场景覆盖方面表现突出。华为海思 AC9610 采用动态校准算法和 3D 异构封装技术，解决了传统逐次逼近型 A/D 转换器在高速与高精度间的平衡难题，应用于精密仪器、高速工业控制和通信系统领域。治精微 ZJC2000 系列集成低噪声前端放大器和高稳定性基准源，应用于高可靠性场景，如医疗设备和工业自动化。芯动神州 ADCS8162 集成模拟前端和数字滤波器，应用于电网监测、轨道交通等高精度、多通道需求领域。

9.2.4 双积分型 A/D 转换器

双积分型 A/D 转换器属于间接型 A/D 转换器，其转换过程是先将模拟输入电压通过积分转换成与输入电压成比例的时间间隔，再通过在该时间内对固定频率脉冲计数，将时间转换成与输入电压成比例的输出数据。

1. 双积分型 A/D 转换器的工作原理

双积分型 A/D 转换器的电路如图 9.26（a）所示，开始前将积分器归零，第一次积分是对模拟输入电压进行固定时间的积分，结束时积分器的输出电压

$$V_O = \frac{1}{C}\int_0^{T_1}\left(-\frac{V_I}{R}\right)dt = -\frac{T_1}{RC}V_O \tag{9-8}$$

第二次积分是在第一次积分的基础上对反极性的基准电压 $-V_{REF}$ 进行固定速率的反向积分（必须保证 $-V_{REF}$ 与 V_i 的极性相反），到积分器归零时结束，双积分型 A/D 转换器的工作波形如图 9.26（b）所示，那么第二次积分时间和结束时积分器的输出电压分别为

$$T_2 = \frac{T_1}{V_{REF}}V_I$$
$$V_O = -\frac{T_1}{RC}V_I + \frac{1}{C}\int_0^{T_2}\left(\frac{V_{REF}}{R}\right)dt = -\frac{T_1}{RC}V_I + \frac{V_{REF}T_2}{RC} = 0 \tag{9-9}$$

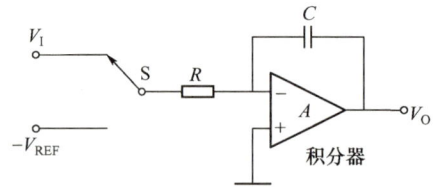

（a）双积分型 A/D 转换器的电路　　　　（b）双积分型 A/D 转换器的工作波形

图 9.26　双积分型 A/D 转换器的电路和工作波形

第一次积分时间为 2^n 个时钟脉冲周期，即 $T_1 = 2^n \cdot T_c$（T_c 为时钟脉冲周期），所以 $T_2 = \frac{2^n \cdot T_c}{V_{REF}}V_I$ 个时钟周期。

n 位二进制双积分型 A/D 转换器的工作原理如图 9.27 所示。该 A/D 转换器启动前清零输入端 $\overline{R}$ 为低电平，所有触发器清零，S_0 闭合，积分器归零，S_1 接 V_I。$\overline{R}$ 变成高电平

时即启动 A/D 转换器，S_0 断开，积分器开始第一次（对 V_I）积分，n 位计数器进行递增计数；直到 n 位计数器溢出，即 Q_n 变成 1 时第一次积分结束，S_1 转换到 $-V_{REF}$，第二次（对 $-V_{REF}$）积分开始；到积分器归零，比较器输出翻转，计数脉冲封锁，整个转换过程结束，第二次积分时 n 位计数器中所计数值就是转换结果。

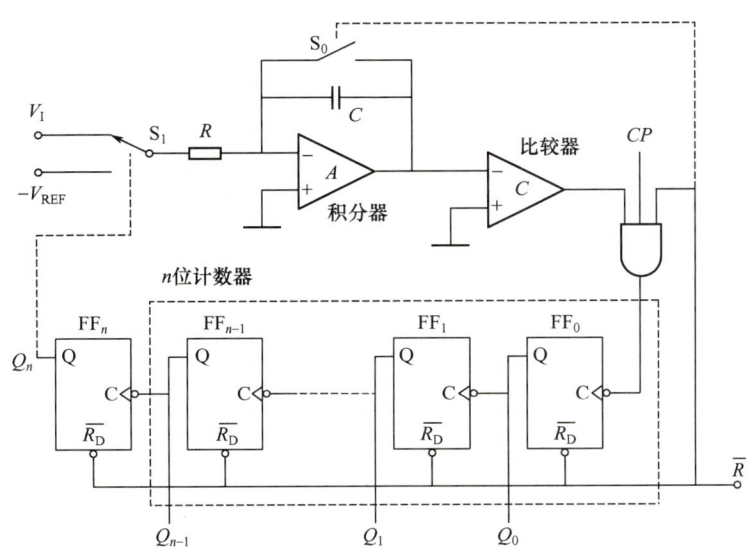

图 9.27　n 位二进制双积分型 A/D 转换器的工作原理

2. 双积分型 A/D 转换器的特点

双积分型 A/D 转换器的特点如下。

（1）抗干扰能力强。双积分型 A/D 转换器是对输入电压的平均值积分，无需保持电路，而且电磁噪声干扰为正负对称干扰，可以通过积分自动消除。

（2）由于两次积分使用同一积分器，因此积分时间常数 RC 对转换结果无影响。

（3）可以直接采用二进制或者 8421 BCD 码计数器以适应不同要求，分辨率也可以很高且只需增加计数器的级数即可。

（4）双积分型 A/D 转换器对输入电压的极性没有要求，在第二次积分时自动选择与输入电压 V_i 的极性相反的参考电压进行积分。

（5）转换速度比较低，一般为每秒几次到几十次，适用于对转换速度要求不高的场合，目前常见的数字万用表使用的就是单片双积分型 A/D 转换器。

9.2.5　A/D 转换器的主要技术指标

1. 分辨率

通常以输出的二进制位数 n 表示分辨率，位数越多，分辨率越高；超过 12 位分辨率的逐次逼近型 A/D 转换器的转换精度难以提高，且价格高昂，大多采样低速的双积分型 A/D 转换器。

2. 转换误差

经过零点和满刻度校正后,在满量程范围内的实际转换结果与理想值之间的最大误差为转换误差;通常用相对误差形式表示,单位为 LSB。

3. 转换速度

转换速度是指完成一次转换所需的时间。一般逐次逼近型 A/D 转换器的转换速度可达 μs 级,高速、高分辨率的 A/D 转换器的价格较高,而低速、高分辨率的 A/D 转换器的性价比较高。

9.2.6　A/D 转换器的应用实例

A/D 转换器从应用方面来说可以分为两类:一类是与计算机、单片机等微处理器连接的集成 A/D 转换器,通常输出的数据是二进制代码,输出形式又可分为并行输出和串行输出两种。串行输出形式的芯片引脚少、体积小、成本低,且电路板设计简单;并行输出的芯片引脚较多,通常是 8 位数据宽度(1 个字节),分辨率高于 8 位的芯片将分别以高字节和低字节分时传送。另一类是在非智能系统中应用的集成 A/D 转换器,如数字万用表、某些设备的数字面板等。这类芯片直接与七段码数码管连接,输出数据通常以七段码的形式传输。

图 9.28 所示为 MAXIM 公司出品的 $3\frac{1}{2}$ 位双积分型 A/D 转换器集成电路 MAX138 引脚示意图(DIP 封装),它直接输出七段码,驱动液晶显示器(LCD)。该系列芯片共有 MAX138、MAX139、MAX140 三个型号,其中 MAX138 用于驱动 LCD,MAX139 用于驱动标准七段码 LED 数码管(共阳极),MAX140 用于驱动低功耗 LED 数码管。

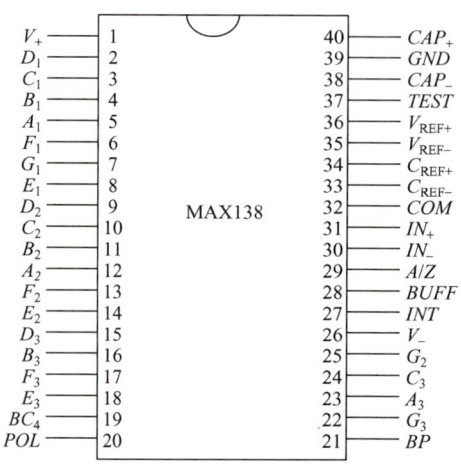

图 9.28　MAX138 引脚示意图(DIP 封装)

该系列芯片特点如下:采用单电源供电;内置电源极性反转电路;内置带隙基准电源,无须外接参考电压;内置时钟脉冲发生器,一次转换耗时 400ms。

下面简要介绍各引脚的功能。

(1) 2脚~19脚、22脚~25脚：$A \sim G$ 为转换结果——4位8421 BCD码对应的七段码输出驱动端，下标1为个位；该芯片接 $3\frac{1}{2}$ 位显示器，千位最大只能显示1，因此千位的B/C两段均由19脚驱动。

(2) POL：显示器的负号"−"驱动端用于显示被测电压的极性。

(3) BP：LCD公共端（背电极）。

(4) V_+、V_-：供电电源，外接电源电压 $V_+ = 2.5 \sim 7\text{V}$，V_- 内部产生负电源，外接滤波电容。

(5) CAP_+、CAP_-：外接电容，用于内置电源的极性转换。

(6) V_{REF+}、V_{REF-}：基准电压。

(7) C_{REH+}、C_{REF-}：外接基准电容。

(8) IN_+、IN_-：模拟信号输入端。

(9) COM：模拟地，与 IN_-、V_{REF-} 相连。

(10) GND：数字地。

(11) TEST：MAX138为数字地，MAX139或MAX140为LED数码管测试端。

(12) A/Z：积分器反相输入端，接自动调零电容。

(13) BUFF：输入缓冲器输出端，接积分电容。

(14) INT：积分器输出端，接积分电容。

图9.29所示为MAX138的典型应用电路，电源电压 $V_+ = 3 \sim 5\text{V}$，输入电压满量程为200mV。MAX138系列芯片功能与早期的ICL7606、ICL7607相似，但电源电压及功耗更低，适用于采用2~3节干电池、3.6V的镍镉/镍氢电池组或单个锂离子可充电电池进行供电。

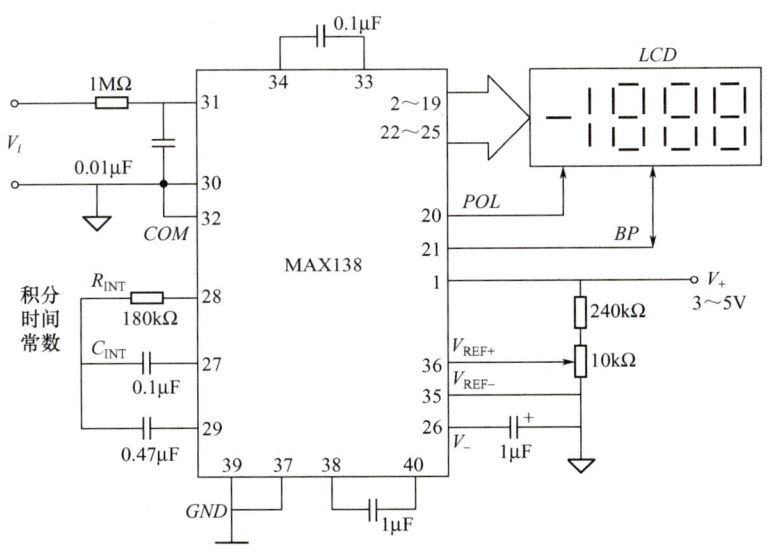

图9.29　MAX138的典型应用电路

国产 A/D 转换器，如成都华微 HWD12B16GA4、华为海思 AC9610，已覆盖工业控制、医疗设备、通信系统、消费电子等核心领域，实现了高精度、高速度、高可靠性，替代了进口芯片。未来需进一步突破车规级、航天级芯片认证，完善生态链配套体系。

本章小结

A/D 转换器和 D/A 转换器是模拟电路与数字电路的重要接口部件，其性能直接影响计算机数字控制系统的精度和稳定性。

1. 倒 T 形电阻网络 D/A 转换器中的电阻种类有 R 和 $2R$ 两种，特别适用于集成电路制作，因为在集成电路中电阻数值精度不高，但一致性好。

2. D/A 转换器按照输入数据代码不同可将输出形式分为单极性输出和双极性输出两种，单极性输出对应于无符号数输入；双极性输出对应于带符号数补码输入。无论是哪种输出，对于高精度应用场合都应采用高性能运算放大器并进行精确调零校正。

3. A/D 转换器的工作原理不同，性能指标差异很大。并行比较型 A/D 转换器的特点是超高速，但分辨率不高，实际应用不多；逐次逼近型 A/D 转换器适用于对速度要求较高、分辨率一般的场合，是计算机监控系统中广泛应用的类型；双积分型 A/D 转换器适用于低速、高分辨率的场合，常见于便携式数字万用表中。

4. A/D 转换器和 D/A 转换器的主要参数有转换速度、转换精度和分辨率。在数模转换与模数转换过程中，产生误差是不可避免的，误差与器件本身的分辨率和转换精度有关，也与应用电路的设计有关。

习 题

9.1 简述 D/A 转换器的主要性能指标。

9.2 简述 A/D 转换器的类型及工作原理。

9.3 简述 A/D 转换器的主要性能指标。

9.4 简述 ADC0809 的工作原理。

9.5 n 位权电阻网络 D/A 转换器的电路如图 9.30 所示。

(1) 试推导 V_O 的数学表达式。

(2) 当 $n=8$、$D=10000000$、$V_{REF}=5V$ 时，求 V_O 的值。

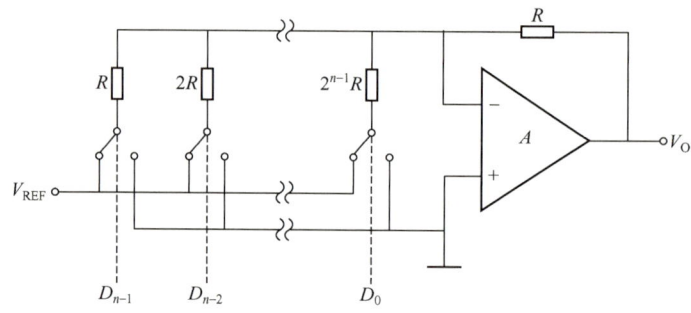

图 9.30 题 9.5 图

9.6 在图 9.17 所示的 AD7520 型程控增益放大器的电路中，若 $V_{\text{REF}}=8\text{V}$、$R=R_{\text{f}}$，当 $d_9 \sim d_0 = 0000110101$ 时，其输出电压 V_{O} 为多少？

9.7 由 D/A 转换器 AD7520 和计数器 74HC161 构成的锯齿波发生器的电路如图 9.14 所示，已知 $V_{\text{REF}}=8\text{V}$。

(1) 画出 74HC161 状态转换图。

(2) 求 V_{O} 的最大值。

9.8 由 555 定时器、四位二进制加法计数器构成的 D/A 转换器的电路如图 9.31 所示，设加法计数器工作在计数状态，初始输出为 0000。

(1) 试推导 V_{O} 与 $Q_3 Q_2 Q_1 Q_0$ 的逻辑函数表达式。

(2) 画出 V_{O} 波形图。

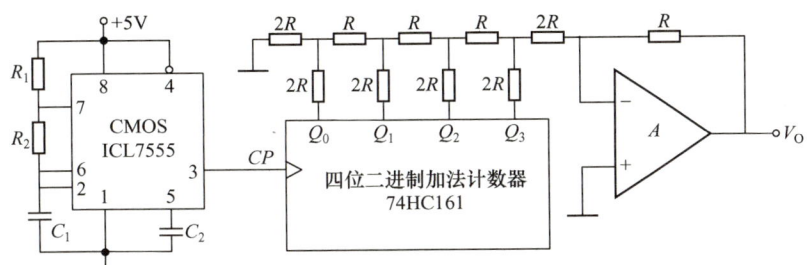

图 9.31　题 9.8 图

9.9 在图 9.21 所示的并行比较型 A/D 转换器的电路中，若 $V_{\text{REF}}=8\text{V}$，则电路的最小量化单位等于多少？当 $V_i = 3.6\text{V}$ 时，输出 $d_2 d_1 d_0$ 为多少？

【在线答题】

参 考 文 献

布朗，瓦拉纳西，2016. 数字逻辑基础与 Verilog 设计：原书第 3 版［M］. 吴建辉，黄成，等译. 北京：机械工业出版社.

郭占苗，杜永峰，2022. 数字电子技术［M］. 西安：西安电子科技大学出版社.

康华光，张林，2021. 电子技术基础：数字部分［M］. 7 版. 北京：高等教育出版社.

李承，徐安静，2022. 数字电子技术［M］. 2 版. 北京：清华大学出版社.

李文渊，2017. 数字电路与系统［M］. 北京：高等教育出版社.

李雪飞，2016. 数字电子技术基础［M］. 2 版. 北京：清华大学出版社.

马诺，西勒提，2010. 数字设计：第 4 版［M］. 徐志军，尹廷辉，等译. 北京：电子工业出版社.

孙津平，2022. 数字电子技术［M］. 5 版. 西安：西安电子科技大学出版社.

韦克利，2018. 数字设计：原理与实践：英文版：第 5 版［M］. 北京：机械工业出版社.

阎石，2016. 数字电子技术基础［M］. 6 版. 北京：高等教育出版社.

附录　AI 伴学内容及提示词

序号	AI 伴学内容	提示词
1	第 1 章　数字逻辑概论	数字电路有哪些类型？
2		数字电路的特点是什么？
3		模拟信号和数字信号的区别是什么？
4		数字信号有哪些优点？
5		将十进制数 40 转换成二进制数。
6		将二进制数 101011.011 转换成十进制数。
7		写出与运算、或运算、非运算的逻辑函数表达式。
8		同或运算和异或运算的区别是什么？
9		逻辑函数有哪几种表达式？
10	第 2 章　逻辑代数基础	举例说明逻辑代数运算中的交换律、结合律、分配律分别如何使用。
11		证明反演律。
12		说明反演规则和对偶规则有何不同。
13		四变量有几个最小项？
14		举例说明将一个逻辑函数表达式转化为最小项表达式时的步骤和注意事项。
15		最小项表达式和最大项表达式的关系。
16		最大项的性质。
17		如何将最小项表达式转换为最大项表达式？
18		逻辑函数表达式的代数法化简有哪些方法？
19		卡诺图法化简逻辑函数表达式的步骤。
20		卡诺图法化简逻辑函数表达式时，画包围圈的原则。
21		逻辑函数表达式化简时，约束项是如何处理的？
22		设计一个包含无关项的逻辑函数表达式优化案例。
23		举例说明代数法化简适用的情况。
24		举例说明卡诺图法化简适用的情况。
25	第 3 章　逻辑门电路	常用的逻辑门电路有哪些？
26		逻辑门电路有哪些类型？
27		半导体二极管有哪几种近似方法？

续表

序号	AI 伴学内容	提 示 词
28	第 3 章　逻辑门电路	N 沟道增强型 MOS 管和 P 沟道耗尽型 MOS 管在结构和符号上有哪些不同？
29		画出一个基本的 MOS 管反相器电路，说明它有什么缺点。
30		CMOS 反相器的工作原理。
31		CMOS 与非门的工作原理。
32		CMOS 或非门的工作原理。
33		CMOS 与非门和 CMOS 或非门在结构上有何不同？
34		举例说明 CMOS 门电路的应用。
35		CMOS 门电路为什么要带缓冲电路？
36		OD 门是如何实现线与的？
37		普通门电路为什么不能直接线与？
38		CMOS 三态输出门电路和普通 CMOS 门电路的区别是什么？
39		CMOS 三态输出门电路的工作原理。
40		举例说明 CMOS 三态输出门电路是如何在数据传输上应用的。
41		类 NMOS 与非门和或非门在结构上的区别。
42		类 NMOS 反相器的工作原理。
43		三极管有哪几个工作区？各自有什么特点？
44		TTL 反相器的工作原理。
45		TTL 与非门电路的工作原理。
46		OC 门的特点。
47		举例说明 OC 门是如何实现线与的。
48	第 4 章　组合逻辑电路	组合逻辑电路的特点。
49		分析组合逻辑电路的步骤。
50		设计组合逻辑电路的步骤。
51		组合逻辑电路为什么会产生竞争-冒险现象？
52		举例说明竞争-冒险现象如何消除。
53		普通编码器和优先编码器有何不同？
54		如何用 8 线-3 线编码器构成 16 线-4 线编码器？
55		译码器和编码器有何不同？
56		如何用 3 线-8 线译码器构成 4 线-16 线译码器？
57		举例说明共阴极数码管如何使用。

续表

序号	AI伴学内容	提示词
58	第4章 组合逻辑电路	举例说明译码器与数码管如何连接。
59		如何用二选一数据选择器构成四选一数据选择器？
60		如何用四选一数据选择器实现三人表决器？
61		半加器和全加器的区别。
62		如何用四选一数据选择器实现一个一位全加器？
63		举例说明如何用数据选择器来实现逻辑函数。
64	第5章 触发器	锁存器和触发器的不同之处。
65		锁存器的特点。
66		SR触发器的功能。
67		D触发器的功能。
68		D触发器的特性方程。
69		JK触发器的特性方程。
70		双稳态触发器的主要特点。
71		触发器的分类。
72		SR触发器的特性方程。
73		T触发器的特性方程。
74		T′触发器的特性方程。
75		如何用JK触发器实现D触发器？
76		如何用JK触发器实现T触发器？
77		如何用T触发器实现T′触发器？
78		为什么SR触发器的输入信号需要遵守SR=0的约束条件？
79	第6章 时序逻辑电路	时序逻辑电路的概念。
80		时序逻辑电路与组合逻辑电路的区别。
81		时序逻辑电路的构成。
82		时序逻辑电路的分类。
83		时序逻辑电路的逻辑函数表达式。
84		同步时序逻辑电路和异步时序逻辑电路的区别。
85		分析同步时序逻辑电路的步骤。
86		设计同步时序逻辑电路的步骤。
87		分析异步时序逻辑电路的步骤。
88		计数器的种类。

续表

序号	AI 伴学内容	提示词
89	第 6 章 时序逻辑电路	环形计数器的结构特点。
90		举例说明如何用四位二进制计数器实现八位二进制计数器。
91		反馈清零法和反馈置数法在使用时有何不同？
92		反馈清零法和反馈置数法分别适用于什么情况？
93		分别用反馈清零法和反馈置数法实现八进制计数器，用 74LVC163 来实现。
94	第 7 章 脉冲信号的产生与变换电路	单稳态触发器的特点。
95		举例说明单稳态触发器的应用。
96		施密特触发器的特点。
97		举例说明施密特触发器的应用。
98		多谐振荡器的特点。
99		多谐振荡器的电路主要由哪两个部分组成？每部分的作用是什么？
100		举例说明 555 定时器有哪些应用。
101		由 555 定时器构成的单稳态触发器，如何计算其输出的脉冲信号宽度？
102		由 555 定时器构成的多谐振荡器，如何计算其振荡频率？
103	第 8 章 半导体存储器	半导体存储器的作用。
104		半导体存储器的类型。
105		存储容量的含义，如何计算存储容量？
106		ROM 的特点与分类。
107		RAM 的特点与分类。
108		ROM 和 RAM 的主要区别和适用场合。
109		举例说明如何扩展存储器的存储容量。
110	第 9 章 数模转换器与模数转换器	D/A 转换器与 A/D 转换器的含义。
111		D/A 转换器的工作原理。
112		D/A 转换器的主要技术指标。
113		举例说明 D/A 转换器的应用。
114		A/D 转换器的工作原理。
115		A/D 转换器的主要技术指标。
116		举例说明 A/D 转换器的应用。